高等学校规划教材

材料成形计算机辅助工程

洪慧平　主编

北　京

冶　金　工　业　出　版　社

2015

内 容 提 要

本书为高等学校材料成形与控制工程专业教材，在内容组成上，重点突出材料成形过程计算机辅助工程（CAE）的功能及系统组成、材料成形过程的各类CA技术及相互关系、材料成形过程CAD/CAM集成化技术、计算机辅助优化技术等；在CAE方法上，针对材料加工成形工艺，重点突出过程优化技术及其应用、材料成形CAD/CAD集成化技术以及计算机辅助孔型优化设计CARD等；在应用方面，重点介绍轧制过程CAE以及计算机辅助孔型设计技术的重要应用；在上机实践方面，以轧制过程CAE为算例突出应用CAE技术分析和研究材料成形专业问题的基本能力。

本书也可供材料成形领域的研究者及相关工程技术人员参考。

图书在版编目(CIP)数据

材料成形计算机辅助工程/洪慧平主编．—北京：冶金工业出版社，2015.5

高等学校规划教材

ISBN 978-7-5024-6850-7

Ⅰ.①材…　Ⅱ.①洪…　Ⅲ.①工程材料—成形—计算机辅助设计—高等学校—教材　Ⅳ.①TB3-39

中国版本图书馆CIP数据核字(2015)第039805号

出 版 人　谭学余

地　　址　北京市东城区嵩祝院北巷39号　邮编　100009　电话　(010)64027926

网　　址　www.cnmip.com.cn　电子信箱　yjcbs@cnmip.com.cn

责任编辑　宋　良　王雪涛　美术编辑　吕欣童　版式设计　孙跃红

责任校对　郑　娟　责任印制　李玉山

ISBN 978-7-5024-6850-7

冶金工业出版社出版发行；各地新华书店经销；三河市双峰印刷装订有限公司印刷

2015年5月第1版，2015年5月第1次印刷

787mm×1092mm　1/16；11印张；266千字；168页

28.00元

冶金工业出版社　投稿电话　(010)64027932　投稿信箱　tougao@cnmip.com.cn

冶金工业出版社营销中心　电话　(010)64044283　传真　(010)64027893

冶金书店　地址　北京市东四西大街46号(100010)　电话　(010)65289081(兼传真)

冶金工业出版社天猫旗舰店　yjgycbs.tmall.com

（本书如有印装质量问题，本社营销中心负责退换）

前　言

随着计算机辅助（CA）技术特别是计算机辅助工程（CAE）技术广泛深入的应用，包括材料加工在内的几乎所有工程技术领域都发生了深刻的变革。与传统的经验直觉法和试错（凑）法（Trial and Error Method）不同，CAE技术（包括CAD/CAM）极大地促进了生产技术向模型化（Modelling）、最优化（Optimization）、集成化（Integration）、柔性化（Flexibility）和智能化（Intelligence）的工程科学方向发展。CAE作为设计工作者提高工程创新和产品创新能力的有效工具，它可以对设计方案的实施性能进行可靠性分析并对虚拟样机（Virtual Prototype）进行模拟仿真，超前再现加工制造过程，及早发现实际缺陷，获得预报性结果，实现优化设计；而且在创新的同时，提高设计质量，降低研究开发成本，缩短研究开发周期。因此，CAE技术不论在建设新的工程项目还是在改造现有企业、优化工艺规程、挖掘设备潜力、提高生产率等方面都有着极其重要的应用。

当前世界工业发达国家普遍地使用CAE技术。CAE技术不仅能极大地促进国家工业现代化发展，而且还为企业可持续发展提供了强有力的技术手段。CAE技术已成为衡量一个国家工业生产技术水平和现代化程度的重要标志，也是体现综合国力的重要方面。正因如此，我国早在1987年就提出863/CIMS主题计划，其核心技术包含CAD/CAM/CAE的现代集成制造系统。在CAE技术领域特别是材料加工方面我国起步虽晚但发展迅速。当前通过引进、消化、吸收和创新提高，我国部分大型企业CAE技术已有较高的应用水平，但全国总体应用水平还有待进一步提高，特别是材料加工行业，不少企业真正意义上的CAE几乎是空白。

进入21世纪后，特别是随着我国正式加入WTO以后，我国企业进入全球化市场氛围，国际化竞争日趋激烈，企业间的竞争表现为产品性能与制造成本的竞争。一个企业如果没有良好的CAE软硬件环境以及大批精通CAE技术的人才，是难以在当今国际经济大循环中赶超世界先进水平的。因此，当代理工科大学生、研究生和工程技术人员等极有必要掌握先进的CAE技术。

北京科技大学是国内最早开展计算机辅助工程科研与教学的单位之一，并在“十五”期间开设的材料成形及控制工程专业设置了“材料成形计算机辅助工程”课程。本书汇集了北京科技大学此前为金属压力加工专业开设的

“轧制计算机辅助工程”、“计算机辅助孔型设计”、“轧制过程计算机模拟”、“工程优化基础”以及作者开设的全校公共选修课“计算机辅助工程与优化”等课程的相关教学内容。在编写过程中注重理论联系实际，将CAE领域中典型的研究成果和重要的CAE应用实例融入其中，从而加深对CAE技术应用的理解。

本书由洪慧平主编，其中的前言、第1章、第2章、第5章和第6章由洪慧平编写；第3章和第4章由曲扬编写。本书的出版得到了教育部本科教学工程–专业综合改革试点项目经费和北京科技大学教材建设基金的资助。本书在编写过程中同时得到了北京科技大学和亚琛工业大学等院校老师和同仁们的帮助，在此一并致谢！

洪慧平

2014年12月

于北京科技大学

目　录

1 概　论

1.1 计算机辅助工程（CAE）

1.1.1 计算机辅助工程（CAE）的意义

在科学技术的发展历程中，为解决重大的工程技术问题，人们曾经抛弃了经验直觉法，而广泛地使用了试错法（Trial and Error Method）。例如，为了设计制造一个大型设备，先制造一台小型的，根据观测和检测的结果，再制造一台中型的，然后再制造一台大型的。在大型设备试生产一段时间后，再进行必要的修改。从冲压模具的设计、质量控制、生产线的建设到大型生产基地的决策等，多数都采用了这种方法。沿用经验直觉法进行决策而造成重大失误的风险是很大的，这种例证很多。由经验直觉法向试错法的转化在观念和方法上是一个重大进步。

现代化的材料加工工业，特别是轧制生产等塑性加工工业，是一个由冶金、机械、电气、自动控制和其他设施组成的高效率、高精度的化学冶金、物理冶金、机械加工等综合的生产系统，而且工艺和设备又不断革新。人们发现，试错法已不能满足要求。例如，异型断面轧制孔型和复杂形状的冲压模具的设计及反复修改是一个很耗时费力的工作；一种产品的质量控制，从连铸、连轧到成品生产线的协调性等都受到众多随机因素的影响，人们很难做出正确的决策；连续、高速生产过程中，各因素之间的制约关系，也难进行检测和判断；有时，小型设备并不能反映大型设备的问题，如用窄带钢难以模拟宽带钢的板型问题，用小锻件也难以模拟大型锻件的内部组织变化情况，等等。

近年来，随着计算机在工程领域中的深入应用，人们设法提出一种新的观念和方法。这种方法应做到，处理上述复杂技术问题时，在试验、制造、试生产之前，借助计算机辅助功能，对诸如规划、试验、设计等重大决策性问题提出预报性结论。它可以解决试错法的耗时费力问题、因素众多难以决策的问题和克服不能进行试验的困难。这种方法我们称为计算机辅助工程（Computer-aided Engineering），简称 CAE。

由试错法发展到计算机辅助工程（CAE），是由经验技术走向工程科学的质的飞跃，是材料加工领域的一个重大技术变革，它必将促进材料加工科学技术的快速发展，并带来巨大的经济效益。

1.1.2 CAE 在先进制造技术中的地位和作用

先进制造技术是制造业赖以生存、国民经济得以发展的主体技术，是当代科学技术发展最活跃的领域，是国际上高技术竞争的重要战场。一个以制造技术为焦点的技术竞争已在工业发达国家之间展开，许多发展中国家也深切体会到发展先进制造技术的重要性和紧迫性，因而制定了战略发展的规划。

20 世纪 90 年代初出现的虚拟制造技术是先进制造技术的重要标志之一。虚拟制造与实际制造在本质上完全不同，它是在计算机仿真与虚拟现实技术支持下，在计算机上进行产品设计、工艺规划、加工制造、性能分析、质量检验等，是在计算机上实现将原材料变成产品的虚拟现实过程，使得制造技术走出主要依赖于经验的狭小天地，进入全方位预测、力争一次成功的新阶段，从而缩短了产品生产周期，减少了费用，提高了质量。可以预言，虚拟制造技术将继计算机网络技术与数据库技术之后成为先进制造技术的第三大技术支撑环境。

新一代的材料加工技术是先进制造技术不可缺少的重要组成部分。据统计，全世界有75%的钢材经塑性加工，45%的金属结构用焊接得以成形。我国有6000家以上的规模化专业铸造、锻压工厂和众多轧制生产线，材料加工是发展汽车、电力、石化、造船、工程机械等支柱产业的重要基础。据测算，进入21世纪汽车质量的65%以上仍将由钢材、铝合金、铸铁等通过锻压、焊接、铸造等材料加工方法而成形。

材料加工与以切削为主体的冷加工相比，其特点是：从质量评价标准上，在保证零件尺寸形状精度和表面质量的同时，更注重保证零件和结构内部组织性能和完整性；在产品和零件设计上，更强调设计复杂型腔和曲面的能力；在工艺过程中，除了运动和外力作用等因素，还涉及温度场、流场、应力应变场及内部组织的变化；生产环境恶劣，控制因素多样。以上特点反映了材料加工过程对综合自动化和信息集成的需求和复杂性，因此，了解材料加工过程计算机辅助工程（CAE）的现状以及在先进制造技术中的地位和作用，对于推动我国先进制造技术的进步，赶超世界先进水平，具有十分重要的意义。

长期以来，工程师们设计或开发一个产品，通常所采用的方法是：根据设计者的个人经验或采用一些比较简单的经验公式或设计规则，设计产品的工艺方案。因此，当产品的形状比较复杂和质量要求较高时，或需要开发新产品或新工艺时，设计人员只能在提出初步的工艺设计方案后，用费时、费钱的试错方法，在试生产中通过反复修改调试，方能获得较为满意的结果。传统的产品开发过程如图1.1所示。研究表明，许多关键的决策是在产品设计过程的前期，只花费了很少比例的开发经费时做出的，并往往决定了产品的最终市场的成败。因此，产品开发中早期决策的正确与否至关重要。

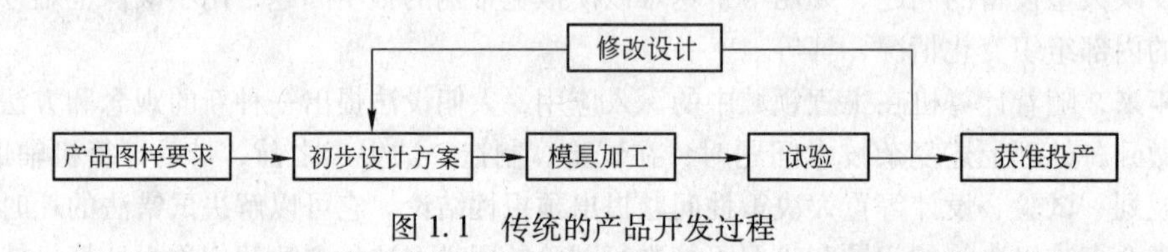

图1.1　传统的产品开发过程

如今，世界范围内激烈的市场竞争，使产品开发者们面临着全新的产品设计和生产工艺，必须在很短的时间内，在几乎没有前人经验的情况下进行工作，由于产品的更新更加频繁，材料更难以加工，且越来越多的复杂零件需要精密成形，而允许用于进行实物实验的时间被大大地缩短，因此，必须有效地提高产品开发者们的工作效率，以适应市场竞争的需要。

生产率的高低由诸多因素决定，它包括技术、劳动力的构成和教育、资金的投入、所从事的工种、管理制度和劳动者的工作态度等，其中技术是决定性的因素，远比任何其他因素重要。据大多数专家认为，对于生产率的影响程度，劳动力占14%，资金占27%，而技术占59%。为此，世界各国尤其是发达国家投入了大量资金，开发计算机辅助工程（CAE）软件，这些分析工具使产品开发者们在制造和试验样品之前，能准确评价不同的设计，从而能选择最佳设计方案；工艺流程可以反复在计算机中通过工艺模拟来超前再现，而不是在实验室或车间中用实物模拟来实现，各种不同的设计方案可以在进行耗资的实物制造和试验之前，在计算机上模拟工艺的全过程，从而使设计者可以分析工艺参数与产品性能之间的关系，观察成形情况以及是否产生内部或外部的缺陷，进而修改工艺及模具直至满意状态。计算机优化与模拟在保证产品质量，减少材料消耗，提高生产率及缩短产品开发周期等方面显示了显著的优越性，因此，传统的经验试错法（Trial and Error Method）正被以CAE为核心技术的方案优化设计、模拟预测和制造的产品开发新流程所取代（图1.2）。

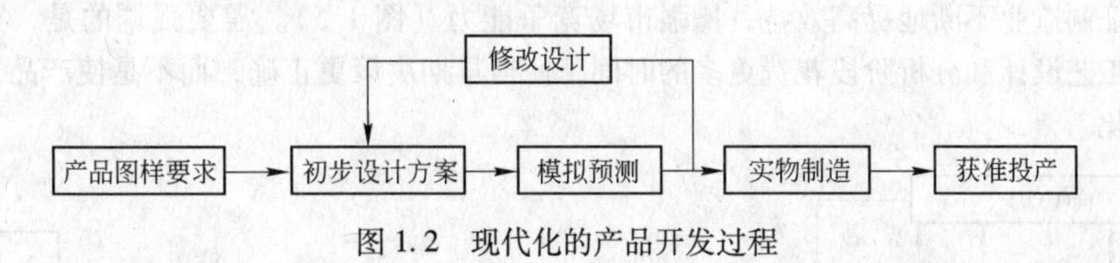

图1.2 现代化的产品开发过程

制造系统是一个复杂系统，具有层次性和结构性。从内部功能来看，它包括市场决策分析、快速报价体系、生产计划管理、产品设计制造、物流与库存控制、销售信息系统、售后服务系统以及组织和实施生产的行为模式。然而“设计”和“制造”则是制造系统最基础的行为，设计制造系统是制造的核心，生产力的进步与发展最终体现在产品的设计和制造技术的进步与发展。

并行工程将设计制造紧密联系在一起，而工艺模拟使并行工程成为可能（图1.3），选用合适的CAE工具可使并行工程易于实现。使用CAE工具，产品开发者便可在获得设计和加工更多知识的情况下，选择更好的工艺，并对早期工艺设计做出准确的关键决策。此外，并行工程还有助于避免那些难以加工和不经济的工艺设计。

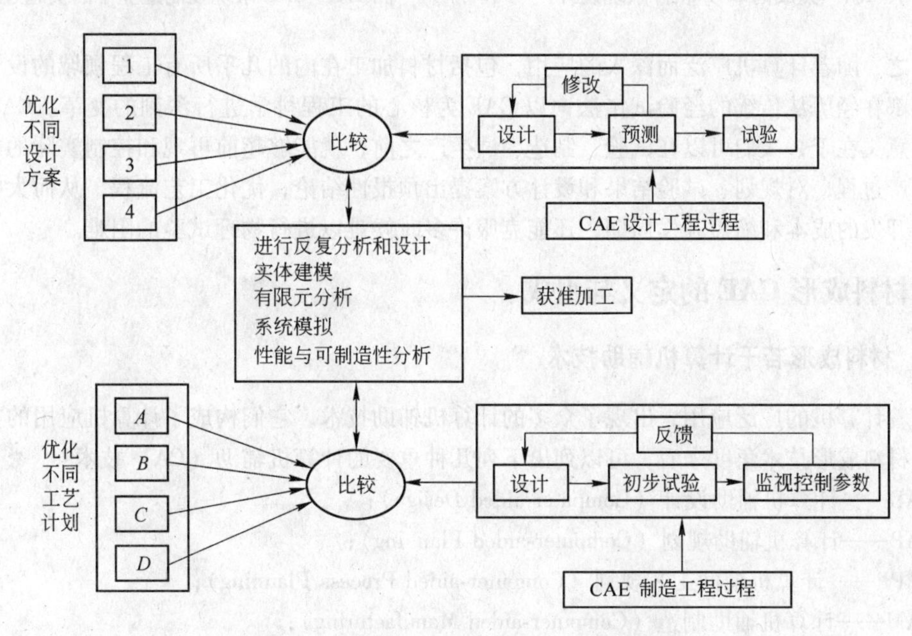

图1.3 设计制造的并行工程与CAE的关系

当前随着CAE软件的不断发展，已有可能将所有的主要单元集成为单一的CAE系统，为产品开发者提供一个高效快速的设计制造平台，以适应激烈的市场竞争的需要，如图1.4所示。一个集成的CAE系统的单元主要包括：图形系统，如用于设计和显示所规划的加工工艺的三维实体造型器或CAD系统；各种图形系统之间的数据传输程序；根据存储零件的图形描述生成有限元模型的前处理器；用于各有关的加工工艺的模拟分析工具；加工工艺模拟结果的后处理或图形输出显示；控制大量的图形、材料特性和前后处理输出的数据库管理；在新技术新方法方面的人员培训；软件系统的维护和技术支持，这对于复杂的加工过程的模拟尤为重要，当有问题时还需对用户热线支持。一个 CAE 系统总是随着时间的推移，由计算机软硬件的不断发展而逐渐发展和完善的。因此，对于其在制造工程中的实施和应用也是分阶段的，这样才能保证制造业不断地提高效益，增强市场竞争能力（图 1.5）。需要强调的是，实施 CAE 方法将在工艺设计和分析阶段花费更多的时间，使得早期决策更正确，而不是使产品开发工作完全自动化。

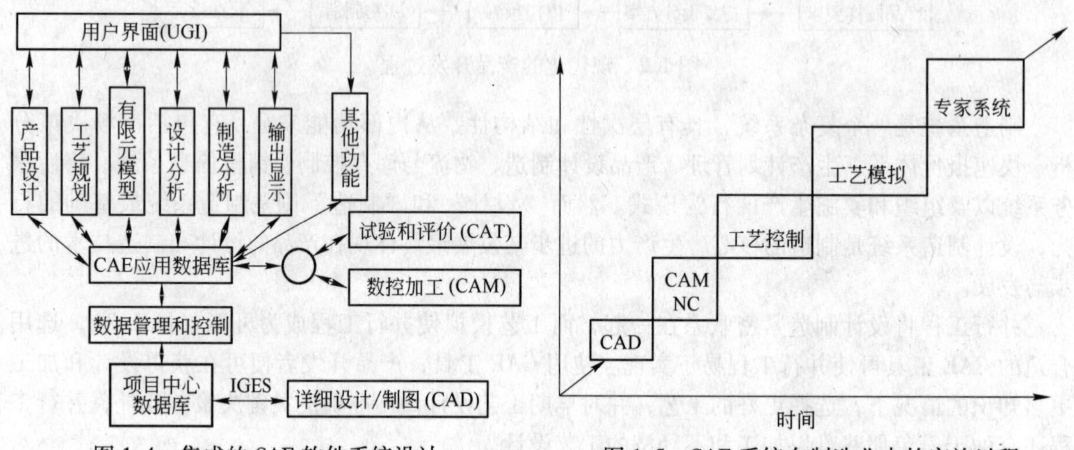

图 1.4 集成的 CAE 软件系统设计　　图 1.5 CAE 系统在制造业中的实施过程

总之，随着计算机广泛而深入的应用，包括材料加工在内的几乎所有工程领域的设计和生产方法都在经历从传统的经验试错法向以 CAE 为核心的工程科学进行深刻的变革。CAE 技术的重要意义在于，人们可以在试验、制造、试生产之前，就能够超前再现和控制实际的加工制造等生产过程，对规划、试验结果和设计方案提出预报性结论，优化工艺流程，从而大幅度降低研究开发的成本和缩短开发周期，还能克服许多时候难以进行物理试验的困难。

1.2 材料成形 CAE 的定义与组成

1.2.1 材料成形若干计算机辅助技术

随着计算机的广泛应用，出现了众多的计算机辅助技术，它们构成了计算机应用的重要方面。从材料成形技术角度来看，可以列出下列几种重要的计算机辅助（CA）技术：

CAD——计算机辅助设计（Computer-aided Design）；

CAP——计算机辅助规划（Computer-aided Planning）；

CAPP——计算机辅助工艺规划（Computer-aided Process Planning）；

CAM——计算机辅助制造（Computer-aided Manufacturing）；

CAQ——计算机辅助质量控制（Computer-aided Quality Control）；

CAT——计算机辅助检验（Computer-aided Testing）；

CAE——计算机辅助工程（Computer-aided Engineering）；

CIMS——计算机集成制造系统（Computer Integrated Manufacturing System）。

上述各类材料成形 CA 技术在早期阶段大多是以独立的计算机辅助“岛方案”（Island Schema）出现的。后来随着 CA 技术的进一步发展，人们将 CAD、CAPP、CAM 等功能模块通过计算机网络连接，形成 CAD/CAM 集成化（或一体化）系统（图 1.6）。

1.2.2　材料成形 CAE 的定义

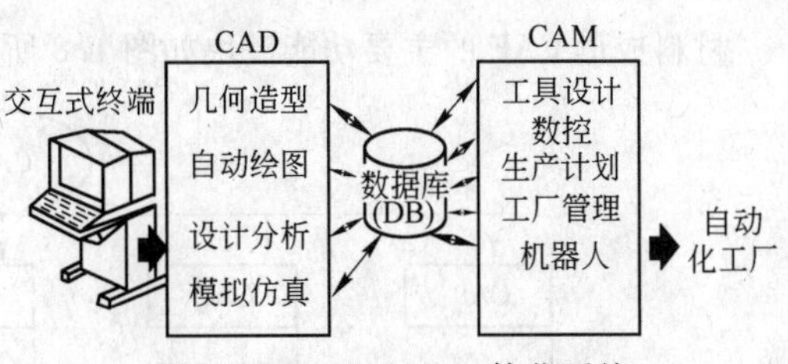

图 1.6　CAD/CAM 一体化系统

由于专业领域或研究出发点的不同，人们对各类 CA 技术的含义及其相互关系的理解也不尽相同，另外在不同发展阶段，也有不同理解。

日本学者雨宫好文和安田仁彦等认为，在许多情况下可将 CAD、CAM、CAE 有机结合，形成 CAD/CAM/CAE 系统，其中 CAD 是指用计算机进行几何设计、修改和绘图；CAM 是指工艺设计、数控编程、机器人编程等生产准备过程（狭义 CAM），甚至还利用计算机进行实际的制造（广义 CAM）；CAE 主要是指利用计算机在初步设计和详细设计等阶段进行模拟仿真和分析计算（狭义 CAE，即 CAE 分析）。

权威的 Encyclopedia Britannica 认为 CAE 在工业中是指在数字计算机的直接控制下将设计和制造集成的一个系统。CAE 系统将用计算机进行工业的设计工作，即计算机辅助设计（Computer-aided Design，CAD）与用计算机进行制造工序，即计算机辅助制造（Computer-aided Manufacturing，CAM）结合在一起。这个集成过程通常称作 CAD/CAM 集成化。CAD 系统通常由一台带一个或多个终端（其特点为视频显示器和交互图形输入设备）的计算机组成，其可用于设计工作（例如机器部件、服装样板或集成电路）。CAM 涉及使用数控机床以及高性能、可编程机器人。在 CAE 系统中，由设计过程开发和编辑的图样被直接转换成生产机器的加工指令，用于制造要求的产品。CAE 系统减少开发新产品所需要的时间，通过优化生产流程和操作规程以及在改变机器操作时提供更高的柔性来提高生产率。

结合当前 CAE 的发展及其在材料加工成形领域中的应用，可将 CAE 理解为应用计算机辅助技术进行规划、优化设计、模拟、加工制造和质量控制等的集成化、网络化系统。

1.2.3　材料成形 CAE 的功能与组成

CAE 的基本功能包括：（1）拟订方案，用专家知识协助工具和过程设计，规划并控制制造过程；（2）参数计算分析，运用最优化技术对目标函数寻优；（3）自动绘图；（4）编写文件；（5）模拟和试验，用计算机模拟仿真加速设计进程，减少试验次数；（6）生产资料准备，运用经济模型软件为报价等提供科学依据；（7）自动加工、装配和控制；（8）企业数据总结和管理，分析成本实时修正生产数据。

CAE 的基本组成如图 1.7 所示。其中 PS（Process Simulation）是过程模拟，Opt 是最优化（Optimization）。

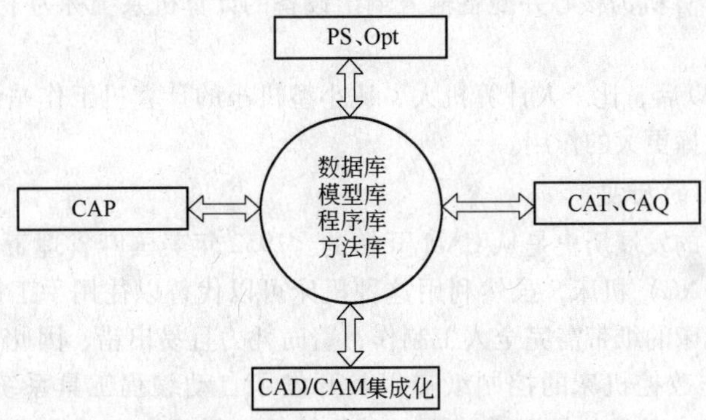

图 1.7　CAE 系统的基本组成

材料成形 CAE 的主要功能模块如图 1.8 所示。

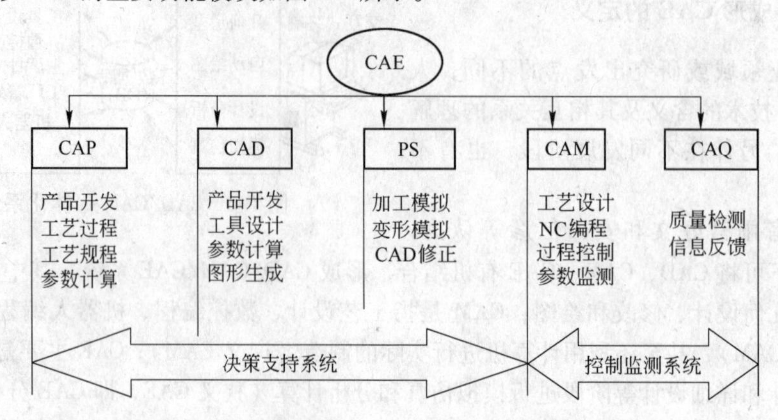

图 1.8 材料成形 CAE 的主要功能模块

1.3 CAE 的历史与发展趋势

1.3.1 CAD/CAM/CAE 技术的发展历史

1.3.1.1 计算机的简史

20 世纪 40 年代诞生了数字计算机，起初的计算机是电气机械式，当时最大的 MARK-Ⅰ型计算机，计算 23 位加减法和乘法分别需 0.3s 和 0.6s。1946 年在为美国陆军开发的 ENIAC 型计算机上开始用电子管代替了机械部分，形成“电子”计算机，即第 1 代计算机。这种 ENIAC 型计算机计算两个 10 位数乘法需要 1/40s，到了 50 年代中期进行同样的计算仅需 1/2000s。

20 世纪 50 年代末期，应用半导体的第 2 代计算机诞生了，其完成两个 10 位数乘法运算需要 $1/10^5$s。

20 世纪 70 年代，将几千个半导体元件构成的电路压缩到一个小硅片上的集成电路（IC）开发成功后，诞生了采用集成电路的第 3 代计算机。这种计算机每秒可完成数百万次的计算。随着采用大规模集成电路（VLSI）的第 3.5 代计算机的开发应用，计算机技术正朝着高性能和低价格的方向发展。

在上述大型计算机（又称主机）发展的同时，以小型化为目标的计算机发展也异常迅速。20 世纪 60 年代紧凑式、操作方便的小型计算机（Minicomputer）开发成功，到了 20 世纪 70 年代计算机进一步小型化和微型化，出现了由一个或数个半导体芯片组成的微型计算机（Microcomputer）。以微型计算机为核心并配备输入输出设备的计算机系统称为个人计算机（PC），现正在普及应用。

20 世纪 80 年代以后，比个人计算机大、比小型机小的计算机工作站诞生了，工作站与其他计算机联网，可发挥更大的作用。

1.3.1.2 CAM 的历史

CAD/CAM/CAE 的发展历史是从 CAM 开始的。1952 年美国麻省理工学院（MIT）在世界上首次开发了数控（NC）机床，虽然利用这种机床可以代替以往用手工操作才能完成的加工过程，但控制这种机床的纸带需完全人工制作，费时耗力且易出错，因此 MIT 的研究人员开始研究利用计算机制作数控机床的控制纸带以及开发了自动编程工具系统（Automatically Programmed Tools，APT），其目的是根据被加工对象的几何形状来自动生成刀具的运动轨迹。这可以说是 CAM 历史的开端。1957 年和 1962 年分别出现了 APT-Ⅱ和 APT-Ⅲ，1964 年以后以美国伊利诺伊理工学院为核心承担了 APT 的长期开发计划，在 1969 年完成了 APT-Ⅳ系统。APT 技术引入德国亚琛工业大学后，在此基础上开发了 EXAPT-Ⅰ、EXAPT-Ⅱ、EXAPT-Ⅲ等系统。

与 CAM 技术密切相关的工艺设计自动化系统的发展较缓慢，1969 年首先在挪威成功地开发出了真正意义上的与 CAM 技术密切相关的工艺设计自动化系统 AUTOPROS，其对后来的工艺设计系统影响较大。但由于当时对于工艺设计中的处理方向不明确，工艺设计自动化系统的发展较缓慢。

1.3.1.3 CAD 的历史

20 世纪 50 年代末期，MIT 的研究者不仅开发 APT 系统将计算机技术直接应用于加工过程，而且还探索将计算机直接应用到设计过程。1963 年，年仅 24 岁的 MIT 研究生 I. E. Sutherland 首先取得了这方面的研究成果，他在美国计算机联合大会（SJCC）上宣读了题为“人机对话图形通讯系统”的博士论文。其核心内容是以“人机对话”方式在计算机上实现图形处理，由他推出的二维素描板（SKETCHPAD）系统，让设计者坐在图形显示器前通过操作光笔和键盘，在显示屏上能方便地绘出直线、圆弧等二维图形，再将这些计算机图形信息存储起来，可作为绘图数据用于其他场合。此研究成果实现了 CAD 概念的第一步，具有划时代的意义，促进了 CAD 和 CAM 技术的发展。CAD 最初是在电路设计中得到成功应用，60 年代末期，电路变得异常复杂，利用计算机图形处理功能极大地提高了电路设计的效率。之后 CAD 又以同样方法在许多工程领域得到应用。例如，工业化农场的管路设计，土木建筑业的桥梁、高速公路等的配置设计，城市规划中的水管、电线、电话线、煤气管的配置设计等都是应用 CAD 的实例。

人们在成功实现二维 CAD 的基础上，为适应设计和加工任务的要求，又提出了三维 CAD 的构想，因为若能将反映实物的三维立体图形存储在计算机里进行处理，那么在计算机内即可进行复杂实体的设计了。1973 年，在布达佩斯召开的国际会议上，有两个研究小组分别提出了将三维立体图形存入计算机的方法。在计算机中，表示三维物体的数据集合称为实体模型（Solid Model）。布达佩斯会议之后，关于实体模型的研究不断发展，目前，三维 CAD 已经达到了实用化程度。

1.3.1.4 CAE 工程分析计算

在设计中，利用计算机进行必要的分析计算几乎从计算机诞生就开始了。据说在 1953 年，人们就已经能够利用某种收敛算法，在计算机上进行电力变压器的设计计算了。此后，作为 CAD/CAM/CAE 的组成部分并发挥重要作用的有限元法（Finite Element Method，FEM）于 50 年代后期诞生了。50 年代，飞机逐渐由螺旋桨式向喷气式转变。为了确定高速飞行的喷气式飞机的机翼结构，必须对其动态特性进行高精度分析计算，而以往的计算手段满足不了要求。1956 年，美国波音飞机公司的科技工作者开发了划时代的有限元计算方法。后来，有限元法不断发展，现在不仅用于结构分析计算，而且还用于传热、流体、电磁场等许多方面的分析计算中。作为利用计算机进行分析计算的方法，后来又开发了边界元法、模态分析法等新的计算方法。

但是到目前为止，这些计算方法大多还是单独使用，与 CAD、CAM 相结合的研究还很少。不过，人们认识到了 CAD 过于侧重于计算机辅助图形处理，因而提出了 CAE 分析计算的概念。随着计算方法的发展，CAE 分析计算技术的实用化也在不断进步，现在已经可以与 CAD、CAM 相提并论了。

1.3.1.5 CAD/CAM 集成化

最初 CAD、CAM 和 CAE 分析计算几乎是独立发展，在实际生产现场中 CAD、CAM 和 CAE 分析计算也是互不相关的。因此，即使 CAD 设计的产品几何形状数据存储在计算机中，为了进行 CAM 也要对相同的工件进行数据计算，因而造成了浪费。由于这种浪费，使人们认识到了将 CAD、CAM 和 CAE 模拟分析技术进行集成化的重要性。但是，当时还缺乏实现这种集成化的关键技术。实体模型技术出现后，作为这种集成化的关键技术得到了普遍重视。因为一旦建立起实体模型，就能够以此为基础统一地进行模拟分析计算和生产准备等一系列工作。现在，以实体模型为核心的 CAD/CAM/CAE 的集成化不断进步，极大地促进了设计和生产向自动化和高效化方向发展。

1.3.2 CAD/CAM 技术的发展趋势

CAD/CAM 技术是一个发展着的概念。它不但可以实现计算机辅助设计中的各个分过程或者若干过程的集成，而且有可能把全生产过程集成在一起，使无图样制造成为可能。此外，随着快速成形技术的发展，快速模具制造技术也已诞生。人工智能技术也将引入 CAD/CAM 系统。CAD/CAM 技术的发展将包括如下几个方面：

（1）CAD/CAM 技术将成为 CIMS 的重要组成部分。计算机集成制造系统（Computer Integrated Manufacturing System，CIMS）是指以企业为对象，借助计算机和信息技术，使经营决策、产品设计与制造、生产经营管理有机地结合为一个整体，从而缩短产品开发、制造周期，提高产品质量及生产率，充分利用企业的各种资源，获得更高的经济效益。图 1.9 是 CIMS 中的概念划分及关系。

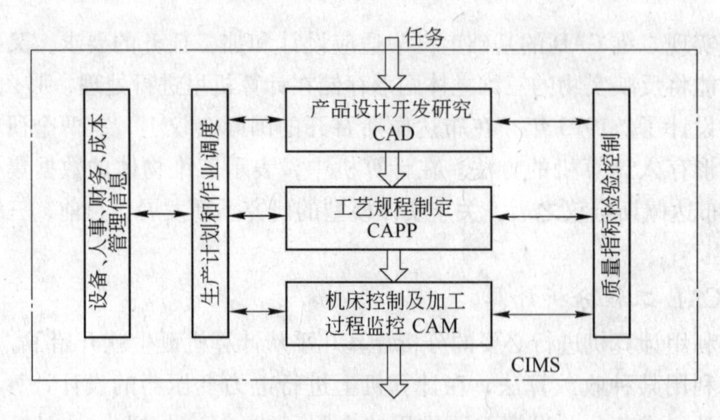

图 1.9 CIMS 中的概念划分及关系

CIMS 的主要特征是除了信息交流实现高度的集成外，在物料流、刀具流等方面也进行集成。CIMS 作为一门高新技术，也处于不断地发展和变化之中，一些新思想和新技术被引入到 CIMS 中来，CAD/CAM 技术将成为 CIMS 系统的一个重要组成部分。

（2）无图样设计/制造技术。所谓无图样设计/制造技术是指依靠数字化设计，进行数字化预装配，开展并行工程，实现详细设计、系统安排、分析计算、工艺计划、工装设计和跟踪服务的并行发展。例如，1994 年，美国波音飞机公司向世界展示了 20 世纪最大的双发运输机 777。该机种就是采用无图样设计/制造技术的范例。

波音公司当时做出了两项重大决策：1）将所有飞机零件在计算机上进行三维设计（构造三维数字化模型），并进行数字化预装配；2）组织综合设计组和制造一体化组，开展并行工程。这个决策，使设计人员在计算机上以三维方式设计全部零件，进行数字化预装配作为设计综合。公司的各个部门均可共享这些设计模型，尽早获得有关技术集成、可靠性、可维护性、工艺性等方面的反馈信息，从根本上改进了原有的设计方法。

波音公司在实施无图样设计/制造技术中，配置了 2200 台运行 CATIA 软件的 IBM RISC6000 工作站，并与 8 台主机联网，使 238 个综合设计组能在并行工作环境中协同工作。60 多个国家的飞机零件供应商能方便地通过网络数据库实时存取零件信息，使这种具有 300 万种以上零部件的飞机能顺利地装配起来。

（3）快速成形制造技术。快速成形技术（Rapid Part/Prototype Manufacturing，RPM）是 20 世纪 80 年代末发展起来的一项新的制造技术。传统的机械加工工艺多采用去除多余材料（如车削、铣削等）以得到合乎要求的形状和尺寸的零件，而快速成形技术则是基于材料逐层叠加的原理，在无刀（工）具与工件之间相接触的情况下，直接由计算机的三维 CAD 数据文件制造出任意曲面的实物模型原型（Part/Prototype）。这种原形零件可用于产品设计的评估、装配检验和工艺试验的迭代式改进过程，大大缩短了产品的设计开发周期，提高了产品的外观与性能的设计质量。基于快速成形技术并与传统的铸造、粉末烧结等工艺相结合而发展起来的快速模具制造技术，其制模周期为常规制模周期的 1/3~1/5，而成本仅为后者的 1/2~1/4。正因快速成形技术对制造业有如此潜在的巨大影响，国际上有学者把它与 20 世纪 60 年代发展起来的数控技术相媲美。目前，快速成形技术已在家电、汽车、机械制造、玩具、考古复制和医疗工程等行业获得了广泛的应用。

快速成形技术是用 CAD 技术设计出零件的三维曲面或实体模型，按一定的厚度对其进行分层，生成二维（截面）信息，再将分层后的数据进行处理，输入加工参数，生成加工代码；利用数控装置精确控制激光束（或其他工具）的运动，扫出铺在工作台上薄层成形材料每层截面形状，在其上面再铺新一层的成形材料，重复上一层操作，逐层叠加，直到形成整个零件。目前发展较成熟的快速成形方法主要有：1）主体平版印刷法（Stereo Lithography Apparatus，SLA）；2）分层实体制造（Laminated Object Manufacturing，LOM）；3）选择性激光烧结法（Selective Laser Sintering，SLS）；4）熔融沉积制造法（Fused Depositions Modelling，FDM）。

1.4　CAD/CAM 系统的硬件和软件

1.4.1　CAD/CAM 系统的组成

CAD/CAM 系统由硬件（Hardware）和软件（Software）组成。其中硬件由计算机及其外设组成，是物质基础；软件是信息处理的载体，是整个 CAD/CAM 系统的“灵魂”。软件主要指计算机程序及相关文档。CAD/CAM 软件可分为系统软件、支撑软件和应用软件三个层次（图 1.10）。

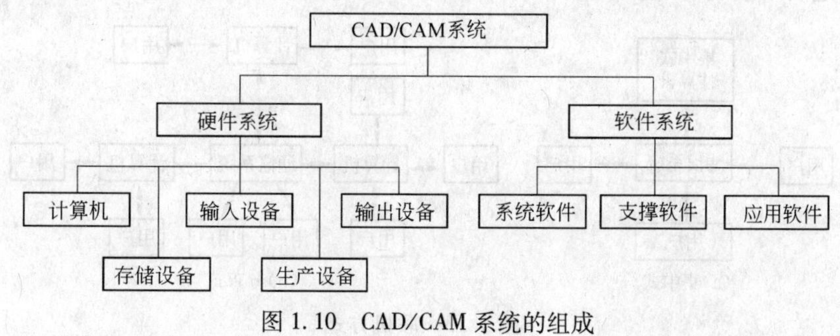

图 1.10　CAD/CAM 系统的组成

研究者通过人机对话、批处理等方式控制和操纵 CAD/CAM 过程，完成计算、绘图、模拟、NC 编程等任务。图 1.11 为 CAD/CAM 的分层体系结构。

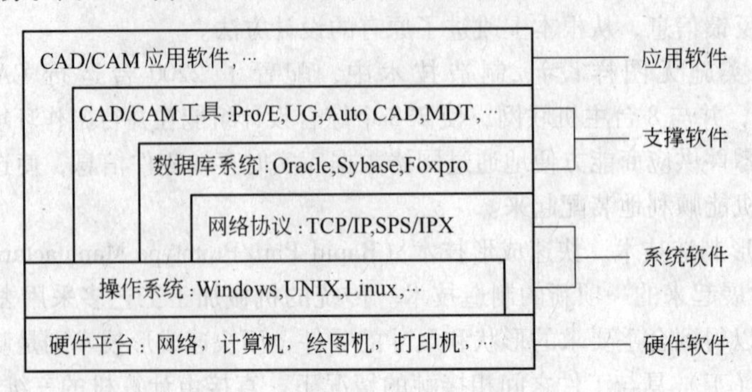

图 1.11　CAD/CAM 系统的分层体系结构

1.4.2　CAD/CAM 系统的类型

（1）按计算机类型划分 CAD/CAM 系统。当前按所使用的计算机类型大致可将 CAD/CAM 系统划分为四种类型，如表 1.1 所示。这四种系统，除了计算速度、存储能力和图形加速等规模存在差别外，主机系统主要用于大型分析计算、数据处理等。工程工作站和 PC 机具有良好的交互功能和联网功能且价格相对较低，其上目前可安装的应用软件种类较多，从性能价格比因素考虑，后两种在工程分析中得到较广泛应用。

由于网络技术的发展，现在上述四种系统可实现联网，微机作为网络的节点共享主机和工作站的资源。

表 1.1　按计算机类型划分 CAD/CAM 系统

CAD/CAM 硬件系统	操作系统	举　例
大型主机系统（Main Frame System）	UNIX	IBM…
小型机成套系统（Turnkey System）	UNIX	IBM、HP …
工程工作站系统（Stand Alone WS）	UNIX	IBM、HP、SGI…
微机工作站（PC WS）	NT，Linux	Intel…

（2）按计算机连接方式划分 CAD/CAM 系统。按计算机连接方式可将 CAD/CAM 系统划分为单机方式和联机方式。单机方式 CAD/CAM 系统由一台计算机及输入输出设备组成，供单一用户使用（图 1.12）；联机方式 CAD/CAM 系统由多台计算机通过网络组成（图 1.13）。

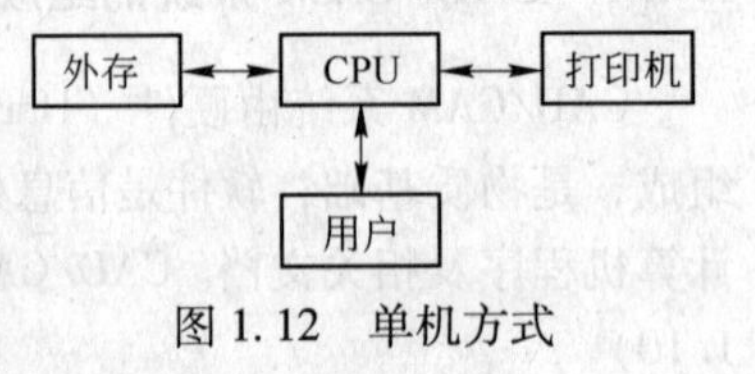

图 1.12　单机方式

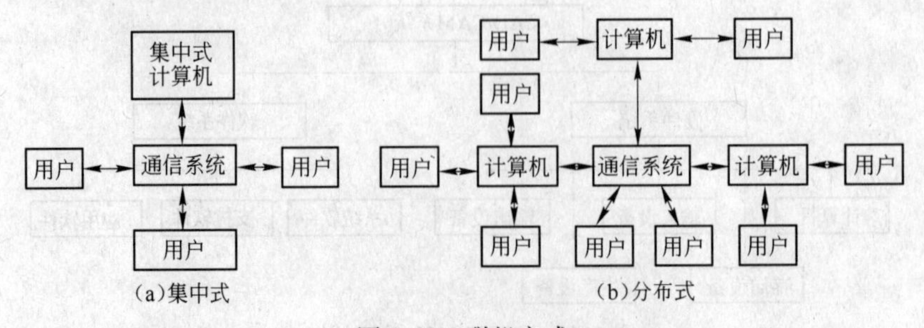

图 1.13　联机方式

1.4.3 CAD/CAM 系统的硬件组成

一个典型的 CAD/CAM 硬件系统（图 1.14）主要包括：(1) 计算机主机；(2) 图形终端和字符终端；(3) 外存储器；(4) 输入输出装置；(5) 生产设备；(6) 网络等。

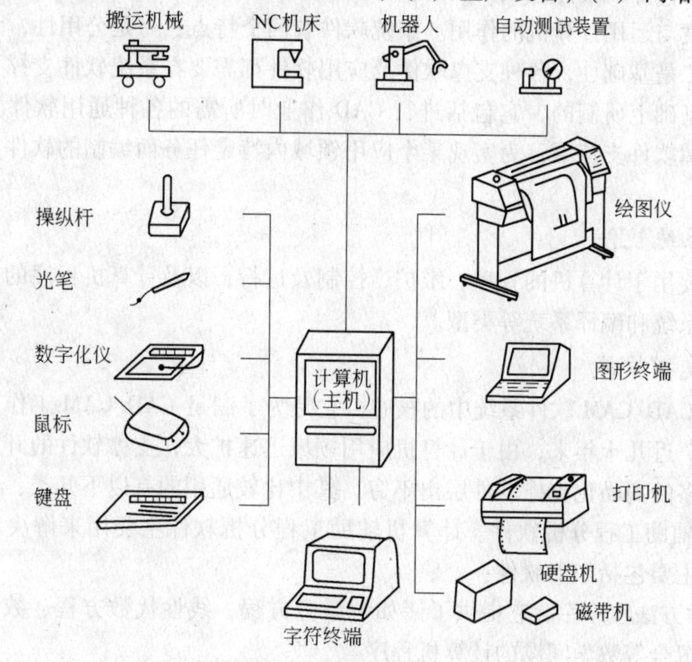

图 1.14 CAD/CAM 硬件系统的主要组成

1.4.4 CAD/CAM 系统的软件组成

1.4.4.1 CAD/CAM 软件系统分类

具备了 CAD/CAM 硬件之后，软件配置水平就决定了整个 CAD/CAM 系统性能的优劣，可以说，硬件是 CAD/CAM 系统的物质基础，而软件则是 CAD/CAM 系统的核心。从 CAD/CAM 系统发展趋势看来，软件占据着愈来愈重要的地位。软件的成本目前已超过了硬件，CAD/CAM 工作者应十分重视软件。

CAD/CAM 软件系统可以分为系统软件、支撑软件、应用软件，如图 1.15 所示。系统软件包括操作系统、编译系统等。在系统软件的支持下，可以开发和运行一般的应用软件。要开发 CAD/CAM 应用软件需要有特殊的支撑软件环境。支撑软件包括数据库管理系统、图形支撑软件和有限元分析软件等。系统软件和支撑软件是同计算机一起购进的，形成 CAD/CAM 系统的二次开发环境，用户在此环境下移植或自行开发所需要的 CAD/CAM 应用软件来完成特定的设计和制造任务。

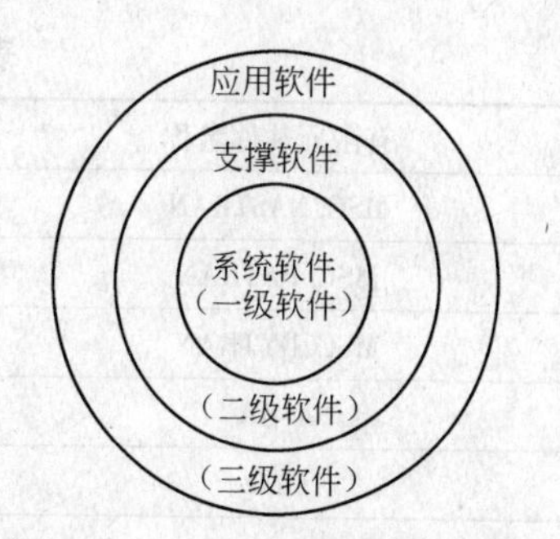

图 1.15 CAD/CAM 软件的层次

CAD/CAM 系统的功能和效益最终反映在 CAD/CAM 应用软件的水平上，而高水平的 CAD/CAM 应用软件又必须以高水平的开发环境为基础。这里需要强调的是，如果 CAD/CAM 系统中没有结合本企业特点的应用软件，仅用购进的图形支撑软件在屏幕上一笔一画交互地进行设计，其结果相当于将价格十分昂贵的计算机系统作为“电子图板”用，设计效率和质量比在图板上设计改善不了多少，更谈不上实现 CAD/CAM 一体化了。

系统软件是与计算机硬件直接关联的软件，一般由软件专业人员研制，它起着扩充计算机的功能和合理调度与运用计算机的作用。系统软件有两个特点：一是公用性，无论哪个应用领域都要用到它；二是基础性，各种支撑软件及应用软件都需要在系统软件支撑下运行。支撑软件是在系统软件基础上研制的，它包括进行 CAD 作业时所需的各种通用软件。应用软件则是在系统软件和支撑软件支持下，为实现某个应用领域内特定任务而编制的软件。下面分别介绍这三类软件。

1.4.4.2 系统软件

系统软件主要用于计算机的管理、维护、控制及运行，以及计算机程序的翻译、装入和运行，主要有操作系统和编译系统等类型。

1.4.4.3 支撑软件

支撑软件是 CAD/CAM 软件系统中的核心，它是为了满足 CAD/CAM 工作中的共同需要而开发的通用软件。近几十年来，由于计算机应用领域迅速扩大，支撑软件的开发研制有了很大的进展，种类繁多的商品化支撑软件层出不穷，其中比较通用的有以下几类：

(1) 计算机辅助工程分析软件。计算机辅助工程分析软件主要用来解决工程设计中各种数值计算问题，主要包括如下软件：

1) 常用数学方法程序库。它提供了诸如解微分方程、线性代数方程、数值积分、有限差分以及曲线曲面拟合等数学问题的计算机程序。

2) 优化设计软件。优化设计是在最优化数学理论和现代计算技术基础上，运用计算机寻求设计的最优方案。随着优化技术的发展，国内外已有许多成熟的算法和相应的计算机程序。

3) 有限元法结构分析软件。目前，有限元法在理论与方法上已较成熟，而且求解的范围也日益扩大，除了固体及流体力学问题外，还应用于金属及塑料成形、电磁场分析、无损探伤等领域，在工程设计上应用十分广泛。商品化的有限元分析软件很多，其中国内外流行的有 NASTRAN、Marc、LARSTRAN、ABAQUS、ANSYS、DYNA3D、SAP、ADINA 等，它们均具有较强的前后处理功能。随着微机的发展和普及，许多有限元分析软件都有了 32 位和 64 位微机版本。常见的有限元分析软件见表 1.2。

表 1.2 常见的有限元分析软件举例

有限元软件名称	主 要 用 途
MSC. NASTRAN	综合的大型通用结构有限元分析软件
MSC. PATRAN	基于并行工程框架式前后处理及有限元集成分析系统
MSC. DYTRAN	非线性瞬态动力学分析软件
ASKA	综合的通用有限元分析软件
Marc	综合的非线性有限元分析软件
AUTOFORGE SUPERFORM Simufact. forming	金属塑性成形有限元分析软件 （基于 Marc 求解器）
LARSTRAN	综合的非线性有限元分析软件

续表 1.2

有限元软件名称	主要用途
SAP-> NONSAP	综合的有限元分析软件
ADINA	动态非线性分析软件
MODULEF	综合的有限元分析模块库
ANSYS	通用有限元分析软件
SHELLS	壳体、平面和墙式结构分析软件
STARDYN	动力分析系统
EASE	静力、动力有限元分析系统
ABAQUS	动态和非线性有限元分析系统
LS-DYNA3D	结构瞬态动力响应分析软件
HYPERWORKS	金属板料成形有限元模拟仿真软件
DEFORM	材料成形有限元模拟软件
JIGFEX	结构分析系统
HAJIF Ⅰ-Ⅲ	飞机结构分析系统
FEPS	通用有限元程序系统

（2）图形处理软件可分为图形处理语言及交互式绘图软件两种类型。

1）图形处理语言。它通常以子程序或指令形式提供一整套绘图语句，供用户在高级程序设计语言（如 FORTRAN、BASIC 等）编程时调用。如美国 Tektronix 公司研制的 PLOTIO 图形子程序库，可以用 FORTRAN 语言中的 CALL 语句来调用。此外，还有绘图机指令 RD/GL、DM/PL、HF/GL 等均属此类。应用图形处理语言及高级语言编制的程序，既有较强的计算能力，又具有图形显示或绘图功能。但是这类图形处理语言往往由硬件生产厂家提供，因而受到硬件设备型号的制约，不像程序设计中的高级语言那样有良好的通用性，编制的程序也只能在特定的硬件环境下才能执行，为推广应用造成一定困难。

2）交互式绘图软件。它可用人机交互形式（如菜单方式、问答式）生成图形，进行图形编辑、标注尺寸、拼装图形等图形处理工作，省去了编程的麻烦。在微机上可运行的典型交互式绘图软件有 AutoCAD、CADKEY、CADPlan、MicroCAD 等，这些软件均有二维及三维绘图功能，只是在三维图形功能强弱上有所差别。此外，国内外流行的三维实体建模软件有 CATIA、ICEM、EUCLID、IDEAS 等，这些实体建模软件均用 FORTRAN 编写，可执行语句在 10 万~50 万句之间，软件规模很大，并具有较强的三维几何建模、消除隐藏线及生成阴阳图像的能力。

（3）数据库管理系统。为了适应数量庞大的数据处理和信息交换的需要，多年来发展了数据库管理系统（Data Base Management System，DBMS）。它除了保证数据资源共享、信息保密、数据安全之外，还能尽量减少数据库内数据的重复。用户使用数据库都是通过数据库管理系统而进行的，因而它也是用户与数据之间的接口。数据库管理系统中使用的数据模型主要有三种，即层次模型、网状模型和关系型模型。国内流行的商品化数据库管理系统有 FoxPro、ORACLE 等，它们均属于关系型数据库管理系统，适用于商业及事务管理，用以管理非图形数据，这类通用的数据库管理系统在工程中并不适用。CAD/CAM 的工程数据库管理系统要求能管理极大的数据量，数据类型及数据关系也十分复杂，而且信息模式是动态的。研制一个完善的工程数据库管理系统，是目前尚在努力解决的重大课题。

（4）网络管理软件。网络 CAD/CAM 系统已成为微机 CAD/CAM 主要使用环境之一。在微机网络工程中，网络系统软件是必不可少的，如 Netware 就是 NOVELL 公司专门为该公司微机局域网产品设计的网络系统软件，它包括服务器操作系统、文件服务器软件、通信软件等。应用这些软件可进行网络文件系统管理、存储器管理、任务调度、用户间通信、软硬件资源共享等项工作。计算机网络管理软件随微机局域网产品一起提供。

1.4.4.4　应用软件

应用软件是在系统软件、支撑软件基础上，针对某一专门应用领域而研制的软件，这类软件通常由用户结合特定的设计工作需要而自行研究开发的，此项工作又称为“二次开发”，如计算机辅助孔型设计软件、模具设计软件、电器设计软件、机械零件设计软件、机床设计软件，以及汽车、船舶、飞机设计制造专用软件等均属此类。能否充分发挥已有 CAD/CAM 硬件的效益，应用软件的技术开发工作是关键，也是 CAD/CAM 工作者的主要任务。

专家系统也可认为是一种应用软件。在设计过程中有相当一部分工作不是计算及绘图，而是依靠工程领域专家丰富实践经验和专门知识，经过专家思考、推理与判断才获得解决的。使计算机工作竭力模拟专家解决问题的工作过程，为达到这个目的而编制的智能型计算机程序称为专家系统。20 世纪 80 年代末，国内蓬勃地开展了研制产品设计专家系统的工作，如工业汽轮机总体方案设计专家系统、圆柱齿轮减速器设计专家系统和各类模具设计专家系统等，均已投入工业设计应用。CAD/CAM 应用软件将运用专家系统的概念和方法，使 CAD/CAM 进一步向智能化、自动化方向发展。

目前典型的 CAD/CAM 应用软件包括如下：

（1）I-DEAS 软件。I-DEAS（Integrated Engineering Analysis System）软件是美国 SDRC 公司开发的。1991 年推出 I-DEAS 6.0 版本，其中增加了二维联动和变量设计等功能，成为计算机辅助机械产品 CAD 软件中功能很强的软件。I-DEAS 软件是一种综合性的机械设计自动化软件系统，它集成了设计、绘图、工程分析、塑性成形过程模拟、数控编程及测试等功能。

（2）UG 软件。UG 是 UNIGRAPHICS 的简称，它起源于美国麦道飞机公司，以 CAD/CAM 一体化而著称，可以支持不同的硬件平台。它由 CAD、CAE、仿真、质量保证、开发工具、软件接口、CAM 及钣金加工等部分组成。麦道公司于 1960 年开始就致力于开发 CAD/CAM 系统，到 1973 年麦道公司就以计算机辅助生产的产品进入了商业市场，到现在已发展为功能较强的 CAD/CAM 系统，原来在 VAX 计算机环境下开发，现在也可运行在 IBM、Sun、HP 等工作站上。该软件已广泛地应用于机械、模具、汽车及航空领域，它常应用于注塑模、钣金成形模及冲模的设计和制造上。

（3）CATIA 软件。CATIA（Computer-Graphics Aided Three-Dimensional Interactive Applications）即计算机辅助三维图形交互应用软件包，是法国达索飞机公司研究开发的三维几何造型功能很强的交互式 CAD/CAM 软件，它具有工程绘图、数控加工编程、计算分析等功能，能方便地实现二维元素与三维元素之间的转换，具有平面或空间机构运动学方面的模拟及分析功能。其主要特点是三维建模能力强，曲面造型功能尤为突出。

（4）CADDS 软件。CADDS 软件是由美国 CV（Computervision）公司研制的大型软件。CADDS 软件在模具 CAD/CAM 工作中有相当影响。CADDS 软件功能强大，包括三维绘图、三维建模、曲面和实体造型、线架的修剪和过渡、曲面的拼接与延伸、消隐和阴影处理以及有限元分析、动态模拟和多坐标自动编程等功能，它能满足图形数据库、非图形数据库和网络软件等各方面要求，国外许多著名模具厂均使用过该软件。

（5）Moldflow 软件。Moldflow 公司是一家专业从事塑料计算机辅助工程分析（CAE）的软件和咨询公司。其软件可以模拟整个注塑过程以及这一过程对注塑成形产品的影响，可以评价和优化整个过程，可以在模具制造之前对塑料产品的设计、生产和质量进行优化。

(6) MOLDMAKER 软件。MOLDMAKER 是模具设计专用软件。法国 MDTV 公司凭借其久经考验的设计技术，与世界著名模具厂商一起开发的 MOLDMAKER 软件，使工程师能直接受益于标准零件库，库中零件可在工模具中自动定位和调整。MOLDMAKER 软件是根据模具生产实际经验，把工业诀窍和高性能的工程应用软件结合起来的产物，它可生成模具垫板及零件或模具垫板内的浇注槽和孔等，使设计工作变得非常方便，从而把模具设计师从繁琐的工作中解放出来。MOLDMAKER 软件是针对模具设计师特殊需求而开发的专用工具，其最大特点是拥有三维尺寸驱动的零件库，模具设计师随手可用的标准零件有：引导栓、浇注导向槽、浇注套、支撑栓、套筒、定位环、螺栓、垫片、浇道套和冷却管等。

1.5 CAD/CAM 系统的选型原则

1.5.1 CAD/CAM 硬件选型原则

配置一套 CAD/CAM 系统，正确的选型是十分重要的。从性能价格比考虑，以超级微机组成的工程工作站是目前大多数部门选择的重点。在选择 CAD/CAM 硬件系统时一般应考虑下列问题：

(1) 应用软件所需的系统环境。选购硬件系统的目的在于用来协助完成特定的任务，因此，评估工作站的顺序应该是先软件后硬件，也就是先定应用方向，再配置硬件设备。在确定应用方向时，应依据具体产品的整个设计、制造作业流程的特点进行选择。例如，对于机械类产品的设计作业，大致有二维图、三维立体图、有限元分析、数控编程和加工等工作。对流程进一步分析还会发现，其中二维图要求有良好的用户界面、容量较大和文件规格一致的数据库。如果要求多用户使用，就还要求有良好的网络文件系统支持能力。对于三维立体图的应用而言，高速计算、大容量存储及彩色显示就是重要的考虑因素。通常，各种操作应根据实际需要分配给不同的用户使用，为此，应针对不同的作业流程，配置档次不同的计算机。

(2) 开放式系统。所谓开放式系统是指采用工业标准的系统。这种系统可以保证用户的资源与其他厂商所提供的资源联网，实现共享。同时，各种符合工业标准的结构设计可以适应新技术的发展，保证投资利益。

(3) 性能指标。要具体评价一个计算机的优劣，并非易事，事实上没有一个统一的标准。选购计算机时应考虑整体系统的性能价格比，不能只注意 MIPS 和每个 MIPS 的价格，而要全面衡量工作站的 MIPS、RAM（随机存储器）、cache（高速缓冲存储器）、图形加速器、外存、I/O、Bus 以及 OS、Windows、Network 等系统软件的整体性能。

(4) 图形处理。CAD/CAM 系统对图形处理的功能要求较高，衡量其功能的指标有二维矢量/s（反映二维绘图速度）；三维矢量/s（反映三维线框造型速度）；有色彩的多边形/s（反映实体建模速度）。若支撑软件是以实体建模为产品造型手段，则应重视有色彩的多边形/s 的指标，而不应仅仅注意二维矢量/s、三维矢量/s 指标。图形加速器按功能分成许多等级，若无特殊需要，用低档图形加速器即可，而高档图形加速器适用于在高速图像处理、人工智能、动画、图形仿真、地理信息处理等领域中提供逼真的三维真实动态图形。但图形加速器价格较贵，有的与计算机的价格相当，所以，在选购时一定要根据系统的要求与投资的能力综合考虑，过高地追求 CAD/CAM 的图形处理功能没有必要。因为 CAD 的人工交互时间有时大大长于机器运行时间，故提高图形处理速度对提高 CAD 的整体速度作用不大。

(5) 网络环境。要充分利用其网络功能，做好各个网络终端的数据互联与共享工作。同时，网络中各个终端应有明确的分工，根据其分工的不同，进行不同的配置。例如，负责建模的终端应配以高档计算机和图形加速器，而负责绘图的终端只需较低档的计算机即可。若网络中各工作站均为高档配置，造成大马拉小车，不必要地提高总的投资量。

（6）扩充功能。为了保障长期的投资利益，系统可扩充性是评价工作站的重要内容。扩充性是多方面的，包括 CPU 浮点运算、内存、磁盘、总线、网络及系统软件等。通常，系统配置如果是基本型，其扩充能力一般有限，但价格便宜；反之，一个具有较大扩充能力的机种，价格就比较贵。系统是否易于扩充，关键在于其结构设计是否符合工业标准。

（7）CAD/CAM 工作站配置的台数。原则上应按一机双人以上的原则来配置。一人一机的配置将会发生实际操作的浪费，无法获得最佳的投资效益。一般来说，每人每天使用电脑的时间为：工程师 4h，绘图员 6h。这样既可保持最高的效率，又可保护眼睛。计算机硬件技术发展日新月异，几乎每半年就有新品种推出，而老品种则大幅度降价。因此，工作站不要一批进得太多，尤其是初步开展 CAD/CAM 工作的企业，先购置 1~2 个图形工作站为好，以后随工作的开展，分批引进，逐步扩充。

（8）技术支持与售后服务。选购硬件系统时应优先考虑选购大公司的产品。因为大公司一般有较强的技术开发力量，容易做到升级产品与老产品的兼容，或提供老产品升级的可能性，以保护老用户的投资。另外，大公司较重视信誉，有较好的售后服务，在国内设有维修站和备件库，能提供及时而长期的维修服务，并能及时提供后续工程的支援与应用指导等。

1.5.2　CAD/CAM 软件选型原则

CAD/CAM 系统是以实体模型数据结构为基础，统一的工程数据库为核心，将实体建模、有限元分析、机构运动学分析密切结合在一起的集成化软件系统，它能实现产品的建模、设计和绘图，较好地解决了设计与制造的集成化，有些系统在设计初期阶段，即在样机试制和试验之前，能预测产品的性能，并能高效地分析比较多种设计方案，从而达到优化设计。另外，CAD/CAM 系统还应为企业的生产管理模块提供必要的数据信息。为了满足上述要求，在选购 CAD/CAM 软件系统时应注意以下几点：

（1）选购之前，要做好系统分析工作。在系统分析的基础上得出两点选购的基本原则：建立 CAD/CAM 的具体目标和一次投入的资金数目。

（2）目标应订得越具体越好，最好落实到产品，甚至可落实到产品的关键零部件。因为不同的产品对 CAD/CAM 硬、软件系统有不同的特殊要求。例如，重型机械的重点是结构有限元分析与优化；注塑产品则侧重于外形设计和塑料模具设计与分析；汽车、飞机等产品则对运动学/动力学的分析尤为重视。只有落实到产品上，才能有针对性地进行硬、软件系统的选择，选择技术支持、技术培训的合作伙伴。因为在购置了 CAD/CAM 硬、软件系统后，必然要在应用软件开发上投入大量的力量。选购活动实质上是寻找合作伙伴，要求合作伙伴能结合企业提出的任务进行技术培训，能指导企业进行应用软件的开发。只有这样，选购的硬、软件系统才能符合企业的实际需要，技术骨干才能得到良好的培训和实际锻炼，购置的系统才能很快地投入使用，早创效益。

（3）在选购过程中，应先选软件，后选硬件。这是因为决定应用软件开发环境的优劣主要取决于支撑软件，而每一种支撑软件又只能在有限的几种工程工作站平台上运行。如果先选定了硬件，往往会限制了选择较理想的支撑软件。

（4）选择图形支撑软件的基本要求：1）以设计的特征和约束进行建模，这些特征和约束是随着设计过程逐步加到模型上，符合工程师原有的工作习惯，使设计师和工艺师可使用同一个产品模型完成各自的专业工作。2）真正的统一的集成化数据库，结构合理，容量不受限制。

3）强有力的二次开发工具，易学易用，用户可利用它进行深入的二次开发，以适应自身产品设计的需要。4）高层次的参数化、变量化设计技术，采用先进的几何约束驱动，在设计过程中可处理欠约束、过约束问题，可智能模拟工程师的工作，在设计中随时提供反馈和帮助信息，并可对模型局部增加和修改约束要求。5）强有力的CAE功能，不仅可以解决多自由度和高难度复杂机构的三维运动学和动力学分析，还可以进行三维复杂机构的优化设计。有限元分析和机构运动学/动力学分析软件最好是有机集成在图形支撑软件中，数据集成度高。6）提供了与工厂MIS系统的数据接口，为制造业企业由CAD/CAM到MRPⅡ以及CIMS的发展奠定了基础。7）在CAM方面，有优秀的二轴到五轴的数控编程软件，并彻底解决了刀具干涉问题，可进行高精度的复杂曲面加工，具有国内外各类数控系统和机床的后置处理程序。8）用户开发的应用软件可以较方便地移植到其他型号的计算机平台上，从而向用户真正提供了选择最佳性能/价格比硬件的方便和自由，真正做到了保护用户的投资。9）有较强的技术支持和服务力量。

（5）支撑软件的大目标选定后，软件模块的选择更显得重要。因为支撑软件模块很多，功能不一，报价不同，且都有与其他模块相互的依存关系，所以，在选择时应仔细分析，合理配置，才能得到低投入高性能的支撑软件。在网络环境下，还得考虑网络终端数目与各软件模块许可证数的匹配问题。如果软件模块购得少或者一个模块的用户许可证不够多，而网络终端数太多，那么有些终端不能同时工作，造成终端资源浪费。因此，在多用户的网络环境下，软件模块与终端的配置和组合是系统设计的关键之一，也是提高投资效益的有效途径。

（6）根据产品的特点和投资的可能性来确定外接软件的要求。例如，某些大型重型机械，其有限元分析大都要外接诸如Marc、LARSTRAN、ABAQUS、ANSYS或NASTRAN等大型分析软件；而汽车、航天航空机械大多要进行机构运动学/动力学模拟，要求外接诸如ADAMS等大型动力学分析软件。

思 考 题

1-1 简述材料成形CAE的意义。

1-2 概述材料成形CAE系统的基本功能。

1-3 简述CAD/CAM技术的若干发展方向。

1-4 简述CAD/CAM系统的主要类型。

1-5 概述CAD/CAM硬件和软件系统的基本组成。

1-6 简述CAD/CAM硬件和软件的选型原则。

参 考 文 献

[1] Kopp R. Plannning and Simulation of Deformation Process [C]. 中德计算机辅助工程（CAE）学术会议专辑. 北京钢铁学院学报，1988，9：1~3.

[2] 胡忠. 材料加工过程计算机模拟的现状与未来 [J]. 塑性工程学报，1998，5（2）：1~8.

[3] 雨宫好文，安田仁彦. CAD/CAM/CAE入门 [M]. 赵文珍，等译. 北京：科学出版社，2000：13.

[4] 董德元，鹿守理，赵以相. 轧制计算机辅助工程 [M]. 北京：冶金工业出版社，1992：3，5.

[5] 鹿守理. 计算机辅助孔型设计 [M]. 北京：冶金工业出版社，1993.

[6] 史翔. 模具CAD/CAM技术及应用 [M]. 北京：机械工业出版社，2000.

[7] 宁汝新，徐弘山. 机械制造中的CAD/CAM技术 [M]. 北京：北京理工大学出版社，1991.

[8] 赵汝嘉，殷国富. CAD/CAM实用系统开发指南 [M]. 北京：机械工业出版社，2002.

[9] 宁汝新，赵汝嘉. CAD/CAM技术 [M]. 2版. 北京：机械工业出版社，2013：76~86.

2 材料成形过程优化与模拟

2.1 概述

2.1.1 最优化的基本概念

最优化技术是借助计算机的强大计算能力，研究和解决如何在众多可能的方案中进行寻优，以求在给定技术条件下获得产品加工制造过程的最佳工艺设计方案，保证产品具有优良性能。最优化技术主要研究和解决两大类问题：(1) 如何将最优化问题表示成数学模型；(2) 如何根据数学模型，尽快求出最优解。最优化的目标是寻求最优方案，手段是计算机和应用软件，理论依据主要是数学规划。目前，最优化技术已广泛应用于许多工程领域，例如，对材料加工工艺规程进行优化设计，在限定的工艺和设备条件下使生产率最高；对飞行器和宇航结构进行优化设计，在满足性能的要求下使其重量最轻；等等。实践证明，采用最优化技术，可大大提高产品或工程的设计质量，节约人力和物力并取得显著的经济效益。

2.1.2 材料成形过程优化的评价指标

为了对材料塑性加工进行系统分析，需要有一系列评价指标作为衡量的标准。塑性加工的评价指标如图 2.1 所示。耗费和效益可分为有形价值和无形价值两种。前者可进行定量分析，并能换算成货币来表示，归纳为数量指标；后者不能进行定量分析，归结为质量指标。这两类指标可直接或间接反映出系统的效果。

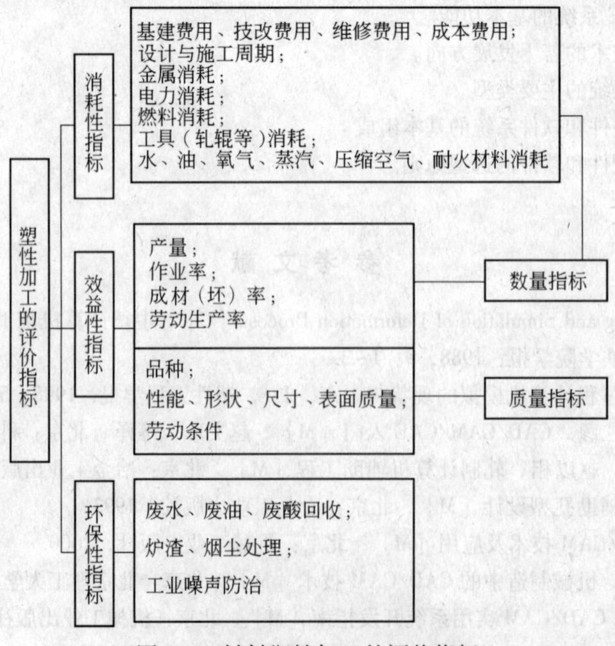

图 2.1　材料塑性加工的评价指标

2.1.3　最优化方法的主要分类

最优化方法作为应用技术，在第二次世界大战中得到了迅速发展。当时，为了对付德国空军越来越严重的威胁，英国在泰晤士河以南约60km的波德塞（Bawdsey）成立研究机构，他们从地面发送无线电波，然后检测来自敌机的反射波，以确定敌机的位置，并指引英国战斗机到达适当的空域进行有效拦截。这种规划系统不久被称作雷达。1938年，波德塞科研小组负责人A. P. Rowe首次将此类工作称为运筹学（Operational Research）。后来，美国海军、空军投入战争，成立了十几个作战分析小组，专门从事敌潜艇搜索、武器配置、战果评价、炮击和轰炸问题及战略运动学等研究。到1956年，美国科学家P. M. Morse等人将运筹学定义为：为执行部门对其控制下的业务活动采取决策提供定量根据的科学方法。

二次大战以后的几十年，工程最优化技术首先在机械工程和土木工程等传统项目中获得应用。后来，它被推广应用到各种系统设计（例如城市建设、情报管理、运输、电力、加工工业等），受到各种工程领域中研究者的欢迎。

与此同时，最优化方法在搜索论、对策论、规划论、价值论、决策论、模拟论以及数学规划的理论研究方面也取得了重大进展。1959年1月成立了国际运筹学会联合会（IFORS）。现在，已有几十种世界性运筹学期刊在出版发行。

表2.1列举出最优化方法在塑性加工中的各种应用情况，从中可见最优化方法已成功地在

表2.1　最优化方法的应用范围举例

应用部门	最优化问题	性　质	最优化方法
计划与管理	生产计划	线性规划	作图法
	运输作业，配料问题	线性规划	单纯形法
	任务指派	整数规划	分枝定界法
	厂址选择	非线性规划	步长加速法
	设备更新，投资分配	动态规划	动态规划法
	技术改造方案	决策论	决策树法
研究与设计	实验数据处理	非线性规划	最小二乘法
	初轧方坯鱼尾最小	非线性规划	一维搜索法
	轧制节奏最小	非线性规划	距离函数法
	节能压下规程设计	非线性规划	惩罚函数法
	复杂断面型材孔型设计	非线性规划	网格法
	塑性成形过程模拟	刚塑性	有限元法
	新型轧机结构分析	弹塑性	有限元法
	管坯孔型设计	动态规划	动态规划法
	炼钢、连铸与连轧工序衔接	排队论	随机服务系统
生产与制造	坯料尺寸选择	专家知识	启发式搜索法
	冷轧带钢纵向厚差最小	非线性规划	阻尼牛顿法
	异步冷轧薄板板型	非线性规划	影响函数法
	截料最省	非线性规划	拉格朗日乘子法
	轧机工作辊直径选择	多目标规划	评价函数法
	减速器分速比设计	多目标规划	复合形法
	连轧机能耗最小	动态规划	动态规划法
自动化	自动控制系统可靠性分析	动态规划	动态规划法
	仓库存取问题	非线性规划	格里戴法

企业管理，生产计划，计算机辅助规划、设计和制造、成形过程模拟，提高产品质量和产量，降低消耗以及自动控制等方面得到了实际应用。其应用范围正随着计算机技术的普及而迅速扩大。

一般来说，对于越复杂的工程规划和设计问题，其优化结果所取得的技术经济效果越显著。例如，我国优化技术工作者用动态规划法对某1700mm带钢冷连轧机的压下规程进行优化设计，结果使连轧机组的电耗降低3%~5%。

从表2.1还可以看出，数学规划中的非线性规划、动态规划和多目标规划应用较多。关于这一点，可由塑性加工的目标函数、约束条件与设计变量之间多呈非线性关系加以解释。由于目前尚无一种公认的最优化算法对所有的非线性规划问题都普遍有效，所以在选用方法时，要特别注意具体问题具体分析。

有时，采用组合优化方法，会获得比较满意的结果。例如，用Greedy法可以解决四机架HV轧机压下规程优化问题，并通过引入惩罚函数来保持任意类型的约束条件，但是，若要缩减迭代计算工作量，尚需借助其他优化方法，在初始值、搜索方向和步长选择上加以改进。这一工作往往是在工程师与数学家密切合作下才能圆满完成。

目前介绍最优化理论、方法和应用的文献相当多，也有各种各样的分类法。这里，我们仅从材料加工计算机辅助工程的角度，将现有的主要优化方法进行分类（图2.2）。

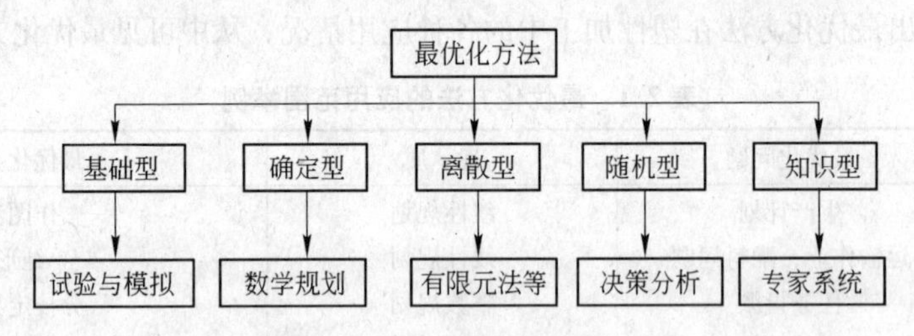

图2.2　工程优化方法

试验与模拟（Test and Simulation）方法属于基础型优化方法，由于它理论成熟、方法易行，所以至今仍被人们所使用。其中，正交试验法是利用一套规则化的正交表来设计方案和分析试验结果。根据正交表进行计算，可以分清影响评价指标各因素的主次关系，最后确定出较好的工艺条件。试凑（错）法（Trial and Error Method）往往是在生产现场进行，通过大量的实物试验，建立统计模型，从中择优。物理模拟（Physical Simulation）通常是在实验室进行，按照相似理论，安排试验，经过系统评价，找出最优方案，指导设计和生产。数学规划（Mathematical Programming）是基于代数学和矩阵运算的确定型优化算法，是运筹学的一个重要分支，它包括：线性规划、整数规划、几何规划、二次规划、动态规划、非线性规划和多目标规划等。

有限元（Finite Element Method，FEM）是基于变分原理和泛函分析的一种数值计算方法，是求解偏分方程的强有力工具，它在塑性加工过程模拟中占有突出的地位。FEM特点是：可以用网格分割任意形状的变形区域，把连续体转变为离散型的结构，还可以根据场函数的需要疏密有致地、自如地布置节点，因而对变形区域的形状有较大的适应性。此外，FEM在实用上更大的优越性还在于，它与大容量的电子计算机相结合，可以编制通用的计算程序。在运算中，如能准确地建立材料变形抗力、摩擦系数和导热系数等材料热物性参数即可通过有限元模拟获得塑性加工各阶段应力、应变和温度分布等的准确预报。

决策分析（Decision Analysis）是基于概率论和数理统计学的随机型优化算法，也是运筹学的另一个重要分支，它包括：排队论、存贮论、价值论和决策论等。其中排队论已应用在物流、信息流和人流传输中，例如生产工序之间的衔接、设备维修计划、情报资料管理以及劳动力优化组合等问题。存贮论又称库存论，对于解决生产中供应与需求不协调的问题，是一个有效的调节手段。由于存贮论对物资管理特别重要，这一优化理论和方法正逐渐为物资管理学科吸收。价值论多用于系统评价。而决策论则进一步对具有风险和不确定情况出现时如何决策提出了一些准则和模型。总之，随机型优化算法在塑性加工领域中的应用还不够理想，尚有待于进一步研究、推广。

专家系统（Expert System）是基于模糊数学的知识型优化方法，也是人工智能研究与应用中最活跃的重要分支之一。所谓专家系统是指具有相当于专家的知识和经验水平以及解决复杂的专门问题能力的计算机软件系统。与一般的计算机软件不同的是，专家系统用于知识信息处理而不是数值信息处理，它依靠知识表达技术而不用数学描述方法。

2.2 材料成形过程优化方法

2.2.1 优化问题的数学模型

2.2.1.1 基本要素

材料成形过程优化问题的数学模型涉及三个基本要素：设计变量、约束条件和目标函数。

A 设计变量

在最优化中进行选择并最终确定的各项独立参数称为设计变量或决策变量。设计变量的个数称为优化设计的维数。维数越高，则最优化的自由度越大，虽然易得到较理想的结果，但使优化问题复杂化。因此在一般情况下，应尽量减少设计变量数目。

设有 n 个设计变量，其构成的数组可用矩阵表示：

$$\boldsymbol{X} = \begin{bmatrix} X_1 \\ X_2 \\ \vdots \\ X_n \end{bmatrix} = [X_1 \quad X_2 \quad \cdots \quad X_n]^{\mathrm{T}} \tag{2.1}$$

B 约束条件

在许多实际问题中，设计变量的取值范围是有限制的，例如必须符合标准化要求或空间大小限制等条件。在最优化中，对设计变量的限制称为约束条件或约束方程。约束条件可以用等式或不等式来表示：

$$\begin{cases} h_v(X) = 0 \quad (v = 1, 2, \cdots, p) \\ g_u(X) = 0 \quad (u = 1, 2, \cdots, m) \end{cases} \tag{2.2}$$

式中，X 为设计变量（非负）；p 为等式约束数目；m 为不等式约束数目。

C 目标函数

最优化过程是要在多种因素下寻求使设计者最满意的一组设计变量的解。根据特定问题的目标，其设计变量的关系可用数学函数来表示，形成优化问题的目标函数或指标函数。

因求目标函数最大值问题，可转换成求其负的最小值，故可将优化问题一律描述成求目标函数的最小值问题。其一般形式为：

$$\min f(X) = f(X_1, X_2, \cdots, X_n) \tag{2.3}$$

2.2.1.2　数学模型

经过选取设计变量、列出目标函数并给定约束方程后，可建立优化问题的数学模型。其一般形式为：

$$\min f(X) = f(X_1, X_2, \cdots, X_n) \tag{2.4}$$

$$\text{s.t.} \begin{cases} h_v(X) = 0 \quad (v = 1, 2, \cdots, p) \\ g_u(X) \leqslant 0 \quad (u = 1, 2, \cdots, m) \end{cases}$$

建立数学模型是最优化技术中极其重要的环节，数学模型的好坏直接影响优化质量。

2.2.2　线性规划方法

2.2.2.1　线性规划的概念

线性规划（Linear Programming，LP）是运筹学的一个重要分支。在线性规划中，目标函数和约束条件均为一次函数。

线性规划主要研究两类问题：一类是已有一定数量的人力、物力资源，研究如何充分合理地使用这些资源，才能使所完成的任务量最大；另一类是已确定了一项任务，研究怎样合理安排，才能使完成此项任务所耗费的资源量最小。实际上，这两类问题是一个问题的两种不同提法，都是要求在耗费资源量最小的条件下，完成尽可能多的任务，获得最好的经济效益。

线性规划问题是在20世纪30年代末至40年代初，由康托洛维奇（Л. В. Конторович）和希奇柯克（F. L. Hitchcock）在研究铁路运输的组织和工业生产的管理等问题时提出来的。20世纪50~60年代在美国的企业人员中流行一句话“With LP code will travel”，可见线性规划作用之大。

2.2.2.2　线性规划模型的一般形式

线性规划问题可以归结为求一组非负变量，这些变量在满足一定的约束条件下，使一个线性函数取得极值，其约束条件是线性方程组或线性不等式组。

线性规划数学模型的一般形式可以写成：

$$\min f(X) = \sum_{j=1}^{n} c_j x_j \tag{2.5}$$

$$\text{s.t.} \begin{cases} \sum_{j=1}^{n} a_{ij} x_j = b_i \\ x_j \geqslant 0 \end{cases} \quad (i = 1, 2, \cdots, m;\ j = 1, 2, \cdots, n) \tag{2.6}$$

其矩阵形式为：

$$\min \boldsymbol{CX} \tag{2.7}$$

$$\text{s.t.} \begin{cases} \boldsymbol{AX} = \boldsymbol{B} \\ \boldsymbol{X} > \boldsymbol{0} \end{cases} \tag{2.8}$$

其中，$\boldsymbol{A} = \begin{bmatrix} a_{11} & a_{12} & \cdots & a_{1n} \\ a_{21} & a_{22} & \cdots & a_{2n} \\ \vdots & \vdots & & \vdots \\ a_{m1} & a_{m2} & \cdots & a_{mn} \end{bmatrix}$；$\boldsymbol{C} = (c_1, c_2, \cdots, c_n)$；

$\boldsymbol{X} = (x_1, x_2, \cdots, x_n)^{\mathrm{T}}$；

$\boldsymbol{B} = (b_1, b_2, \cdots, b_m)^{\mathrm{T}}$。

0 为零矩阵。

满足约束条件式（2.6）或式（2.8）的任何一组解称为可行解。可行解的集合称为给定问题的定义域。如果定义域是凸集，则其每一个顶点称为基本可行解。

任何一个线性规划问题都可以变换成上述的标准形式。若求目标函数的最大值，可在目标函数上乘以“-1”来变换为求最小值，即目标函数可变换为：$\max f(X) = \min[-f(X)]$，约束条件可变换为：

$$\text{s.t.}\begin{cases}\sum_{j=1}^{n} a_{ij}x_j \leqslant b_i \\ x_j \geqslant 0\end{cases} \Rightarrow \begin{cases}\sum_{j=1}^{n} a_{ij}x_j + y_i = b_i \\ x_j \geqslant 0 \\ y_i \geqslant 0\end{cases};\ \text{s.t.}\begin{cases}\sum_{j=1}^{n} a_{ij}x_j \geqslant b_i \\ x_j \geqslant 0\end{cases} \Rightarrow \begin{cases}\sum_{j=1}^{n} a_{ij}x_j - z_i = b_i \\ x_j \geqslant 0 \\ z_i \geqslant 0\end{cases}$$

其中，y_i 称为松弛变量；z_i 称为剩余变量。

2.2.2.3 线性规划的常用算法

线性规划中最常用的算法是单纯形法。该方法是 1947 年 G. B. Dantzig 首先提出来的。单纯形法理论完善、算法简便而且适用于任何类型的线性规划问题。

由于数学上已经证明，线性规划问题目标函数的最小值（或最大值）一定在基本允许解（极点）上达到，因此，在寻优过程中，只需研究基本允许解即可。单纯形法的基本思想就是从约束集合的一个基本允许解（极点）转移到另一个基本允许解（极点），使目标函数值在此过程中不断减小，直到不能再减小从而得到一个最优基本允许解为止。单纯形法计算框图见图 2.3。

单纯形法的实施分两个阶段：（1）寻找一个允许基；（2）从一个允许基出发不断改进，最后求得最优基本允许解。其步骤如下：

（1）设单纯形表的初始形式为：

$$\boldsymbol{T}(B) = \begin{bmatrix} P_1 & P_2 & \cdots & P_m & P_{m+1} & \cdots & P_n & b \\ 1 & 0 & \cdots & 0 & y_{1m+1} & \cdots & y_{1n} & y_{10} \\ 0 & 1 & \cdots & 0 & y_{2m+1} & \cdots & y_{2n} & y_{20} \\ \vdots & \vdots & & \vdots & \vdots & & \vdots & \vdots \\ 0 & 0 & \cdots & 1 & y_{mm+1} & \cdots & y_{mn} & y_{m0} \\ 0 & 0 & \cdots & 0 & y_{0m+1} & \cdots & y_{0n} & y_{00} \end{bmatrix}$$

根据以上单纯形表可得到一个基本解：

$X = (y_{10}, y_{20}, \cdots, y_{m0}, 0, \cdots, 0)^{\mathrm{T}}$，目标函数值 $f(X) = -y_{00}$。

设 $B = (p_{J_1}, p_{J_2}, \cdots, p_{J_m})$ 为允许基，这里 $J_1, J_2, \cdots, J_m \in \{1, 2, \cdots, n\} = N$ 且互异，$\boldsymbol{T}(B)$ 为单纯形表。

若对 $j \in N$，有 $y_{oj} \geqslant 0$，则 $x_{Ji} = y_{io}$，其余 $x_j = 0$ 为最优解，步骤终止。

（2）设 $q = \min\{j \mid y_{oj} < 0, j \in N\}$，即在检验数为负的列中取最小的列数为 q，且取为主列。若对所有的 $i = 1, 2, \cdots, m$，有 $y_{iq} \leqslant 0$，则步骤终止，无有限最优解。

（3）取 $\theta = \min\left\{\dfrac{y_{i0}}{y_{iq}} \,\middle|\, y_{iq} > 0, i \in N\right\}$，$J_p = \min\left\{J_i \,\middle|\, \dfrac{y_{i0}}{y_{iq}} = \theta, y_{iq} > 0\right\}$，即在可同时取作主行的几行中选取这样一行，要求位于该行的基变量下标最小。

（4）以 y_{pq} 为主元，P_q 代替 p_{Jp} 得到新基 $\overline{B} = (P_{J1}, \cdots, P_{Jp-1}, P_q, P_{Jp+1}, \cdots, P_{Jm})$

用变换式 $y'_{pj} = \dfrac{y_{pj}}{y_{pq}}$，$y'_{ij} = y_{ij} - \dfrac{y_{pj}}{y_{pq}}y_{iq}$，（$i \neq p$，$j = 0, 1, 2, \cdots, n$）修改单纯形表，得到

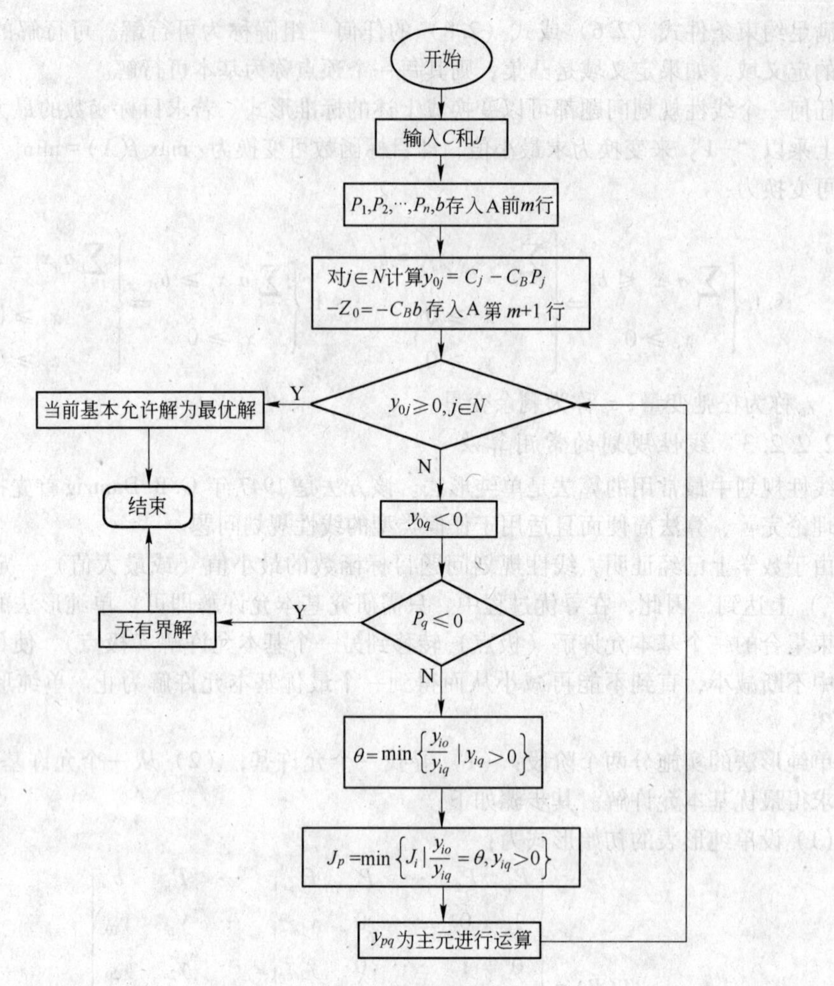

图 2.3　单纯形法计算框图

$\boldsymbol{T}(\bar{B})$，用 $\bar{B}$ 代替 B，用 $\boldsymbol{T}(\bar{B})$ 代替 $\boldsymbol{T}(B)$，然后返回第（1）步进行迭代运算，如图 2.3 所示。

例 2.1　求解线性规划问题（有明显基本允许解）：

$$\max f(X)=3x_1+x_2+3x_3$$

$$\text{s. t.}\begin{cases}2x_1+x_2+x_3\leqslant 2\\ x_1+2x_2+3x_3\leqslant 5\\ 2x_1+2x_2+x_3\leqslant 6\\ x_1,\ x_2,\ x_3\geqslant 0\end{cases}$$

解：引入三个松弛变量 x_4，x_5，x_6，将原问题化为以下等价的标准形式：

$$\min[-f(X)]=-3x_1-x_2-3x_3$$

$$\text{s. t.}\begin{cases}2x_1+x_2+x_3+x_4=2\\ x_1+2x_2+3x_3+x_5=5\\ 2x_1+2x_2+x_3+x_6=6\\ x_j\geqslant 0,\quad j=1,\ 2,\ \cdots,\ 6\end{cases}$$

单纯形表Ⅰ：$\begin{pmatrix} \\ x_4 \\ x_5 \\ x_6 \\ \end{pmatrix}\begin{pmatrix} P_1 & P_2 & P_3 & P_4 & P_5 & P_6 & b \\ 2 & 1 & 1 & 1 & 0 & 0 & 2 \\ 1 & 2 & 3 & 0 & 1 & 0 & 5 \\ 2 & 2 & 1 & 0 & 0 & 1 & 6 \\ -3 & -1 & -3 & 0 & 0 & 0 & 0 \end{pmatrix}$

根据单纯形表Ⅰ得到：

初始基 $B_1=(P_4,\ P_5,\ P_6)$；负检验数 y_{01}，y_{02}，y_{03}；主列 $q=\min\{1,\ 2,\ 3\}=1$，即 P_1；$\theta=\min\{2/2,\ 5/1,\ 6/2\}=1$，主行 $p=1$，离基列 P_4；主元 $y_{11}=2$。

单纯形表Ⅱ：$\begin{pmatrix} \\ x_1 \\ x_5 \\ x_6 \\ \end{pmatrix}\begin{pmatrix} P_1 & P_2 & P_3 & P_4 & P_5 & P_6 & b \\ 1 & 1/2 & 1/2 & 1/2 & 0 & 0 & 1 \\ 0 & 3/2 & 5/2 & -1/2 & 1 & 0 & 4 \\ 0 & 1 & 0 & -1 & 0 & 1 & 4 \\ 0 & 1/2 & -3/2 & 3/2 & 0 & 0 & 3 \end{pmatrix}$

根据单纯形表Ⅱ得到：

$B_2=(P_1,\ P_5,\ P_6)$；负检验数 $y_{03}=-3/2<0$；$q=3$，即主列 P_3；

$\theta=\min\left\{1/\dfrac{1}{2},\ 4/\dfrac{5}{2}\right\}=8/5$，$p=2$，离基列 P_5；主元 $y_{23}=5/2$。

单纯形表Ⅲ：$\begin{pmatrix} \\ x_1 \\ x_3 \\ x_6 \\ \end{pmatrix}\begin{pmatrix} P_1 & P_2 & P_3 & P_4 & P_5 & P_6 & b \\ 1 & 1/5 & 0 & 3/5 & -1/5 & 0 & 1/5 \\ 0 & 3/5 & 1 & -1/5 & 2/5 & 0 & 8/5 \\ 0 & 1 & 0 & -1 & 0 & 1 & 4 \\ 0 & 7/5 & 0 & 6/5 & 3/5 & 0 & 27/5 \end{pmatrix}$

根据单纯形表Ⅲ得到：

$B_3=(P_1,\ P_3,\ P_6)$；负检验数 $y_{0j}\geqslant 0$，　$j=1,\ \cdots,\ 6$；由此得到最优解：

$X^*=(1/5,\ 0,\ 8/5,\ 0,\ 0,\ 4)^{\mathrm{T}}$，$\max CX=3\times 1/5+1\times 0+3\times 8/5=27/5$

例 2.2　求解线性规划问题（无明显基本允许解）：

$$\min f(X)=4x_1+x_2+x_3$$

$$\text{s.t.}\begin{cases} 2x_1+x_2+2x_3=4 \\ 3x_1+3x_2+x_3=3 \\ x_1,\ x_2,\ x_3\geqslant 0 \end{cases}$$

解：第一阶段：为求得初始基本允许解，引入人工变量 y_1、y_2，先解下列辅助规划问题：

$$\min(y_1+y_2)$$

$$\text{s.t.}\begin{cases} 2x_1+x_2+2x_3+y_1=4 \\ 3x_1+3x_2+x_3+y_2=3 \\ x_1,\ x_2,\ x_3\geqslant 0 \\ y_1,\ y_2\geqslant 0 \end{cases}$$

单纯形表Ⅰ：$\begin{pmatrix} \\ y_1 \\ y_2 \\ \end{pmatrix}\begin{pmatrix} x_1 & x_2 & x_3 & y_1 & y_2 & b \\ 2 & 1 & 2 & 1 & 0 & 4 \\ 3 & 3 & 1 & 0 & 1 & 3 \\ -5 & -4 & -3 & 0 & 0 & -7 \end{pmatrix}$

根据单纯形表Ⅰ得到：

$B_1 = (P_4,\ P_5)$；y_{01}，y_{02}，$y_{03} < 0$；$q = 1$，即主列 P_1；

$\theta = \min\{4/2,\ 3/3\} = 1$，主行在 $p = 2$，离基列 P_5；主元 $y_{21} = 3$。

$$\text{单纯形表Ⅱ}:\begin{pmatrix} y_1 \\ x_1 \end{pmatrix}\begin{pmatrix} x_1 & x_2 & x_3 & y_1 & y_2 & b \\ 0 & -1 & 4/3 & 1 & -2/3 & 2 \\ 1 & 1 & 1/3 & 0 & 1/3 & 1 \\ 0 & 1 & -4/3 & 0 & 5/3 & -2 \end{pmatrix}$$

根据单纯形表Ⅱ得到：

$B_2 = (P_4,\ P_1)$；负检验数 $y_{03} = -4/3 < 0$；$q = 3$，即主列为 P_3；

$\theta = \min\left\{2\Big/\dfrac{4}{3},\ 1\Big/\dfrac{1}{3}\right\} = 6/4$，主行在 $p = 1$，离基列 P_4；主元 $y_{13} = 4/3$。

$$\text{单纯形表Ⅲ}:\begin{pmatrix} x_3 \\ x_1 \end{pmatrix}\begin{pmatrix} x_1 & x_2 & x_3 & y_1 & y_2 & b \\ 0 & -3/4 & 1 & 3/4 & -1/2 & 3/2 \\ 1 & 5/4 & 0 & -1/4 & 1/2 & 1/2 \\ 0 & 0 & 0 & 1 & 1 & 0 \end{pmatrix}$$

根据单纯形表Ⅲ得到：

$B_3 = (P_3,\ P_1)$；负检验数 $y_{0j} \geqslant 0$，$j = 1,\ \cdots,\ 5$，得到最优解且 $y_1 + y_2 = 0$。

第二阶段：从单纯形表Ⅲ中删去人工变量列 P_4、P_5，构造原问题的初始单纯形表。

$$\text{单纯形表Ⅰ}:\begin{pmatrix} x_3 \\ x_1 \end{pmatrix}\begin{pmatrix} x_1 & x_2 & x_3 & b \\ 0 & -3/4 & 1 & 3/2 \\ 1 & 5/4 & 0 & 1/2 \\ 0 & -13/4 & 0 & -7/2 \end{pmatrix}$$

根据单纯形表Ⅰ得到：

$B = (P_3, P_1)$，$C_B = (C_3,\ C_1) = (1,\ 4)$；

根据 $y_{0j} = C_j - C_B\begin{pmatrix} y_{1j} \\ y_{2j} \end{pmatrix}$ 得到：$y_{02} = 1 - (1,\ 4)\begin{pmatrix} -4/3 \\ 5/4 \end{pmatrix} = -13/4$；$y_{01} = y_{03} = 0$；

$$y_{00} = -C_B B^{-1} b = -(1,\ 4)\begin{pmatrix} 3/2 \\ 1/2 \end{pmatrix} = -7/2$$

主元 $y_{22} = 5/4$

$$\text{单纯形表Ⅱ}:\begin{pmatrix} x_3 \\ x_2 \end{pmatrix}\begin{pmatrix} x_1 & x_2 & x_3 & b \\ 3/5 & 0 & 1 & 9/5 \\ 4/5 & 1 & 0 & 2/5 \\ 13/5 & 0 & 0 & -11/5 \end{pmatrix};\ y_{0j} \geqslant 0,\ j = 1,\ 2,\ 3$$

得到原问题的最优解为：$X^* = (0,\ 2/5,\ 9/5)^{\mathrm{T}}$，$CX^* = 11/5$

2.2.2.4　线性规划应用实例

产品方案的制定是生产决策支持系统的重要内容，其制定的合理与否将会直接影响最终的生产效益。由于产品方案制定受众多因素影响，如市场和用户需求等，传统上大多是依靠经验手工编制产品方案。由此制定的产品方案难免带有一定的盲目性，不能更好地发挥指导生产的作用。虽然有的产品方案可行，但不一定最优。如何在现有的人力、物力等资源条件限制下，更加合理地安排产品品种及产量使总效益最佳，这就是产品方案优化设计的任务。实践证明，采用线性规划对产品方案进行计算机优化，不仅增加效益，还能把设计者从繁琐的手工劳动中解放出来，使工作效率极大提高。

在产品方案优化问题中，若将每种产品对于相关资源的消耗系数及经济效益系数作为常量处理，即可采用线性规划方法构造数学模型，进行计算机优化。具体过程如下：

(1) 决策变量的选择。根据企业历年产品品种年产量的实际分布情况及国家和市场的需求关系，确定可能生产某个品种的年产量为 x_i（吨），作为决策变量。

(2) 目标函数的建立。设有 n 个品种，年产量分别为 $x_i(i \in N)$，所对应的利润率分别为 $c_i(i \in N)$。若企业年度产品方案的优化是以利润最大为目标，则目标函数可写成如下形式：

$$\max f(X) = \sum_{i=1}^{n} c_i x_i \tag{2.9}$$

(3) 约束方程的建立。

1) 设备生产能力的约束。在确定整套设备能力约束条件时，要根据现场实际，分析影响生产能力的最薄弱环节，即瓶颈（Bottleneck），以该设备的年实际工作小时数代表整套设备的生产能力。因此，约束方程可写成如下形式：

$$\sum_{i=1}^{n} \frac{x_i}{q_i} \leqslant T \tag{2.10}$$

式中，q_i 为各品种的小时产量，t/h；T 为最薄弱设备的年实际工作小时数，h。

2) 动力消耗的限制：

$$\sum_{i=1}^{n} e_i x_i \leqslant e \sum_{i=1}^{n} x_i \tag{2.11}$$

式中，e_i 为各品种的成品对动力资源的完全消耗系数；e 为成品消耗动力资源的定额。

如果生产过程中所消耗的动力有 m 种，则可建立 m 个类似的约束方程。

3) 燃料消耗的限制：

$$\sum_{i=1}^{n} p_i x_i \leqslant p \sum_{i=1}^{n} x_i \tag{2.12}$$

式中，p_i 为各品种的成品对动力燃料的完全消耗系数；p 为成品消耗燃料的定额。

4) 原料来源的限制。设来源不足的原料有 l 种，每种原料供应量最多为 F_j。来源充足的原料对产品无约束，可不考虑。

$$\sum_{i=1}^{n} f_i x_i \leqslant F_j \quad (j = 1,\ 2,\ \cdots,\ l) \tag{2.13}$$

式中，f_i 为每吨第 i 品种的成品所需的某种原料量；F_j 为第 i 品种的成品所能得到的某种原料最大量。

5) 备件损耗的限制：

$$\sum_{i=1}^{n} r_i x_i \leqslant r \sum_{i=1}^{n} x_i \tag{2.14}$$

式中，r_i 为第 i 品种的成品对于某种备件的单位消耗系数；r 为某种备件消耗指标的定额。

6) 市场需求的限制：

$$G_i \leqslant x_i \leqslant Q_i, \quad i \in N \tag{2.15}$$

式中，G_i、Q_i 为分别是市场对第 i 品种需求量的下限和上限，可由市场预测法确定。

由此可见，产品方案优化属于一个经典线性规划问题，其数学模型可写为如下形式：

$$\max f(X) = CX \tag{2.16}$$

$$\text{s.t.}\begin{cases}AX \leqslant b \\ g \leqslant X \leqslant h\end{cases}$$

由于式（2.16）中约束方程组的系数矩阵呈稀疏形式，为节省内存空间和加快收敛速度，可进行预处理：

设 $x_i = x'_i + g_i$，则 $g \leqslant X \leqslant h \Rightarrow 0 \leqslant x_i \leqslant h_i - g_i$，$i \in N$。在采用单纯形法求出最优解后，最后进行还原：$x_i = x'_i + g_i$。

以下是用上述方法优化某冷轧带钢车间的产品方案，并与其人工编制的方案进行对比分析。

该车间产品结构呈树状分布，如图 2.4 所示。根据最近几年产品品种及其产量的实际分布以及市场的需求情况，确定需优化的产品种类共计 12 种，如表 2.2 所示。

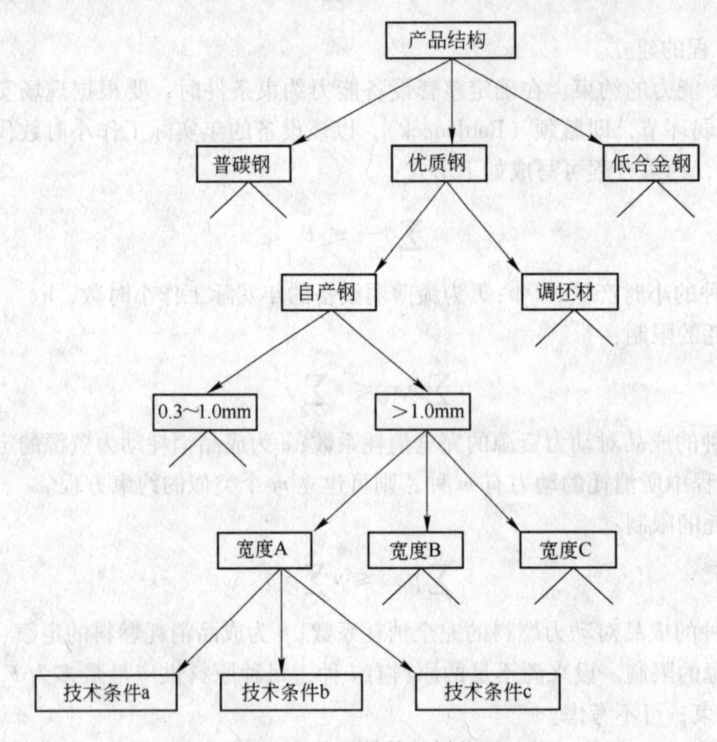

图 2.4　产品结构的树状图

表 2.2　产品种类及其决策变量

厚度/mm	普碳钢		优质钢		低合金 20MnSi	自用普碳冷带		普碳加工料
	自产钢	调坯材	自产钢	调坯材		自产钢	调坯材	
0.3~1.0	x_1	x_3	x_5	x_7	x_9	x_{10}	x_{11}	
> 1.0	x_2	x_4	x_6	x_8				x_{12}

假定原料来源充足，并且各品种对于相关资源的消耗系数及经济效益系数作为常数处理。在生产流程中，影响生产能力的是主轧机，动力资源消耗仅考虑电力消耗；燃料只考虑重油消耗；备件只考虑轧辊消耗。

由表 2.3 可见，借助计算机采用线性规划优化的产品方案与人工编制的方案相比，在总产量变化不大甚至有所减少的情况下，通过合理地调整产品结构及其产量，总利润可有所增加。

表 2.3 现场方案与线性规划优化方案的对比

方案	x_1	x_2	x_3	x_4	x_5	x_6	x_7	x_8	x_9	x_{10}	x_{11}	x_{12}	总产量/t	利润/万元
现场	7000	7600	1800	9000	4000	12500	0	0	16500	11600		2000	72000	2413.7
优化	3000	20000	834	8244.9	1136	16448	12	6	11027.4	4755	420	167	66050.4	2629.4

2.2.3 非线性规划方法

2.2.3.1 非线性规划的概念

如果目标函数和约束条件中至少有一个是设计变量的非线性函数，则属非线性规划问题。例如设计一个用给定厚度和密度的金属薄板制造容器，要求在体积一定的条件下其质量最轻，则其目标函数为 $f(x_1, x_2, x_3) = c_1x_1x_2 + c_2x_2x_3 + c_3x_3x_1 \rightarrow \min$，式中 x_1、x_2、x_3 分别为容器的长、宽、高；c_1、c_2、c_3 为金属薄板给定厚度和密度有关的常数。其约束条件为 $x_1x_2x_3 = V$，式中 V 为已知的容器体积数。

解非线性规划要比解线性规划难度大得多，但是非线性规划具有更加广泛的应用。在线性规划中有单纯形法作为通用算法，非线性规划因其数学模型的复杂性，虽然当前具体算法较多，但还没有适用于各种问题的通用算法。当前各种算法都有其特定的适用范围且几乎所有的非线性规划的求解结果均为局部最优解，只有当目标函数是严格凸（凹）函数时，其全局极值点才是唯一的。

以下仅从非线性规划在塑性成形工艺中的应用角度介绍一维搜索方法中的黄金分割法、无约束优化方法中的牛顿法及约束优化方法中的惩罚函数法和可行方向法。

2.2.3.2 一维搜索方法

设有一线段 L，将其分割为两部分，长的一段为 x，短的一段为 $L-x$，若分割比例满足以下关系：

$$\frac{L}{x} = \frac{x}{L - x} = \frac{1}{\lambda} \tag{2.17}$$

则为黄金分割。其中 λ 为比例系数。

根据式（2.17）得：$x^2 + Lx - L^2 = 0 \Rightarrow \lambda^2 + \lambda - 1 = 0 \Rightarrow \lambda = \frac{-1 + \sqrt{5}}{2} \approx 0.618034$；$x = \lambda L \approx 0.618L$。

黄金分割点在 0.618 处，故又称 0.618 法。

如图 2.5 所示，因 x_1 和 x_2 哪个点好，事先不知道，因此丢掉 $[0, x_2]$ 或 $[x_1, L]$ 都是可能的，故最有利的方案是要求它们一样长：

$$x_1 = L - x_2 \tag{2.18}$$

即 x_2 应是 x_1 的对称点，如果丢掉 $[x_1, L]$，留下 $[0, x_1]$，则其中保留的点 x_2 在 $[0, x_1]$ 中的位置和 x_1 在 $[0, L]$ 中的位置相仿，即有相同的比值 λ：

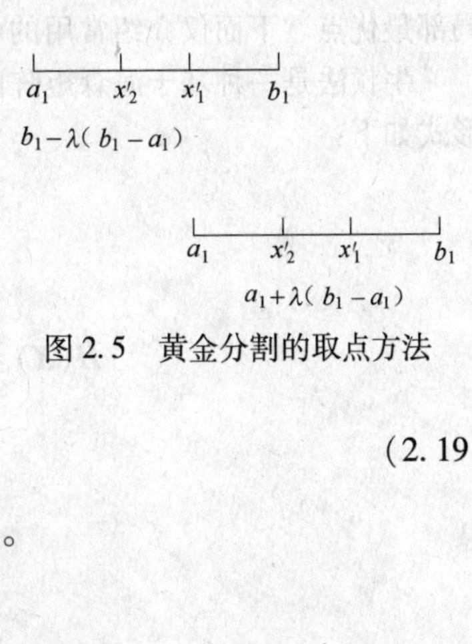

图 2.5 黄金分割的取点方法

$$\lambda = \frac{x_1}{L} = \frac{x_2}{x_1} = \frac{L - x_1}{x_1} \tag{2.19}$$

式（2.19）与式（2.17）相同，均为黄金分割，即 $\lambda = 0.618$。

只要第一个点取在原始区间的0.618处，第二个点在它对称的位置：$x_2 = L - x_1$，就能保证无论经过多少次舍去，保留的点始终在新区间的0.618处，如此迭代，直至缩短的区间达到允许误差范围为止。图2.6为黄金分割法的程序框图（其中 δ 为充分小的正数，是给定区间缩短的精度）。

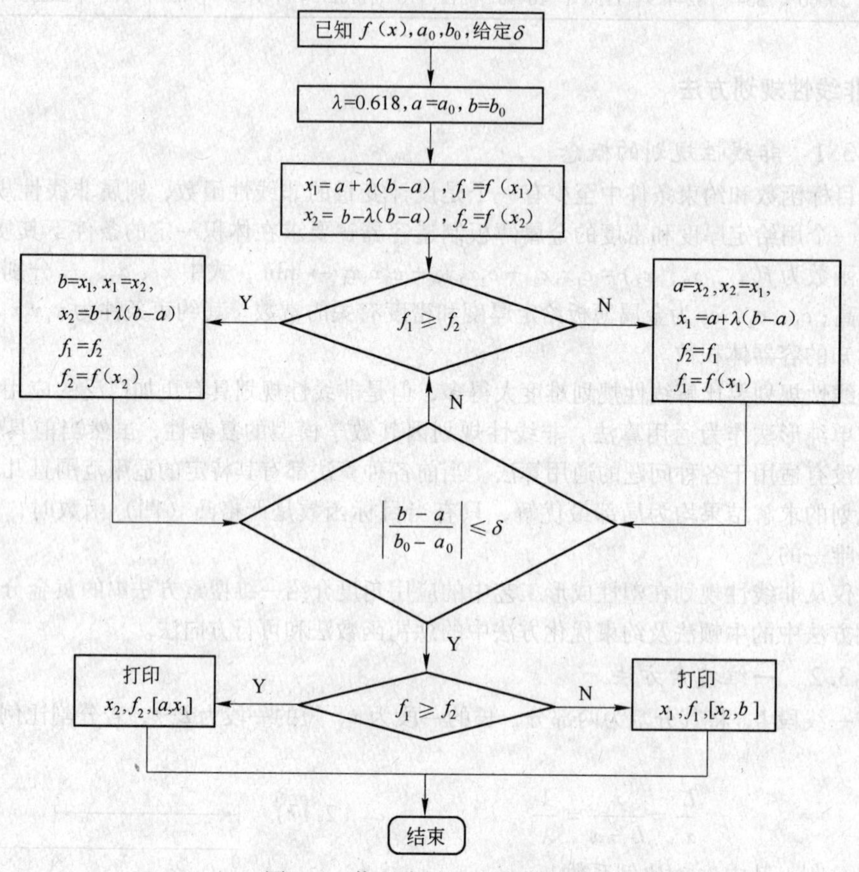

图2.6 黄金分割法的程序框图

2.2.3.3 无约束优化方法

无约束最优化问题数学模型的一般形式是：$\min f(X)$，要求在 R^n 中找一点 X^*，使得对于任一点 $X \in R^n$ 都有 $f(X^*) \leqslant f(X)$，则点 X^* 为全域最优点。但是大多数最优化方法只能求得局部最优点。下面仅介绍常用的牛顿法。

牛顿法是一种基于海森矩阵的解析法。海森矩阵（Hessian matrix）又称二阶偏导矩阵，其形式如下：

$$\boldsymbol{H}(X) = \begin{bmatrix} \frac{\partial f^2(X)}{\partial x_1^2} & \frac{\partial f^2(X)}{\partial x_1 \partial x_2} & \cdots & \frac{\partial f^2(X)}{\partial x_1 \partial x_n} \\ \frac{\partial f^2(X)}{\partial x_2 \partial x_1} & \frac{\partial f^2(X)}{\partial x_2^2} & \cdots & \frac{\partial f^2(X)}{\partial x_2 \partial x_n} \\ \vdots & \vdots & & \vdots \\ \frac{\partial f^2(X)}{\partial x_n \partial x_1} & \frac{\partial f^2(X)}{\partial x_n \partial x_2} & \cdots & \frac{\partial f^2(X)}{\partial x_n^2} \end{bmatrix} \tag{2.20}$$

可以证明，若在 X^* 点处海森矩阵为正定，则 $f(X)$ 在该点 X^* 取得严格局部极小值，X^* 为严格局部极小点。在实际运算中，一般采用海森矩阵行列式是否大于零，作为判定海森矩阵是否正定的依据。

牛顿法的基本原理是：在目标函数 $f(X)$ 具有连续二阶偏导数的条件下，用一个二次函数 $\phi(X)$ 去近似目标函数，然后，求出这个二次函数的极小点，作为 $f(X)$ 极小点的近似值。

假定目标函数 $f(X)$ 有极小点 X^*，在该点附近的某点 $X^{(k)}$，将 $f(X)$ 在 $X^{(k)}$ 点做泰勒展开，并略去高于二次的项，得

$$f(X) \approx \varphi(X^{(k)}) = f(X^{(k)}) + \nabla f(X^{(k)})(X - X^{(k)}) + \frac{1}{2}(X - X^{(k)})^T \nabla^2 f(X^{(k)})(X - X^{(k)}) \tag{2.21}$$

式中，$\nabla f(X^{(k)})$ 为在 $X^{(k)}$ 点处的梯度；$\nabla^2 f(X^{(k)})$ 为在 $X^{(k)}$ 点处的海森矩阵。

从式（2.21）可见，由于 $\varphi(X^{(k)})$ 是二次函数，如取 $\varphi(X^{(k)})$ 的极小点 $\bar{X}$ 作为 $f(X)$ 的极小点 X^* 的下一个近似值，则 $\bar{X}$ 很容易求得，即先令 $\nabla\varphi(\bar{X}) = 0$，再按式（2.20）求梯度，得：$\nabla\varphi(X^{(k)}) = \nabla f(X^{(k)}) + \nabla^2 f(X^{(k)})(\bar{X} - X^{(k)}) \Rightarrow \nabla^2 f(X^{(k)})(\bar{X} - X^{(k)}) = -\nabla f(X^{(k)})$。若海森矩阵正定，则存在唯一的全局极小点，即 $\bar{X} = X^{(k)} - [\nabla^2 f(X^{(k)})]^{-1} \nabla f(X^{(k)})$。如以 $\bar{X}$ 作为第 $k+1$ 个近似极小点，可得牛顿法的迭代公式，即

$$X^{(k+1)} = X^{(k)} - [\nabla^2 f(X^{(k)})]^{-1} \nabla f(X^{(k)}) \tag{2.22}$$

例 2.3 用牛顿法求 $\min f(X) = 100(x_2 - x_1^2)^2 + (1 - x_2)^2$

解： 取初始点 $X^{(0)} = (-0.5, 0.5)^T$

则

$$\frac{\partial f}{\partial x_1} = 200(x_2 - x_1^2)(-2x_1) - 2(1 - x_1) = 47, \quad \frac{\partial f}{\partial x_2} = 200(x_2 - x_1^2) = 50$$

$$\frac{\partial^2 f}{\partial x_1 \partial x_2} = -400x_1 = 200, \quad \frac{\partial^2 f}{\partial x_2 \partial x_1} = -400x_1 = 200$$

$$\frac{\partial^2 f}{\partial x_1^2} = -400(x_2 - 3x_1^2) + 2 = 102, \quad \frac{\partial^2 f}{\partial x_2^2} = 200$$

$$\nabla f(X^{(0)}) = \begin{pmatrix} 47 \\ 50 \end{pmatrix}, \quad \nabla^2 f(X^{(0)}) = \begin{pmatrix} 102 & 200 \\ 200 & 200 \end{pmatrix}$$

代入式（2.22）得

$$X^{(1)} = \begin{pmatrix} -0.5 \\ 0.5 \end{pmatrix} - \frac{1}{\begin{pmatrix} 102 & 200 \\ 200 & 200 \end{pmatrix}} \cdot \begin{pmatrix} 47 \\ 50 \end{pmatrix} = (-0.53, 0.28)^T$$

代入原函数，得 $f(X^{(1)}) = 2.33$，因 $f(X^{(0)}) = 8.5$，故迭代有意义。

如改选初始点 $X^{(0)} = (0, 0)^T$，得

$$\frac{\partial f}{\partial x_1} = -2, \quad \frac{\partial f}{\partial x_2} = 0, \quad \frac{\partial^2 f}{\partial x_1 \partial x_2} = 0$$

$$\frac{\partial^2 f}{\partial x_2 \partial x_1} = 0, \quad \frac{\partial^2 f}{\partial x_1^2} = 2, \quad \frac{\partial^2 f}{\partial x_2^2} = 200$$

$$\nabla f(X^{(0)}) = (-2, 0)^T, \quad \nabla^2 f(X^{(0)}) = \begin{pmatrix} 2 & 0 \\ 0 & 200 \end{pmatrix}$$

代入式（2.22）得：

$$X^{(1)}=\begin{pmatrix}0\\0\end{pmatrix}-\frac{1}{\begin{pmatrix}2&0\\0&200\end{pmatrix}}\cdot\begin{pmatrix}-2\\0\end{pmatrix}=(1,\ 0)^{T}$$

代入原函数，得到 $f(X^{(1)})=100$，因 $f(X^{(0)})=1$，迭代后，函数值反而增大。

从此例可以看出，当初始点选择较好时，迭代收敛，否则迭代发散。说明牛顿法在实际应用时，将受到目标函数的性态及所选初始点的影响。

为了改进牛顿法因初始点选择不当，目标函数值反而增大的缺点，经过修正，形成了常用的阻尼牛顿法（Damped Newton Method）。其基本方法是：

（1）将第 k 次迭代方向改为：

$$S^{(k)}=-\left[\nabla^2 f(X^{(k)})\right]^{-1}\nabla f(X^{(k)})$$

此方向亦称作牛顿迭代方向。

（2）在基本迭代公式中，引入步长 $\lambda^{(k)}$，即

$$X^{(k+1)}=X^{(k)}-\lambda^{(k)}\left[\nabla^2 f(X^{(k)})\right]^{-1}\nabla f(X^{(k)})$$

若 $\lambda^{(k)}$ 可使 $f(X+\lambda^{(k)}S^{(k)})=\min\limits_{\lambda\to 0} f(X^{(k)}+\lambda S^{(k)})$，则可使牛顿法摆脱在选初始点时的困难，但仍要求二阶偏导数矩阵 $\nabla^2 f(X^{(k)})$ 正定，否则迭代无意义。

牛顿法的优点是保证二次函数为有限步收敛。其缺点是对某些目标函数，若初始点远离极小点，则有可能发散或收敛到极大点。另外牛顿法每次迭代都需求出海森矩阵及其逆矩阵，故计算量较大。

2.2.3.4　约束优化方法

约束优化问题是材料加工实际问题中经常遇到的一类数学规划问题，其一般表达形式为：

$$\min f(X) \tag{2.23}$$

$$\text{s.t.}\begin{cases}g_i(X)\geqslant 0 & (i=1,\ 2,\ \cdots,\ m)\\ h_j(X)=0 & (j=1,\ 2,\ \cdots,\ l)\end{cases}$$

数学模型（2.23）的求解过程较为复杂，目前的主要方法是将约束问题转化为一系列无约束问题或将非线性规划转化为一系列线性规划来求解等。以下介绍简单实用的惩罚函数法以及可行方向法。

A　惩罚函数法

惩罚函数法是通过建立一个新函数（罚函数）而将约束问题化为一系列无约束的问题来处理。由于罚函数形式的不同，可分为外点法和内点法等。

a　外点法

设目标函数为 $f(X)$，在不等式约束 $g_i(X)\geqslant 0$，$(i=1,\ 2,\ \cdots,\ m)$ 条件下，求其极小值。外点法用作变换的罚函数为：

$$T(X,\ M_k)=f(X)+M_k\sum_{i=1}^{m}\left\{\min\left[0,\ g_i(X)\right]\right\}^2 \tag{2.24}$$

其中 $0<M_1<M_2<\cdots<M_k<M_{k+1}<\cdots$，且 $\lim\limits_{k\to\infty}M_k=+\infty$。

惩罚项中：

$$\min\left[0,\ g_i(X)\right]=\frac{g_i(X)-\left|g_i(X)\right|}{2}=\begin{cases}g_i(X) & (g_i(X)<0)\\ 0 & (g_i(X)\geqslant 0)\end{cases}$$

对罚函数 $T(X,\ M_k)$ 求无约束条件的极值，其结果将随给定的罚因子 M_k 值而异。可将罚函数 $T(X,\ M_k)$ 无约束极值问题的最优解 $X^k=X(M_k)$ 视为以 M_k 为参数的一条轨迹。当取 $0<M_1<$

$M_2 < \cdots < M_k < M_{k+1} < \cdots$，$M_k \to +\infty$ 时，点列 $\{X(M_k)\}$ 沿着这条轨迹趋于条件极值的最优解，即原问题的最优解 $X_{\min}$。这里假设 $\{X(M_k)\}$ 是收敛的点列。外点法是从可行域的外部逼近最优解的，故称外点法。

外点法的迭代步骤为：

(1) 取 $M_1 > 0$，允许误差 $e > 0$，计算次数 $k = 1$。

(2) 求无约束条件极值问题的最优解 $x^k = x(M_k)$：$T(x^k, M_k) = \min\limits_X T(X, M_k)$，其中 $T(X, M_k) = f(X) + M_k \sum\limits_{i=1}^{m} \{\min[0, g_i(X)]\}^2$。

(3) 检验是否满足判别式 $-g_i(X^k) \leqslant e$，$(i = 1, 2, \cdots, m)$。若满足判别式，则得到条件极值问题的最优解 $X_{\min} = X^k$；反之，取 $M_{k+1} > M_k$（例如 $M_{k+1} = A \cdot M_k$，$A = 4$ 或5），令 $k = k + 1$，转到步骤 (2)。

外点法的程序框图如图 2.7 所示。

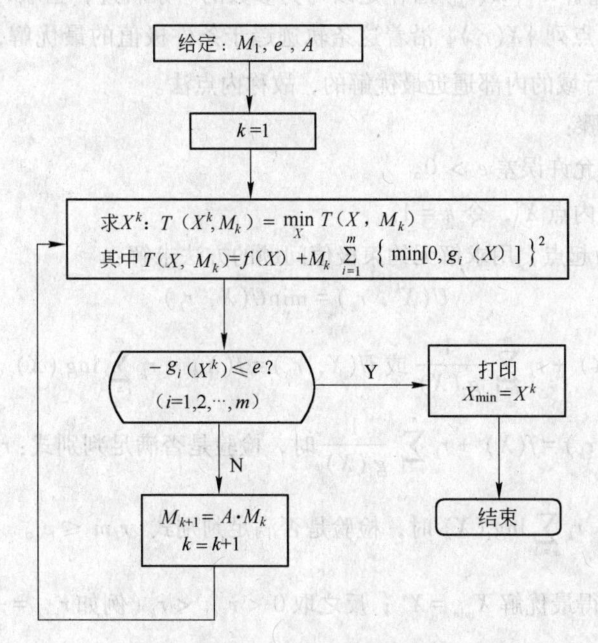

图 2.7 外点法的程序框图

例 2.4 目标函数 $f(X) = x_1^2 + x_2^2$，不等式约束条件为 $x_1 \geqslant 1$，用外点法求目标函数的极小值。

令罚函数为：$T(X, M_k) = x_1^2 + x_2^2 + M_k \left(\dfrac{|x_1 - 1| + x_1 - 1}{2}\right)^2$

即 $T(X, M_k) = \begin{cases} x_1^2 + x_2^2 + M_k(x_1 - 1)^2 & (x_1 < 1) \\ x_1^2 + x_2^2 & (x_1 \geqslant 1) \end{cases}$

故 $\dfrac{\partial T}{\partial x_1} = \begin{cases} 2x_1 + 2M_k(x_1 - 1) & (x_1 < 1) \\ 2x_1 & (x_1 \geqslant 1) \end{cases}$；$\quad \dfrac{\partial T}{\partial x_2} = 2x_2$

令 $\dfrac{\partial T}{\partial x_1} = \dfrac{\partial T}{\partial x_2} = 0 \Rightarrow x_1 = \dfrac{M_k}{M_k + 1}$，$x_2 = 0$

当 $M_k \to \infty$，得到 $x_1 = 1$，$x_2 = 0$，即为原问题的极小点，而目标函数 $f(X)$ 的极小值为 $f(X) = 1$。

b　内点法

设目标函数为 $f(X)$，在不等式约束 $g_i(X) \geqslant 0(i = 1, 2, \cdots, m)$ 条件下，求其极小值。

内点法用作变换的罚函数为：

$$U(X, r_k) = f(X) + r_k \sum_{i=1}^{m} \frac{1}{g_i(X)} \tag{2.25}$$

或

$$U(X, r_k) = f(X) - r_k \sum_{i=1}^{m} \ln g_i(X) \tag{2.26}$$

其中，$r_1 > r_2 > \cdots > r_k > r_{k+1} > \cdots > 0$ 且 $\lim\limits_{k\to\infty} r_k = 0$。

对罚函数 U 求无约束条件的极值，其结果将随给定的罚因子 r_k 而异。可将罚函数 $U(X, r_k)$ 无约束极值的最优解 $X^k = X(r_k)$ 看作是以 r_k 为参数的一条轨迹，当取 $r_1 > r_2 > \cdots > r_k > \cdots > 0$ 且 $\lim\limits_{k\to\infty} r_k = 0$ 时，点列 $\{X(r_k)\}$ 沿着这条轨迹趋于条件极值的最优解，即原问题的最优解 $X_{\min}$。内点法是从可行域的内部逼近最优解的，故称内点法。

内点法的迭代步骤：

（1）取 $r_1 > 0$，允许误差 $e > 0$。

（2）求可行域的内点 X^0，令 $k = 1$。

（3）以 X^{k-1} 作为起点，用求解无约束极值问题的方法求解：

$$U(X^k, r_k) = \min_X U(X, r_k)$$

其中，$U(X, r_k) = f(X) + r_k \sum\limits_{i=1}^{m} \dfrac{1}{g_i(X)}$ 或 $U(X, r_k) = f(X) - r_k \sum\limits_{i=1}^{m} \ln g_i(X)$。

（4）当取 $U(X, r_k) = f(X) + r_k \sum\limits_{i=1}^{m} \dfrac{1}{g_i(X)}$ 时，检验是否满足判别式：$r_k \sum\limits_{i=1}^{m} \dfrac{1}{g_i(X^k)} \leqslant e$；当取 $U(X, r_k) = f(X) - r_k \sum\limits_{i=1}^{m} \ln g_i(X)$ 时，检验是否满足判别式：$r_k m \leqslant e$。

若满足判别式，得最优解 $X_{\min} = X^k$；反之取 $0 < r_{k+1} < r_k$（例如 $r_{k+1} = \dfrac{r_k}{A}$，$A = 4$ 或 5），令 $k = k + 1$ 并转到步骤（3）。

内点法的程序框图如图 2.8 所示。

例 2.5　目标函数 $f(X) = x_1^2 + x_2^2$，不等式约束条件为 $x_1 \geqslant 1$，试用内点法求目标函数的极小值。

令罚函数为：$U(X, r_k) = x_1^2 + x_2^2 - r_k \ln(x_1 - 1)$

求 $U(X, r_k)$ 的无约束极小，令 $\dfrac{\partial U}{\partial x_1} = 2x_1 - \dfrac{r_k}{x_1 - 1} = 0$，$\dfrac{\partial U}{\partial x_2} = 2x_2 = 0$，得 $x_2 = 0$，$x_1 = \dfrac{1}{2} \pm \sqrt{\dfrac{1}{4} - \dfrac{r_k}{2}}$。

因 $x_1 \geqslant 1$，故 $x_1 = \dfrac{1}{2} + \sqrt{\dfrac{1}{4} - \dfrac{r_k}{2}}$。

当 $r_k \to 0$，得到：$x_1 = 1$，$x_2 = 0$。这就是原问题的解。

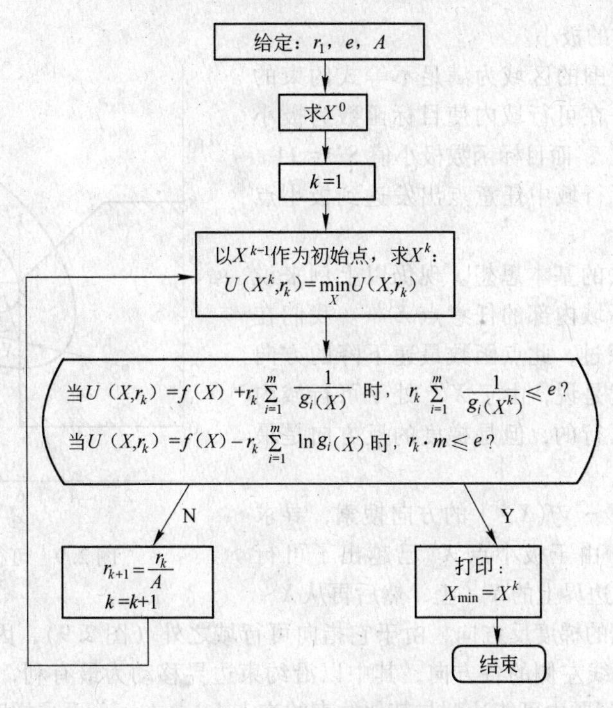

图 2.8 内点法的程序框图

外点法与内点法相比较各有优缺点：

(1) 内点法首先要在可行域内求可行的初始点，当约束条件增多时，往往是困难的；而外点法则不需要。

(2) 内点法不能处理等式约束问题；而对于外点法来说，当约束条件中出现等式约束时，外点法的难易程度等同于不等式约束的情况。

(3) 外点法在边界点的可微性较差，其惩罚项的一阶偏微商存在且连续，但其二阶偏微商在边界上却不存在；而内点法中的惩罚项在边界上的可微的阶数与目标函数、约束条件的可微阶数是相同的，因此，内点法中求罚函数的最优解时，不受其方法对罚函数的可微性阶数要求的限制，原则上任何无条件极值的方法都可使用。

B 可行方向法

现在考虑的目标函数是非线性的，若目标函数为：

$$S=f(\boldsymbol{X})=\min \tag{2.27}$$

式中，$\boldsymbol{X}$ 为 n 维向量。

而约束条件为线性的，即

$$a_i^{\mathrm{T}}\boldsymbol{X}-b_i\geqslant 0 \quad (i=1,\ 2,\ \cdots,\ p) \tag{2.28}$$

即共有 p 个不等式约束方程。

例 2.6 目标函数 $S=f(X)=60-10x_1-4x_2+x_1^2+x_2^2-x_1x_2$，在不等式约束：

$$\begin{cases}6-x_1\geqslant 0\\11-x_1-x_2\geqslant 0\\8-x_2\geqslant 0\\x_1\geqslant 0\\x_2\geqslant 0\end{cases}$$

条件下，求目标函数的极小。

图 2.9 中斜线所围的区域为满足不等式约束的可行域。由图可见，在可行域内使目标函数为极小的点为 $X^* = (6, 5)^T$，而目标函数极小值 $S^* = 11$。

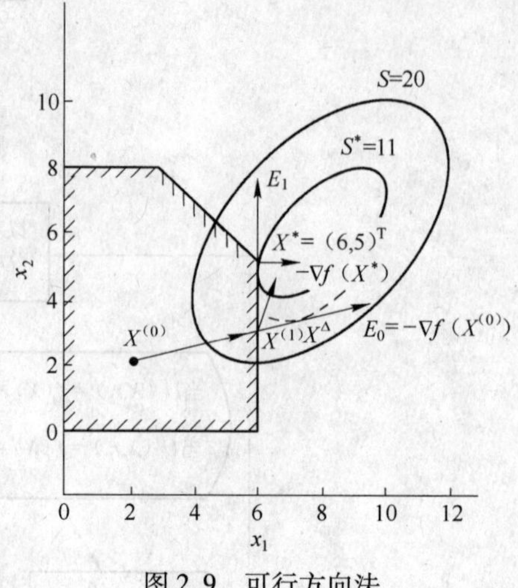

图 2.9 可行方向法

现在来讨论从可行域中任意点出发达到极小点 X^* 的方法。

(1) 可行方向法的基本思想。现仍以上例来说明。设初始点为可行域内部的任意点 $X^{(0)}$。我们在无约束的梯度法中谈过，此点函数最速下降的方向为梯度的反方向。就是说，由于 $X^{(0)}$ 处于可行域内部，任意方向都是可行的，但是梯度的反方向是最有利的。

从 $X^{(0)}$ 出发，以 $-\nabla f(X^{(0)})$ 的方向搜索，寻求此方向上的极小点。由于极小点 X^{Δ} 已越出了可行域，因此只能停留在边界上的 $X^{(1)}$ 上，然后再从 $X^{(1)}$ 出发。如果求 $X^{(1)}$ 点的梯度反方向，由于它指向可行域之外（图 2.9），因此不可行。在 $X^{(1)}$ 点可行的方向为边界线左侧的各方向，其中以沿约束边界移动为最有利，沿此方向搜索直至 $X^{(2)} = (6, 5)^T$（有些问题中可能达到与其他约束的交点上）。在 $X^{(2)}$ 再求梯度，它的 $-\nabla f(X^{(2)})$ 也是不可行的，而且沿别的可行方向都不能使目标函数值下降，因此 $X^{(2)}$ 点即为极小点 X^*。对于凸函数来说，即为可行域中的最小值点。

以上就是可行方向法的基本思想。总的来说，先要确定可行域中的一个可行点，从该点出发，寻找可行方向，并挑选其中最有利的方向，沿此方向进行一维搜索。如果此方向上的极值点在可行域内，以此点为新的起点，重复以上步骤。如果该极值点超越了约束边界，就以边界上的点为新的起点，重复以上的步骤直至达极小值。由此可见，可行方向法的关键是寻找可行方向，并挑选其中最有利的方向作为搜索方向。

(2) 可行方向的基本算法。

设目标函数为：

$$S = f(X) = \min$$

而约束条件为线性约束：

$$a_i^T X - b_i \geqslant 0 \quad (i = 1, 2, \cdots, p)$$

可行方向的确定如下：

若 $X^{(k)}$ 为可行域内的某个点，这种情况下，任何方向都是可行的，但要挑选其中最有利的方向，即梯度反方向作为搜索方向。

$$X^{(k+1)} = X^{(k)} + h_k E_k$$

式中，h_k 为步长，可为充分小的正数。

若 $X^{(k)}$ 点处在可行域的边界上，则：

$$a_j^T X^{(k)} = b_j \quad (j = 1, 2, \cdots, m \leqslant p) \tag{2.29}$$

如果从 $X^{(k)}$ 点沿可行方向找到 $X^{(k+1)}$，则：

$$X^{(k+1)} = X^{(k)} + h_k E_k \tag{2.30}$$

如果 $X^{(k+1)}$ 在可行域内，则：

$$a_i^T X^{(k+1)} \geqslant b_i \quad (i = 1, 2, \cdots, p) \tag{2.31}$$

由式（2.31）与式（2.29）相减，可得：

$$a_j^{\mathrm{T}}(X^{(k+1)} - X^{(k)}) \geqslant 0 \tag{2.32}$$

由式（2.30）及式（2.32）可得：

$$a_j^{\mathrm{T}} h_k E_k \geqslant 0 \quad (j = 1, 2, \cdots, m \leqslant p)$$

也即：

$$a_j^{\mathrm{T}} E_k \geqslant 0 \quad (j = 1, 2, \cdots, m \leqslant p) \tag{2.33}$$

满足式（2.33）的 E_k 称为 $X^{(k)}$ 点的可行方向。

现以例 2.6 进一步说明。

由于 $X^{(0)}$ 点在可行域内，则：

$$a_i^{\mathrm{T}} X^{(0)} > b_i \quad (i = 1, 2, \cdots, 5)$$

因此任何方向都是可行的。但对于 $X^{(1)}$ 来说，就不是这样了，由于它处在边界上，满足了

$$a_1^{\mathrm{T}} X^{(1)} = (-1, 0)\begin{bmatrix} X_1^{(1)} \\ X_2^{(1)} \end{bmatrix} = b_1 = -6$$

这一边界约束，因此有：

$$a_1^{\mathrm{T}} E_1 = (-1, 0)\begin{bmatrix} e_{11} \\ e_{21} \end{bmatrix} \geqslant 0$$

也即：

$$-e_{11} \geqslant 0$$

这就是说，对于 $X^{(1)}$ 点来说，可行方向 E_1 必须是 $-e_{11} \geqslant 0$，即在 x_1 减小或不变的方向。

但我们关注的是目标函数值下降的方向，即对充分小的 h_k，下式成立的方向：

$$[\nabla f(X^{(k)})]^{\mathrm{T}} E_k < 0 \tag{2.34}$$

满足式（2.34）的方向 E_k 称为可用方向。

式（2.34）是表示两向量（$\nabla f(X^{(k)})$ 和 E_k）的内积应小于零，其意就是要求该两向量的夹角是钝角（>90°）。反之，也即要求 E_k 与 $-\nabla f(X^{(k)})$ 的夹角为锐角（<90°）。因按这样的 E_k 方向，目标函数值是下降的。

而我们更感兴趣的是可用方向中函数值变化最大的方向，即找出 E_k^*，使：

$$[\nabla f(X^{(k)})]^{\mathrm{T}} E_k^* = \min_{E_k}\{[\nabla f(X^{(k)})]^{\mathrm{T}} E_k\} \tag{2.35}$$

其约束条件为：

$$a_j^{\mathrm{T}} E_k \geqslant 0 \quad (j = 1, 2, \cdots, m \leqslant p) \tag{2.36}$$

及以下四个正则化条件中的一个（所谓正则化条件即选取向量 $\boldsymbol{E}_k$ 的模）：

$$N_1:\ E_k^{\mathrm{T}} E_k \leqslant 1$$

$$N_2:\ -1 \leqslant e_{kl} \leqslant 1 \quad (l = 1, 2, \cdots, n)$$

$$N_3:\ e_{kl} \leqslant 1 \quad \left(\frac{\partial f(X^{(k)})}{\partial X_l} < 0\right)$$

$$e_{kl} \geqslant -1 \quad \left(\frac{\partial f(X^{(k)})}{\partial X_l} > 0\right)$$

$$N_4:\ 0 > [\nabla f(X^{(k)})]^{\mathrm{T}} E_k \geqslant -1$$

式中，e_{kl} 为 E_k 的第 l 个分量。

在式（2.36）及正则化条件下，使式（2.35）为极小的问题是线性规划问题。E_k 可以用线

性规划中的单纯形法来求解。

如果已求出 E_k^*，下一步就应该决定步长 h_k。这时有两个 h 值要考虑，一个是沿 E_k 方向，达到某个约束边界，使 $a_i^{\mathrm{T}}X^{(k+1)}=b_i$ 的 h'；另一个是沿 E_k 方向，使 $f(X^{(k+1)})=f(X^{(h)}+hE_k)$ 为极小的 h''。我们选 h' 与 h'' 中较小者为 h_k，即：

$$h_k=\min\{h',\ h''\}$$

于是，可求得：

$$X^{(k+1)}=X^{(h)}+h_kE_k$$

重复以上步骤，逐步搜索，当满足下式时：

$$\min\{[\nabla f(X^{(k)})]^{\mathrm{T}}E_k\}=0$$

即可行方向与梯度方向之间最小的夹角已成 90°，说明已无法再改善目标函数值，也即说明该点无法再继续改进使目标函数值减小了。至此，计算结束，该点即为极小点。

例 2.7 目标函数

$$S=f(X)=60-10x_1-4x_2+x_1^2+x_2^2-x_1x_2$$

在不等式约束：

$$\begin{cases}6-x_1\geqslant 0\\ 11-x_1-x_2\geqslant 0\\ 8-x_2\geqslant 0\\ x_1\geqslant 0\\ x_2\geqslant 0\end{cases}$$

条件下，利用可行方向法求极小。

设初始点为 $X^{(0)}=(2,\ 2)^{\mathrm{T}}$，在 $X^{(0)}$ 能满足所有的约束条件，即

$$a_i^{\mathrm{T}}X^{(0)}\geqslant b_i$$

即 $X^{(0)}$ 点在可行域内，所以在 $X^{(0)}$ 点处所有方向都是可行的，而最有利的方向为梯度反方向。

利用一阶梯度法求得：

$$G^{(0)}=-\nabla f(X)^{(0)}=\begin{bmatrix}g_1^{(0)}\\ g_2^{(0)}\end{bmatrix}=\begin{bmatrix}-(2x_1-x_2-10)\\ -(2x_2-x_1-4)\end{bmatrix}^{(0)}=\begin{bmatrix}8\\ 2\end{bmatrix}$$

$$\|G^{(0)}\|=\sqrt{(g_1^{(0)})^2+(g_2^{(0)})^2}=\sqrt{8^2+2^2}=8.2$$

$$e_{01}=g_1^{(0)}/\|G^{(0)}\|=\frac{8}{8.2}=0.98$$

$$e_{02}=g_2^{(0)}/\|G^{(0)}\|=\frac{2}{8.2}=0.24$$

$$E_0=\begin{bmatrix}e_{01}\\ e_{02}\end{bmatrix}=\begin{bmatrix}0.98\\ 0.24\end{bmatrix}$$

在 E_0 方向上进行一维搜索，得到使 $f(X^{(1)})$ 为极小的 h_0'' 为：

$$h_0''=\frac{[(g_1^{(0)})^2+(g_2^{(0)})^2]\cdot\|G^{(0)}\|}{2[(g_1^{(0)})^2+(g_2^{(0)})^2-g_1^{(0)}\cdot g_2^{(0)}]}$$

$$=\frac{(64+6)\times 8.2}{2\times(64+4-8\times 2)}=5$$

而沿 E_0 方向达边界 $x_1=6$ 的 h_0' 为：

$$x_1^{(0)} + h'_0 e_{01} = 2 + h'_0 \times 0.98 = x_1^{(1)} = 6$$

得：

$$h'_0 = 4.08$$

因此：

$$h_0 = \min\{h'_0, h''_0\} = h'_0 = 4.08$$

于是可求得：

$$X^{(1)} = X^{(0)} + h_0 E_0 = \begin{bmatrix} 2 \\ 2 \end{bmatrix} + 4.08 \begin{bmatrix} 0.98 \\ 0.24 \end{bmatrix} = \begin{bmatrix} 6 \\ 3 \end{bmatrix} = (6, 3)^{\mathrm{T}}$$

$X^{(1)}$ 点的位置如图 2.9 所示。

然后，进行一次迭代。

从 $X^{(1)}$ 点再找可用方向：

其梯度为 $\nabla f(X^{(1)}) = (-1, -4)^{\mathrm{T}}$，由于该梯度的反方向指向可行域外，收到约束条件 $x_1 - 6 = 0$ 的限制，即：

$$a_1^{\mathrm{T}} X^{(1)} = [-1, 0] \begin{bmatrix} x_1^{(1)} \\ x_2^{(1)} \end{bmatrix} = -6$$

因此有：

$$a_1^{\mathrm{T}} E_1 = [-1, 0] \begin{bmatrix} e_{11} \\ e_{12} \end{bmatrix} \geqslant 0$$

即：

$$-e_1 \geqslant 0$$

若选用正则化条件 N_2，即在：

$$\begin{cases} -1 \leqslant e_{11} \leqslant 1 \\ -1 \leqslant e_{12} \leqslant 1 \end{cases}$$

的条件下，求使：

$$[\nabla f(X^{(1)})]^{\mathrm{T}} E_1 = [-1, -4] \begin{bmatrix} e_{11} \\ e_{12} \end{bmatrix} = -e_{11} - 4e_{12}$$

为极小的 E_1。

此为线性规划问题。可求得其最优解为：$e_{11} = 0$，$e_{12} = 1$，即 $E_1 = (0, 1)^{\mathrm{T}}$。在 E_1 的方向上使 $f(X^{(1)}) + hE_1$ 为极小的 $h''_1 = 2$。在该方向上由于有 $11 - x_1 - x_2 = 0$ 的约束，故由：

$$11 - x_1^{(2)} - x_2^{(2)} = 11 - 6 - (3 + h'_1) = 0$$

可得：

$$h'_1 = 2$$

因此得：

$$h_1 = h'_1 = h''_1 = 2$$

可求得：

$$X^{(2)} = (6, 5)^{\mathrm{T}}$$

在该点处：

$$\nabla f(X^{(2)}) = (-3, 0)^{\mathrm{T}}$$

即该点梯度反方向仍指向可行域外。

若利用正则化条件 N_3：

则因：

$$\frac{\partial f(X^{(2)})}{\partial x_1} - 3 < 0$$

故

$$e_{21} \leqslant 1$$

其次，由于：

$$a_1^T X^{(2)} = [-1,\ 0]\begin{bmatrix} x_1^{(2)} \\ x_2^{(2)} \end{bmatrix} = -6$$

则：

$$a_1^T E_2 = [-1,\ 0]\begin{bmatrix} e_{21} \\ e_{22} \end{bmatrix} = -e_{21} \geqslant 0$$

即为：

$$e_{21} \leqslant 0$$

又由于：

$$a_2^T X^{(2)} = [-1,\ -1]\begin{bmatrix} x_1^{(2)} \\ x_2^{(2)} \end{bmatrix} = -11$$

故：

$$a_2^T E_2 = [-1,\ -1]\begin{bmatrix} e_{21} \\ e_{22} \end{bmatrix} = -e_{21} - e_{22} \geqslant 0$$

因此，就是在约束为：

$$\begin{cases} e_{21} \leqslant 1 \\ e_{21} \leqslant 0 \\ -e_{21} - e_{22} \geqslant 0 \end{cases}$$

的条件下，求使

$$[\nabla f(X^{(2)})]^{\mathrm{T}} E_2 = [-3,\ 0]\begin{bmatrix} e_{21} \\ e_{22} \end{bmatrix} = -3e_{21}$$

为极小的 E_2。

此也为线性规划问题。可求得其最优解为：$e_{21} = 0$, $e_{22} = 0$，即 $E_2 = (0,\ 0)^{\mathrm{T}}$。

因此，对于 $X^{(2)}$，有：

$$\min\{[\nabla f(X^{(2)})]^{\mathrm{T}} E_2\} = 0$$

故 $X^{(2)}$ 即为极小点 X^*。

原非线性规划问题的最优解即为：$x_1^* = 6$, $x_2^* = 5$, $S = 11 = \min$。

2.2.3.5　非线性规划应用实例

合理制定工艺制度是材料加工工艺设计的重要内容，其目的是在保证产品质量的基础上提高产量、降低各种原材料及能源消耗和成本，满足产品标准和用户需求。工艺制度的主要内容包括：变形制度、速度制度和温度制度等。所谓合理制定工艺制度，要求制定出的工艺制度不仅可行，而且最优。下面以轧制过程为例，说明非线性规划在轧制规程优化上的应用。

冷轧带钢轧制规程优化的一项重要内容就是合理分配各道次的压下量或负荷，以保证轧机安全及产品质量或最大产量。可依据以下原则优化轧制规程：

(1) 等功率富裕量原则。对于冷连轧机而言，要提高产量，可通过提高轧制速度或加大坯重等。当提高了末架轧速时，若有些机架压下量分配不合理，轧速过高，则可能使电动机超负荷。由此出现如何均衡地分配主电动机功率的问题，这里提出了等功率富裕量的概念。所谓等功率富裕量是指各道次轧机在功率上具有相等的剩余程度。

带钢的冷连轧就是在带钢不加热的情况下，把原来比较厚的带卷（坯料）通过由若干个机架组成的连轧机轧制成薄的带钢。

带钢冷连轧轧制规程的最优化问题就是合理分配连轧机各机架的压下量（或出口厚度）或负荷。制定压下量分配的原则一般可归纳为三条：1）保证轧机安全；2）获得最大产量；3）保证带钢质量（这里主要指板型和表面质量）。

能达到这三条要求的规程就是最佳规程。国内外采用各种不同的方法获得最佳规程，例如，有的采用非线性规划的方法；有的则采用动态规划的方法。这里介绍采用非线性规划的方法来制定压下量的最优分配方案。

连轧机组要提高产量，就需要提高轧制速度，而提高速度常常会产生一些机架超负荷的情况。因此，如何均衡地分配负荷是提高产量的关键问题。以某钢厂的冷轧三连轧机为例，其三连轧三个机架电动机的额定功率 N_{Hi} 为：

第 1 机架：$N_{H1}=320\text{kW}$

第 2 机架：$N_{H2}=400\text{kW}$

第 3 机架：$N_{H3}=500\text{kW}$

则三连轧机总的可供功率 $\sum N_H$ 为：

$$\sum N_H = N_{H1} + N_{H2} + N_{H3} \tag{2.37}$$

$$\sum N_H = 320 + 400 + 500$$

$$\sum N_H = 1220\text{kW}$$

而第 i 机架的轧制功率 N_i 与能耗的关系为：

$$N_i = VF\left[\left(\frac{\beta_0}{\beta_1 + h_i} - \frac{\beta_0}{\beta_1 + h_{i-1}}\right) \times D_1 + D_2(t_{i-1} - t_i)\right] \tag{2.38}$$

式中，VF 为秒流量；β_0，β_1 为与钢种、来料厚度等有关的系数。例如，对于 B_2F 钢，来料厚度 $h_0=2.48\text{mm}$ 时，$\beta_0=81.3$，$\beta_1=0.23$；h_i 为第 i 机架的带钢出口厚度；h_{i-1} 为第 $i-1$ 机架带钢的出口厚度，也就是第 i 机架的带钢入口厚度；t_i 为第 i 机架的前张力；t_{i-1} 为第 i 机架的后张力；D_1，D_2 为单位换算常数：

$$D_1 = \frac{3600 \times 7.8 \times 10^{-9}}{1.341}$$

$$D_2 = \frac{10^{-3}}{75 \times 1.341}$$

根据式（2.38），可以计算出带钢从 0.47mm 轧至 0.27mm 的成品时所需的总功率为：

$$\sum N = VF\left[\left(\frac{81.3}{0.23 + 0.27} - \frac{81.3}{0.23 + 0.47}\right) \times D_1 + D_2(t_0 - t_3)\right]$$

当秒流量 VF 和张力 t_0、t_3 取定时，可以计算出 $\sum N$ 的值，若它等于 732kW，这时轧机所需总的功率占可供功率的比例为：

$$\frac{\sum N}{\sum N_H} = \frac{732}{1220} \times 100\% = 60\%$$

如果，我们能够根据 60% 的比例来分配各机架的功率，当然是合理的。设 $\overline{N}_i$ 为根据 $\sum N \Big/ \sum N_H$ 的比例分配给第 i 机架的功率，则

$$\overline{N}_1 = 320 \times 60\% = 192\text{kW}$$

$$\overline{N}_2 = 400 \times 60\% = 240\text{kW}$$

$$\overline{N}_3 = 500 \times 60\% = 300\text{kW}$$

这些机架电动机功率富裕量是每个机架电动机额定功率的 40%，因此称为等功率富裕量分配。

这样的功率分配反过来决定了各机架的出口厚度。因为当秒流量和张力确定后，由式（2.38）可得：

$$h_i = \frac{\beta_0}{\dfrac{N_i}{D_1 \times VF} - \dfrac{D_2(t_{i-1} - t_i)}{D_1} + \dfrac{\beta_0}{\beta_1 + h_{i-1}}} - \beta_1 \tag{2.39}$$

于是，利用式（2.39），由 $h_0 = 0.47\text{mm}$ 可以计算出 h_1；由 h_1 可以计算出 h_2，由式（2.39）计算出的 h_3 应等于 0.27mm 作为校验。但是，由这种简单计算得到的 h_1、h_2 分配往往与其余的工艺限制条件矛盾，而这些工艺限制条件对于保证轧机安全和板型质量又是必不可少的。因此，我们只能在工艺限制条件下考虑电动机的功率分配尽可能接近理想的功率分配 $\overline{N}_i$。

综上所述，可将等功率富裕量的数学模型表示为

$$\min G_N = \sum_{i=1}^{n} \left(N_i - \frac{\sum_{i=1}^{n} N_i}{\sum_{i=1}^{n} N_{i,\max}} N_{i,\max} \right)^2 \tag{2.40}$$

$$\text{s.t.} \begin{cases} 0 \leqslant N_i \leqslant N_{i,\max} \\ 0 \leqslant P_i \leqslant P_{i,\max} \\ 0 \leqslant M_i \leqslant M_{i,\max} \\ \varepsilon_{i,\min} \leqslant \varepsilon_i \leqslant \varepsilon_{i,\max} \\ h_{i+1} \leqslant h_i \leqslant h_{i-1} \\ v_{i,\min} \leqslant v_i \leqslant v_{i,\max} \\ n_{i,\min} \leqslant n_i \leqslant n_{i,\max} \end{cases}$$

式中，N_i 为第 i 道次主电动机功率；P_i 为第 i 道次轧制力；M_i 为第 i 道次轧制力矩；ε_i 为第 i 道次相对压下量；h_i 为第 i 道次轧出厚度；v_i 为第 i 道次轧速；n_i 为第 i 道次电动机转速。

这是一个具有不等式约束条件的非线性规划问题。可利用拉格朗日乘子法、惩罚函数法或可行方向法求出其最优解，从而得到最佳轧制过程。

下面以某 4 机架冷连轧机为研究对象，给出按等功率富裕量原则计算的优化规程（表 2.4），并与现场规程（表 2.5）进行对比。可见，优化规程较好地符合等功率富裕量原则。

该冷连轧机的性能指标包括：工作辊半径为 85mm，支撑辊半径为 200mm，主电动机额定功率为 400kW，最大轧制力为 2354kN，最大轧制力矩为 14.75kN · m，最大轧速为 5m/s。钢种为 16Mn，带钢宽度 $B = 200\text{mm}$，带钢原始厚度 $h_0 = 3.0\text{mm}$，带钢轧后厚度 $h_4 = 1.0\text{mm}$。

表 2.4 优化的轧制规程

i	h_{i-1}/mm	h_i/mm	ε_i	v_i/m · s^{-1}	t_b/MPa	t_f/MPa	N_i/kW	M_i/kN · m	P_i/kN
1	3.00	2.03	0.325	1.73	0.00	52.30	258.8	5.71	1092.46
2	2.03	1.58	0.220	2.22	52.30	57.42	248.5	4.27	901.00
3	1.58	1.25	0.211	2.81	57.42	68.46	246.5	3.34	864.95
4	1.25	1.00	0.198	3.50	68.46	75.54	244.6	2.66	791.71

表 2.5 现场的轧制规程

i	h_{i-1}/mm	h_i/mm	ε_i	v_i/m · s^{-1}	t_b/MPa	t_f/MPa	N_i/kW	M_i/kN · m	P_i/kN
1	3.00	2.08	0.307	1.70	0.00	50.94	231.5	5.19	1047.48
2	2.08	1.48	0.288	2.40	50.94	61.31	359.2	5.70	1038.97
3	1.48	1.16	0.216	3.00	61.31	73.58	256.1	3.25	861.59
4	1.16	1.00	0.138	3.50	73.58	75.54	163.6	1.78	658.67

（2）板凸度相等原则。为保证板型良好，必须遵循沿板宽方向均匀延伸变形或板凸度相等的原则。其目标函数为：

$$\min G_{sh} = \sum_{i=1}^{n} (sh_{i-1} - sh_i)^2 \qquad (2.41)$$

式中，sh_i 为第 i 道次的板凸度。

下面以某 1700mm 四辊可逆式冷轧机为研究对象，给出按板凸度相等原则计算的优化规程（表 2.6），并与现场规程（表 2.7）进行比较。可见，优化规程较好地符合板凸度相等原则。

表 2.6 优化的轧制规程

i	h_{i-1}/mm	h_i/mm	ε_i	v_i/m · s^{-1}	t_b/MPa	t_f/MPa	N_i/kW	M_i/kN · m	P_i/kN	sh_i
1	2.50	1.98	0.209	6.50	12.36	33.19	2614.0	76.62	11230.18	1.389
2	1.98	1.72	0.133	7.50	33.19	33.78	2020.2	51.32	9604.98	1.343
3	1.72	1.50	0.125	8.50	33.78	33.47	1838.0	41.20	8567.29	1.347

表 2.7 现场的轧制规程

i	h_{i-1}/mm	h_i/mm	ε_i	v_i/m · s^{-1}	t_b/MPa	t_f/MPa	N_i/kW	M_i/kN · m	P_i/kN	sh_i
1	2.50	2.00	0.200	6.50	12.36	32.83	2455.3	71.97	10876.43	1.326
2	2.00	1.65	0.175	7.50	32.83	35.11	2753.9	69.96	11235.62	1.666
3	1.65	1.50	0.091	8.50	35.11	33.47	1316.9	29.52	7542.23	1.161

该冷轧机的性能指标：工作辊半径为 250mm，支撑辊半径为 650mm，主电动机额定功率为 2×1800kW，最大轧制力为 17658kN，最大轧速为 9.1m/s。钢种为 08Al，带钢宽度 $B = 1270$mm，带钢原始厚度 $h_0 = 2.5$mm，带钢轧后厚度 $h_3 = 1.5$mm。

（3）带钢纵向厚差最小原则。影响冷轧带钢纵向厚差的因素，不仅有坯料厚度的波动，还有轧件力学性能的变化、应力状态条件的影响以及轧机的弹跳等。作为轧制规程的评价准则最好包含对形成纵向厚差影响最大的相关因素。可采用以下目标函数作为评价准则：

$$F = \prod_{i=1}^{n} \left(\frac{\alpha \dfrac{\partial P_i}{\partial h_{i-1}} + \beta K + \gamma \dfrac{\partial P_i}{\partial \sigma_{si}}}{K - \dfrac{\partial P_i}{\partial h_i}} \right) \qquad (2.42)$$

式中，h_{i-1}、h_i 分别为轧前和轧后带钢的厚度；K 为轧机刚度；σ_{si} 为轧件屈服应力；P_i 为轧制力；α、β、γ 为加权系数。

在400mm四辊冷轧机上，对08Al冷轧带钢0.5mm×220mm（坯料为3.0mm×220mm）进行两种压下规程的对比实验，共轧7道次（图2.10）。实验结果证明，以式（2.42）作为目标函数，采用阻尼牛顿法优化的压下规程（$\alpha=0.6$，$\beta=0.3$，$\gamma=0.1$）比现场压下规程最终的纵向厚差可减少约20%，而机时产量由于每道次相对压下量的再分配，则增长3%。7个道次轧制力的总和降低了33%。

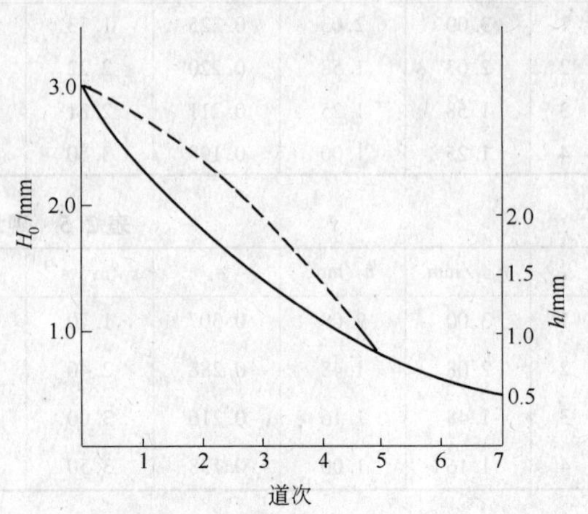

图2.10　两种压下规程的比较

（虚线：优化规程；实线：现场规程）

（4）初轧方坯鱼尾最短问题。影响初轧方坯头尾形状的因素包括锭型、初轧机形式、孔型设计和压下制度等。初轧方坯时，因钢坯高宽比大，表层与中心金属延伸量不同，导致头尾产生鱼尾，降低金属收得率。通过研究钢坯端部变形过程，提出鱼尾长度变化的关系式，可进一步制定鱼尾最短的优化变形制度。

鱼尾长度与道次压下量的关系如图2.11所示，其关系式为

$$\Delta U = k_1 \cdot \Delta H \cdot \lg\left(\frac{k_2 \cdot H}{\Delta H}\right) \tag{2.43}$$

式中，ΔU 为鱼尾长度；k_1、k_2 为形状系数。

轧制方坯时，需要经常翻钢90°，当钢坯在两个方向轧制时，鱼尾长度为（图2.12）：

沿 x 轴压下时：

$$U_i = U_{i-1}\frac{L_i}{L_{i-1}} + \Delta U_i \quad (i=1,\ 2,\ \cdots,\ m) \tag{2.44}$$

式中，U_i 为第 i 道次的鱼尾长度；$\frac{L_i}{L_{i-1}}$ 为第 i 道次的伸长率；其中

$$\Delta U_i = k_1 \cdot \Delta H_i \cdot \lg\left(\frac{k_2 \cdot H_{i-1}}{\Delta H_i}\right) \tag{2.45}$$

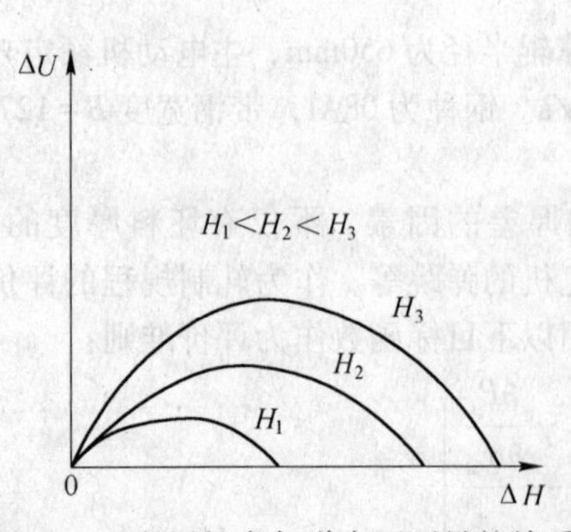

图2.11　鱼尾长度与道次压下量的关系

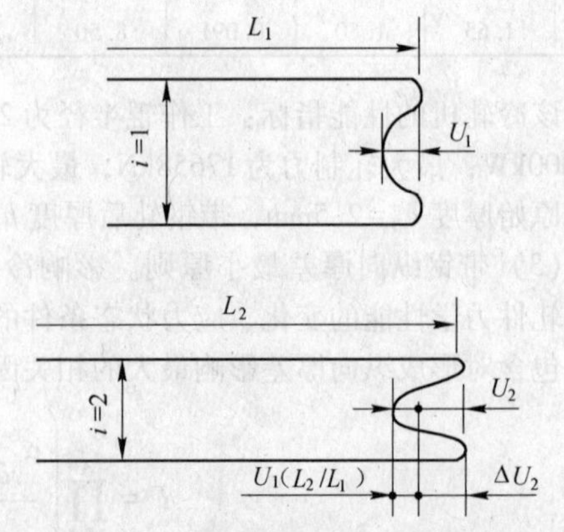

图2.12　两个相邻道次的鱼尾长度

沿 y 轴压下时：

$$U_j = U_{j-1} \frac{L_j}{L_{j-1}} + \Delta U_j \quad (j = 1, 2, \cdots, n) \tag{2.46}$$

式中，$\frac{L_j}{L_{j-1}}$ 为第 j 道次的伸长率；其中

$$\Delta U_j = k_3 \cdot \Delta H_j \cdot \lg\left(\frac{k_4 \cdot H_{j-1}}{\Delta H_j}\right) \tag{2.47}$$

形状系数 k_1、k_2、k_3、k_4 随钢种、轧制条件（轧制温度、速度、孔型形状及润滑状况）不同而变化。

当以表 2.8 所给的条件进行轧制时，用回归计算得到各形状系数如下：

x 轴方向：$k_1 = 3.33$，$k_2 = 0.14$

y 轴方向：$k_3 = 1.20$，$k_4 = 0.24$

表 2.8 轧制条件

钢坯尺寸/mm	240×240
轧制温度/℃	1180～1240
轧机类型	形式：二辊可逆式轧机 辊径：1 号粗轧机 800mm 2 号粗轧机 690mm 箱型孔型（无凸度） 无润滑油

在制定压下制度时，既要使总轧制道次和成品尺寸不变，以保持相同的产量和质量水平，又应使钢坯的鱼尾最短，以提高金属收得率。显然，这是一个求无约束极小值问题。其优化算法是：首先根据钢坯的高宽比决定一个压下方向（x 或 y 轴方向），然后用黄金分割法计算出钢坯鱼尾最短的压下量，计算程序框图如图 2.13 所示。

生产实践证明，按原压下制度轧制，钢坯鱼尾长度为 106mm，而用最优压下制度生产时，鱼尾只有 11mm，金属收得率（按质量计算）提高 1.5%。同时，翻钢次数由 5 次减为 4 次，轧制效率也能提高。优化的压下制度与原来的压下制度的比较如图 2.14 所示。

2.2.4 动态规划方法

2.2.4.1 多阶段决策优化问题举例

人们在生产和科学实验活动中，往往要按照预定的任务实现某种受控过程。在过程进行中，应如何在客观条件允许的范围内选择最好的措施去控制过程的发展，以期最好地完成预定的任务，称为过程的最优化。动态规划的基本概念和原理是和过程最优化问题紧密地联系在一起的。为了说明这些概念和原理，我们先举一些过程最优化的例子。

（1）最快轧制过程。一台可逆轧机要把原厚度 h_0 的某种金属坯料来回轧制成厚度为 h_c 的金属板。第一次轧制时轧机正转，将原厚度轧制成 h_1，第二次轧机反转，将 h_1 轧成 h_2，如此往复继续。设 K 次轧制的前后厚度为 h_{K-1} 和 h_K，压下量 $d_K = h_{K-1} - h_K$。而最大允许转速 $\omega_a = g_1(d_K)$，轧辊所受轧制力矩 $T_K = g_2(h_{K-1}, d_K)$，轧制压力 $F_K = g_3(h_{K-1}, d_K)$。第 K 次轧制时间 $t_K = f(h_{K-1}, d_K)$，而每轧一次后调整辊缝和调整转向所需要的时间为固定值 t_f。因为要求轧好

成品的出口在原料输入的异侧，所以总的轧制次数 N 必须是奇数。要求找出一奇数 N 和一系列压下量 $d_1, d_2, \cdots, d_N$，既能满足最大允许转速、轧制力矩、轧制压力等限制条件，又能使总的轧制时间 $\sum_{K=1}^{N} t_K + Nt_f$ 达到最小。

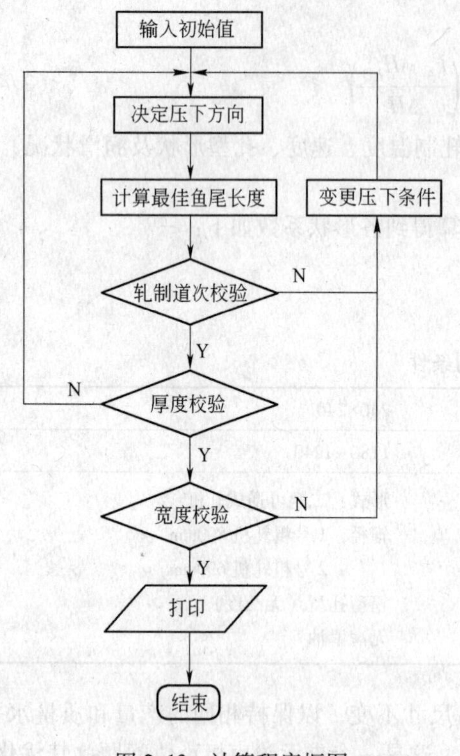

图 2.13 计算程序框图

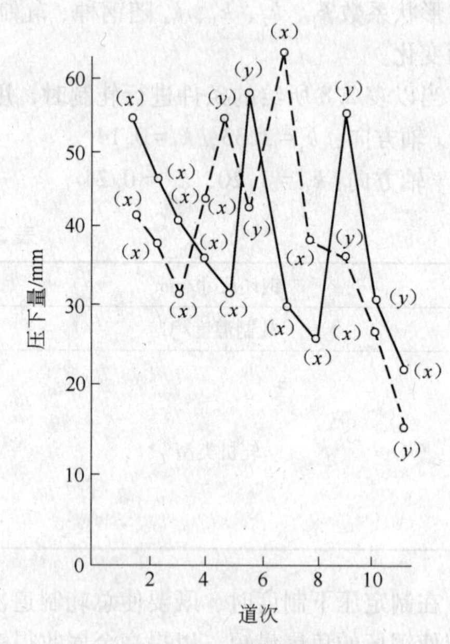

图 2.14 两种压下制度的比较

（实线：最优压下制度；虚线：原来的压下制度）

（2）机器负荷分配问题。某种机器可以在高、低两种不同负荷下进行生产。在高负荷下生产时，产品年产量 S_1 和投入生产的机器数量 u_1 的关系为 $S_1 = g(u_1)$。这时，机器的年折损率为 a，即如年初完好机器的数量为 u_1，到年终就剩下 $au_1(0 < a < 1)$。在低负荷下生产时，产品年产量 S_2 和投入生产的机器数量 u_2 的关系为 $S_2 = h(u_2)$。相应的机器折损率为 b（$0 < b < 1$）。假定开始时拥有的完好机器数量为 x_0，要求制定一个五年计划，在每年开始决定如何重新分配完好机器在两种不同负荷下工作的数量，使产品的五年总产量达到最高。

（3）仪器使用问题。某科学实验可以用三套不同的仪器 A、B、C 中任意一套完成。在做完一次试验后，如果下次仍用原用的那套仪器，必须对仪器进行整修，中间要耽误一段时间。如果下次换用另一套仪器，由于要把原用仪器从试验场所拆卸下来再装上换用的仪器，中间也要耽误一段装卸时间。设给出 t_{ij} 为仪器 i 换成仪器 j 时所需的耽误时间（$i = j$ 时为不换仪器所需的耽误时间）。现在要做十次试验，问应如何安排使用仪器的次序，使总的耽误时间最短。

（4）反应器的最优控制问题。锌的提纯装置由五个反应槽串联而成。进入第一个反应槽的原料是锌含量为 W_0 的硫化锌，在反应槽内与稀硫酸反应后锌被提纯而降低了锌含量，流出第一个反应槽而进入第二个反应槽前，其锌含量成为 W_1，类似地有 W_2, W_3, W_4，而 W_5 即为流出最后一反应槽的硫化锌锌含量。设通过多反应槽的硫化锌的流量都等于 Q，则整个装置在单位时间内提取纯锌量 $M = Q(W_0 - W_5)$。在多反应槽内装有搅拌器和加热器，搅拌和加热时要消耗一定的电能。设第 K 个反应槽的搅拌速度为 V_K，反应温度为 T_K 时，消耗的电能为 $e_k(V_K, T_K)$ $(K=1, 2, 3, 4, 5)$。如果进入第 K 个反应槽的硫化锌锌含量为 W_{K-1}，则当 Q 和各槽反应容积一定时，W_K 与 W_{K-1} 有下列关系：$W_K = f_K(V_K, T_K) \cdot W_{K-1}$。给定 W_0，要求控制 V_K、T_K，使得产量 M 一定时，整个流程消耗的电能达到最小。

(5) 部件的月生产计划问题。某车间需要按月在月底供应一定数量的某种部件给总车间，由于生产条件的变化，该车间在各月份中生产每单位这种部件所需耗费的工时不同。各个月份的生产，除供应该月份的需求外，余下部分可存入仓库备以后月份的需求。但因仓库容纳量的限制，库存部件的数量不能超过某一给定值 S。设已知半年期间的各月份的需求量以及在这些月份中生产该部件每单位数量所需工时数，此外，设期初的库存量为某一给定值，期终的库存量要求为零。要求找出一个规定逐月产量的生产计划，使得既满足供应的需求和库存的限制，又使得在这半年中生产这种部件的总耗费工时数达到最小。

以上这些过程最优化问题的实例，都可以采用动态规划（Dynamic Programming）的方法求解。

2.2.4.2 动态规划的基本原理

1951 年美国数学家 R. Bellman 等人根据一类多阶段决策问题的特性，提出了解决这一类问题的“最优化原理”，并研究了许多实际问题，从而创立了最优化技术的一个新分支——动态规划。多年来，动态规划在工程技术、经济和军事等领域都有重要应用。如今它已成为数学规划中的一个重要分支，是解决多阶段决策问题最优化的一种有效方法。

根据决策过程是离散的还是连续的，是确定的还是随机的，动态规划大体上可以分为离散确定型、离散随机型、连续确定型和连续随机型四种决策类型。

以下将针对离散确定型多阶段决策过程，首先介绍动态规划的一些基本概念和原理，然后着重介绍动态规划的实际应用。

A 最短路径及多阶段决策问题

图 2.15 所示的网络图称作线路网络图，其中小圆圈称为点，两点间的连线称为弧，弧上的数字称为弧长。现在求一条从起点 A 到终点 E 的连通弧，使其总弧长最短。这类问题称为最短路径问题。

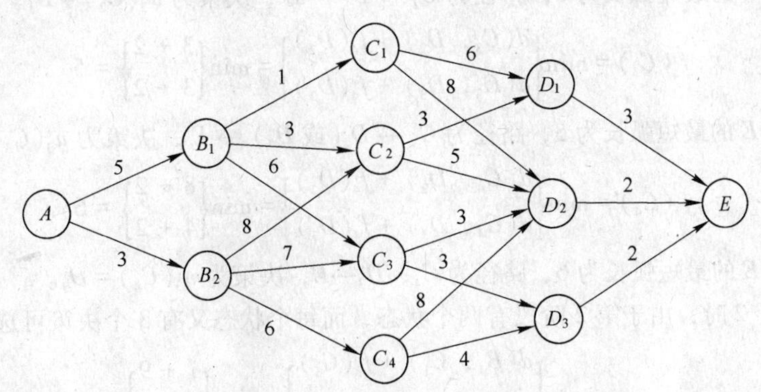

图 2.15 最短路径问题示例

最短路径问题的涵义是很广泛的。例如，如果点代表石油加油站，弧代表管道，弧长为铺设管道的费用，那么这时的最短路径问题实际上是设计一条从起点 A 到终点 E 的管道，使其总费用最小。如果点代表城市，弧代表街道，弧长为街道的长度，那么这时的最短路径问题就是从 A 到 E 的哪条道路长度最短。最短路径问题的得名也正因如此。最短路径问题的算法很多（例如图论等），但这里仅介绍动态规划法。

首先，从 A 到 E 的整个过程可以分成从 A 到 B（B 有两种选择 B_1 和 B_2），从 B 到 C（C 有四种选择 C_1、C_2、C_3 和 C_4），从 C 到 D（D 有三种选择 D_1、D_2 和 D_3），再从 D 到 E 四个阶段。每个阶段都有起点，如第二个阶段有两个起点 B_1 和 B_2，用 x_k 表示第 k 个阶段的起点，并称为状态变量。从每个起点出发都有若干个选择，例如从 B_1 出发有三种选择，到 C_1 或到 C_2 或到 C_3，用 u_k 表示从第 k 个阶段的状态 x_k 出发所做的选择，并称为决策变量，所有决策变量组成的集合记作 D_k。如果用 $f_k(x_k)$ 表示从第 k 阶段的状态 x_k 出发到终点的最短弧长，或者用 $f_k(x_k)$ 表示从起点 A 到第 k 阶段的状态 x_k 的最短弧长，那么我们的问题就变成求 $f_1(x_1)=f_1(A)$，或者求 $f_5(x_5)=f_5(E)$。

其次，如果最短路线经过第 k 阶段的状态 x_k，那么从 x_k 出发到达终点 E 的这条路线，对于从 x_k 出发到达终点 E 的所有路线来说，显然也一定是最短路线。

最短路径问题可用逆序和顺序两种算法，以下是逆序算法：

若用 $f_k(x_k)$ 表示从第 k 阶段的状态 x_k 出发到终点 E 的最短弧长，则可从后向前逐步求出各点到达终点 E 的最短路线的最短弧长，最后求出 $f_1(x_1)=f_1(A)$ 即为所求最短路线的最短弧长。计算步骤如下：

（1）从最后一个阶段 $k=4$ 开始，按 f_4 的定义有 $f_4(D_1)=3, f_4(D_2)=2, f_4(D_3)=2$。

（2）当 $k=3$ 时，因第 3 阶段有 4 个状态，而每个状态又有两个决策可选取，故有

$$f_3(C_1)=\min\begin{Bmatrix} d(C_1,\ D_1)+f_4(D_1) \\ d(C_1,\ D_2)+f_4(D_2) \end{Bmatrix}=\min\begin{Bmatrix} 6+3 \\ 8+2 \end{Bmatrix}=9$$

其中 $d(\cdot,\ \cdot)$ 表示两点间的弧长。这说明从 C_1 到终点 E 的最短弧长为 9，路径为 $C_1 \rightarrow D_1 \rightarrow E$，决策为 $u_3(C_1)=D_1$。

$$f_3(C_2)=\min\begin{Bmatrix} d(C_2,\ D_1)+f_4(D_1) \\ d(C_2,\ D_2)+f_4(D_2) \end{Bmatrix}=\min\begin{Bmatrix} 3+3 \\ 5+2 \end{Bmatrix}=6$$

即从 C_2 到终点 E 的最短弧长为 6，路径为 $C_2 \rightarrow D_1 \rightarrow E$，决策为 $u_3(C_2)=D_1$。

$$f_3(C_3)=\min\begin{Bmatrix} d(C_3,\ D_2)+f_4(D_2) \\ d(C_3,\ D_3)+f_4(D_3) \end{Bmatrix}=\min\begin{Bmatrix} 3+2 \\ 3+2 \end{Bmatrix}=5$$

即从 C_3 到终点 E 的最短弧长为 5，路径为 $C_3 \rightarrow D_2$（或 D_3）$\rightarrow E$，决策为 $u_3(C_3)=D_2$（或 D_3）。

$$f_3(C_4)=\min\begin{Bmatrix} d(C_4,\ D_2)+f_4(D_2) \\ d(C_4,\ D_3)+f_4(D_3) \end{Bmatrix}=\min\begin{Bmatrix} 8+2 \\ 4+2 \end{Bmatrix}=6$$

即从 C_4 到终点 E 的最短弧长为 6，路径为 $C_4 \rightarrow D_3 \rightarrow E$，决策为 $u_3(C_4)=D_3$。

（3）当 $k=2$ 时，由于第 2 阶段有两个状态，而每个状态又有 3 个决策可选，故有

$$f_2(B_1)=\min\begin{Bmatrix} d(B_1,\ C_1)+f_3(C_1) \\ d(B_1,\ C_2)+f_3(C_2) \\ d(B_1,\ C_3)+f_3(C_3) \end{Bmatrix}=\min\begin{Bmatrix} 1+9 \\ 3+6 \\ 6+5 \end{Bmatrix}=9$$

即从 B_1 到终点 E 的最短弧长为 9，路径为 $B_1 \rightarrow C_2 \rightarrow D_1 \rightarrow E$，决策为 $u_2(B_1)=C_2, u_3(C_2)=D_1$，$u_4(D_1)=E$。

$$f_2(B_2) = \min\begin{Bmatrix} d(B_2,\ C_2) + f_3(C_2) \\ d(B_2,\ C_3) + f_3(C_3) \\ d(B_2,\ C_4) + f_3(C_4) \end{Bmatrix} = \min\begin{Bmatrix} 8+6 \\ 7+5 \\ 6+6 \end{Bmatrix} = 12$$

即从 B_2 到终点 E 的最短弧长为 12，路径为 $B_2 \to C_3 \to D_2$(或 D_3) $\to E$，或 $B_2 \to C_4 \to D_3 \to E$，决策为 $u_2(B_2) = C_3, u_3(C_3) = D_2$(或 D_3)，$u_4(D_2) = E$；或者 $u_2(B_2) = C_4, u_3(C_4) = D_3, u_4(D_3) = E$。

(4) 当 $k = 1$ 时，有 $f_1(A) = \min\begin{Bmatrix} d(A,\ B_1) + f_2(B_1) \\ d(A,\ B_2) + f_2(B_2) \end{Bmatrix} = \min\begin{Bmatrix} 5+9 \\ 3+12 \end{Bmatrix} = 14$

即从 A 到终点 E 的最短弧长为 14，路径为 $A \to B_1 \to C_2 \to D_1 \to E$，决策为 $u_1(A) = B_1, u_2(B_1) = C_2, u_3(C_2) = D_1, u_4(D_1) = E$。

至此不仅问题得到解决，而且得到从任一点到终点的最短弧长、路径和决策等。

上述逆序算法的四个步骤可以归纳为下述递推形式：

$$\begin{cases} f_k(x_k) = \min\limits_{u_k \in D_k}\{d(x_k,\ x_{k+1}) + f_{k+1}(x_{k+1})\} \quad (k = 4,\ 3,\ 2,\ 1) \\ f_5(x_5) = 0 \end{cases}$$

其中 $x_{k+1} = u_k(x_k)$，即从状态 x_k 出发，采取决策 u_k 到达下一状态 x_{k+1}；D_k 表示从状态 x_k 出发的所有可能选取决策的集合；而 $f_5(x_5) = 0$ 称为边界条件，因为状态 x_5 已是终点。

由于逆序算法的寻优方向与过程的行进方向相反，故称逆序解法，如图 2.16 所示。

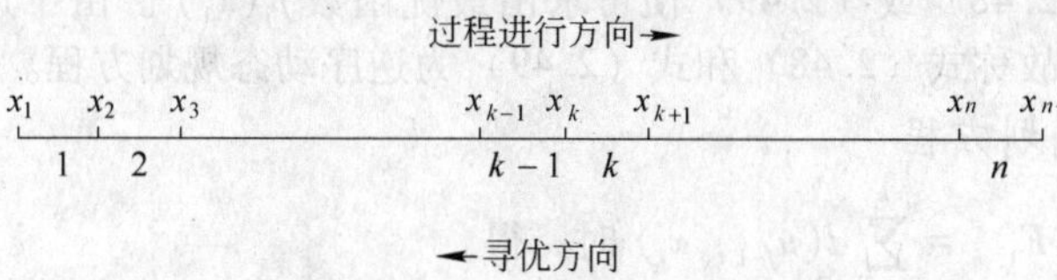

图 2.16 动态规划的逆序算法

B Bellman 最优化原理与动态规划方程

上述最短路线问题具有这样的特点：如果最短路线经过第 k 段的状态 x_k，那么从 x_k 出发到达终点的这条路线，对于从 x_k 出发到达终点的所有路线来说，也是最短路线。

Bellman 最优化原理：对于多阶段决策问题，作为整个过程的最优策略必然具有这样的性质：无论过去的状态和决策如何，就前面决策所形成的状态而言，余下的诸决策必然构成一个最优策略。

用动态规划求解多阶段决策问题的基本思想是：利用 Bellman 最优化原理，建立动态规划方程，即建立动态规划的数学模型，最后再设法求其数值解。建立模型的基本步骤是：

(1) 将问题的过程恰当地分成若干个阶段，一般可按问题所处的时间或空间进行划分，并确定阶段变量。对 n 阶段问题来说，$k = 1,\ 2,\ \cdots,\ n$。

(2) 正确选取状态变量 x_k，它要能描述多阶段决策问题的变化过程，满足无后效性并能直接或间接地算出来。

(3) 确定决策变量 $u_k(x_k)$ 及每个阶段的允许决策集合 $D_k(x_k)$。

(4) 写出状态转移方程：$x_{k+1} = T_k(x_k,\ u_k)$ 或 $x_k = T_k(x_{k+1},\ u_k)$。

(5) 根据题意，列出指标函数 $F_{k,\ n}$ 或 $F_{1,\ k}$，最优函数 $f_k(x_k)$ 以及阶段指标 $d(x_k,\ x_{k+1})$。

(6) 明确指标函数 $F_{k,\ n}$ 或 $F_{1,\ k}$ 与阶段指标 $d(x_k,\ x_{k+1})$ 之间的关系以及边界条件。一般来说，当 $F_{k,\ n}$ 或 $F_{1,\ k}$ 是诸 $d(x_k,\ x_{k+1})$ 之和的形式时，$f_{n+1}(x_{n+1}) = 0$ 或 $f_1(x_1) = 0$；而当 $F_{k,\ n}$ 或 $F_{1,\ k}$

是诸 $d(x_k, x_{k+1})$ 之积的形式时，$f_{n+1}(x_{n+1})=1$ 或 $f_1(x_1)=1$。

当上述步骤都完成后，根据 Bellman 最优化原理，可写出动态规划方程，即动态规划模型。动态规划方程分为逆序和顺序两大类。

2.2.4.3　动态规划方程

A　逆序动态规划方程

当后部指标函数 $F_{k,n}=\sum_{j=k}^{n} d(x_j, u_j)$ 时，得

$$f_k(x_k)=\underset{p_{k,n}\in P_{k,n}}{\text{opt}} F_{k,n}(x_k, p_{k,n})=\underset{u_k,\, p_{k+1,n}\in P_{k,n}}{\text{opt}}\{d(x_k, u_k)+F_{k+1,n}(x_{k+1}, p_{k+1,n})\}$$

$$f_k(x_k)=\underset{u_k\in D_k}{\text{opt}}\{d(x_k, u_k)+\underset{p_{k+1,n}\in P_{k+1,n}}{\text{opt}} F_{k+1,n}(x_{k+1}, p_{k+1,n})\}$$

$$=\underset{u_k\in D_k}{\text{opt}}\{d(x_k, u_k)+f_{k+1}(x_{k+1})\}$$

故
$$\begin{cases} f_k(x_k)=\underset{u_k\in D_k}{\text{opt}}\{d(x_k, u_k)+f_{k+1}(x_{k+1})\} \quad (k=n, n-1, \cdots, 2, 1) \\ f_{n+1}(x_{n+1})=0 \end{cases} \tag{2.48}$$

当后部指标函数 $F_{k,n}=\prod_{j=k}^{n} d(x_j, u_j)$ 时，得

$$\begin{cases} f_k(x_k)=\underset{u_k\in D_k}{\text{opt}}\{d(x_k, u_k)\cdot f_{k+1}(x_{k+1})\} \quad (k=n, n-1, \cdots, 2, 1) \\ f_{n+1}(x_{n+1})=1 \end{cases} \tag{2.49}$$

利用递推公式（2.48）或（2.49）便可求出最优函数 $f_1(x_1)$。由于这里的寻优方向与过程的行进方向相反，故称式（2.48）和式（2.49）为逆序动态规划方程。

B　顺序动态规划方程

当前部指标函数 $F_{1,k}=\sum_{j=2}^{k} d(u_{j-1}, x_j)$ 时，得

$$f_k(x_k)=\underset{p_{1,k}\in P_{1,k}}{\text{opt}} F_{1,k}(x_1, p_{1,k})=\underset{u_{k-1},\, p_{1,k-1}\in P_{1,k}}{\text{opt}}\{d(u_{k-1}, x_k)+F_{1,k-1}(x_1, p_{1,k-1})\}$$

$$f_k(x_k)=\underset{u_{k-1}\in D_{k-1}}{\text{opt}}\{d(u_{k-1}, x_k)+\underset{p_{1,k-1}\in P_{1,k-1}}{\text{opt}} F_{1,k-1}(x_1, p_{1,k-1})\}$$

$$=\underset{u_{k-1}\in D_{k-1}}{\text{opt}}\{d(u_{k-1}, x_k)+f_{k-1}(x_{k-1})\}$$

故
$$\begin{cases} f_k(x_k)=\underset{u_{k-1}\in D_{k-1}}{\text{opt}}\{d(u_{k-1}, x_k)+f_{k-1}(x_{k-1})\} \quad (k=2, 3, \cdots, n+1) \\ f_1(x_1)=0 \end{cases} \tag{2.50}$$

当前部指标函数 $F_{1,k}=\prod_{j=2}^{k} d(u_{j-1}, x_j)$ 时，得

$$\begin{cases} f_k(x_k)=\underset{u_{k-1}\in D_{k-1}}{\text{opt}}\{d(u_{k-1}, x_k)\cdot f_{k-1}(x_{k-1})\} \quad (k=2, 3, \cdots, n+1) \\ f_1(x_1)=1 \end{cases} \tag{2.51}$$

利用递推公式（2.50）或（2.51）可求出最优函数 $f_{n+1}(x_{n+1})$。由于这里的寻优方向与过程的行进方向相同，故称式（2.50）和式（2.51）为顺序动态规划方程。

动态规划主要是解决多阶段决策问题。很多表面看并不是多阶段的问题，只要恰当地分段就可变成一个多阶段问题，从而可用动态规划来求解。这里的关键是分段和正确地选择上述变量和指标函数。

在建立动态规划方程时，首先要确定是用逆序法还是用顺序法。由于这两种方法的边界条件不同，因此在选择方法时，要根据边界条件的难易来确定。

最优路径问题的动态规划程序框图（逆序法）如图 2.17 所示。

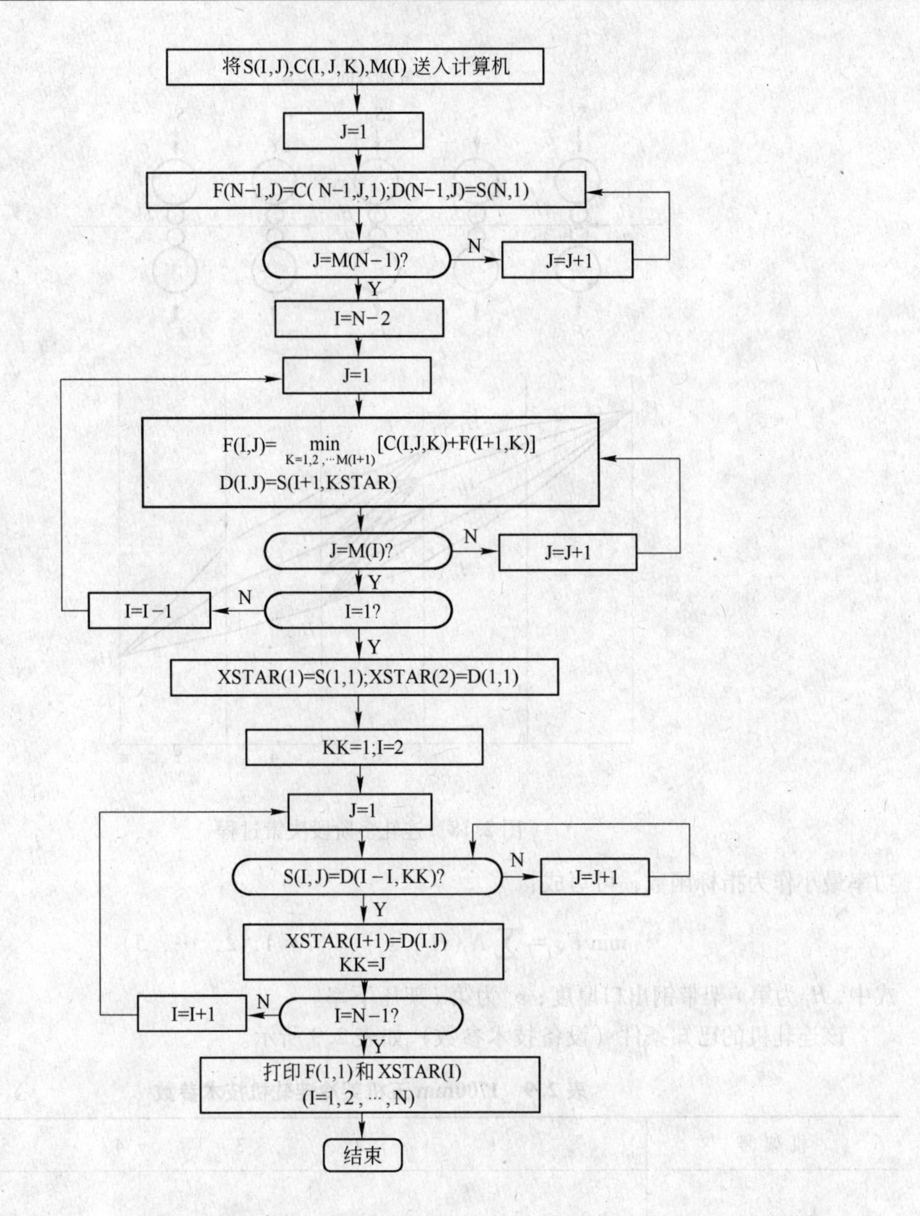

图 2.17 求解最优路径的程序框图（逆序法）

2.2.4.4 动态规划应用实例

金属塑性加工的节能问题是具有重要意义的研究课题。下面以我国某厂 1700mm 五机架带钢冷连轧机为研究对象，给出动态规划法在连轧机组节能上的实际应用。

首先，按照 Bellman 最优化原理，将该连轧机生产过程视为多阶段决策过程，如图 2.18 所示。图中符号：T（轧件温度）、H（轧件厚度）、v（轧件速度）称为状态变量；S（轧辊辊缝）称为决策变量。

A 指标函数

根据轧制理论可知，在连轧机各架工作辊直径、坯料和产品厚度、机架间张力以及末架轧机速度等参数给定的条件下，连轧机总功率可以表示成各架压下率的函数。因此，以连轧机总

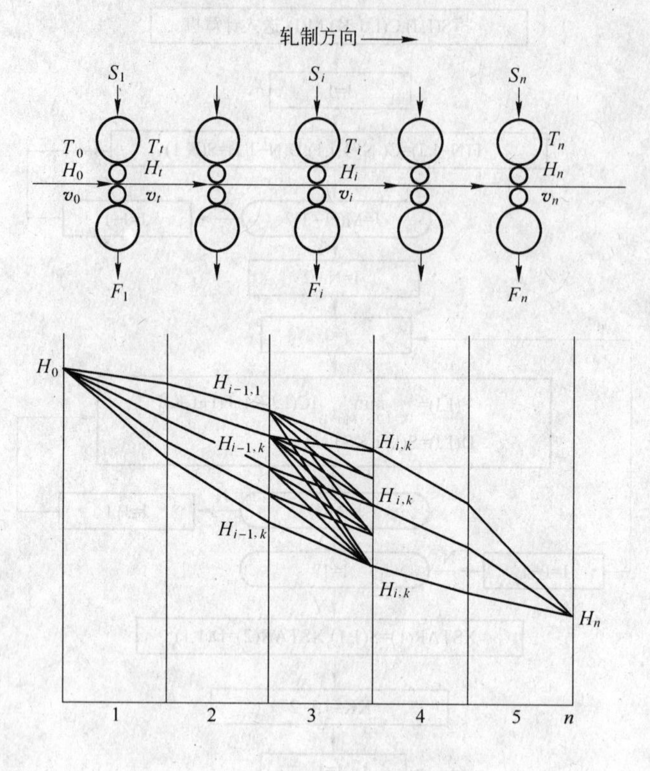

图 2.18　连轧多阶段决策过程

功率最小作为指标函数，可写成：

$$\min F_N = \sum_{i=1}^{n} N_i(H_i,\ \varepsilon_i) \quad (i = 1,\ 2,\ \cdots,\ 5) \tag{2.52}$$

式中，H_i 为第 i 架带钢出口厚度；ε_i 为第 i 架压下率。

该连轧机的已知条件（设备技术参数）如表 2.9 所示。

表 2.9　1700mm 五机架冷连轧机技术参数

机架号	1	2	3	4	5	
工作辊半径/mm	289.7	285.0	293.0	296.7	297.6	
轧机刚度/kN · mm^{-1}	5377.75	5377	5377	5377	5377	
单位张力/MPa	39.20	149.94	140.14	172.48	172.48	52.92
原料厚度/mm			2.0			
产品厚度/mm			0.46			
带材宽度/mm			1026			
末架轧制速度/m · s^{-1}			26.66			

B　边界条件

考虑到在不降低连轧机产量和板型质量的前提下寻求总功率最小的压下规程，我们将连轧机末架的轧制速度和压下率基本上保持不变，并以此作为动态规划方程的边界条件。此外，还把该连轧机各架主电动机额定功率、额定转数以及各架允许轧制力、允许压下率等参数作为划分可轧区的限制条件，以保证连轧机安全运转，即

$$N_1 \leqslant 3000\text{kW},\quad P_1 \leqslant 24500\text{kN},\quad \varepsilon_1 \leqslant 0.4,\quad n_1 \leqslant 1000\text{r/min}$$

$$N_2 \leqslant 6000\text{kW},\quad P_2 \leqslant 24500\text{kN},\quad \varepsilon_2 \leqslant 0.4,\quad n_2 \leqslant 1500\text{r/min}$$

$$N_3 \leqslant 6000\text{kW},\quad P_3 \leqslant 24500\text{kN},\quad \varepsilon_3 \leqslant 0.3,\quad n_3 \leqslant 1500\text{r/min}$$

$$N_4 \leqslant 6000\text{kW},\quad P_4 \leqslant 24500\text{kN},\quad \varepsilon_4 \leqslant 0.3,\quad n_4 \leqslant 1500\text{r/min}$$

$$N_5 \leqslant 6000\text{kW},\quad P_5 \leqslant 24500\text{kN},\quad \varepsilon_5 \leqslant 0.2,\quad n_5 \leqslant 2000\text{r/min}$$

C 动态规划方程

考虑连轧机组中第 i 机架的轧制情况。当第 i 机架入口板厚为 H_{i-1}，压下率为 ε_i，则该机架出口板厚或下一机架的入口板厚为 $H_i = H_{i-1}\cdot(1-\varepsilon_i)$。可见 H_i 的状态受到 ε_i 的决策后，变成了下一个 H_{i+1} 的状态，即 $H_{i+1} = \Gamma(H_i,\ \varepsilon_i)$。其中 Γ 为变换函数。

对某一出口厚度 H_n，若在某些限制条件下适当选取决策 $\varepsilon_i(i=1,\ 2,\ \cdots,\ n)$，则式（2.52）函数值可达到某一最小值。因为决策序列 ε_i 对指标函数 F_N 最小值是唯一的，若将某一出口板厚 H_n 的最小指标函数表示成 $F_N(H_n)$，则能耗最小指标函数可写成：

$$F_N(H_n) = \min\{N_1(H_1,\ \varepsilon_1) + \cdots + N_n(H_n,\ \varepsilon_n)\}$$

即：$F_N(H_n) = \min\{\min[N_1(H_1,\ \varepsilon_1) + \cdots + N_{n-1}(H_{n-1},\ \varepsilon_{n-1})] + N_n(H_n,\ \varepsilon_n)\}$ (2.53)

式中右边第一项 $\min[N_1(H_1,\ \varepsilon_1) + \cdots + N_{n-1}(H_{n-1},\ \varepsilon_{n-1})]$ 相当于产品出口板厚为 H_{i-1}，机架总数为 $n-1$ 时的指标函数最小值，即

$$F_N(H_{n-1}) = \min[N_1(H_1,\ \varepsilon_1) + \cdots + N_{n-1}(H_{n-1},\ \varepsilon_{n-1})] \tag{2.54}$$

将式（2.54）代入式（2.53），得

$$F_N(H_n) = \min\{F_N(H_{n-1}) + N_n(H_n,\ \varepsilon_n)\} \tag{2.55}$$

当 $n=1$ 时，$F_1(H_1) = N(H_1,\ \varepsilon_1)$ (2.56)

满足式（2.55）的决策序列 ε_i 就成为能耗最小的最优压下规程。

从式（2.55）可知，不管第 n 架出口板厚 H_n 和压下率 ε_n 如何，其前面 $n-1$ 个机架的压下率对第 n 架入口板厚构成最优压下规程。这就是 Bellman 最优化原理在轧制压下规程最优化计算中的具体体现。

D 数值计算

对式（2.55）进行数值计算时，首先需要根据给定的限制条件划分各机架的可轧区，并将其离散化（第 n 架除外）。

将 $H_i(i=1,\ 2,\ \cdots,\ n-1)$ 离散成具有 ΔH_i 间隔的离散值，即

$$H_{i-1}:\quad H_{i-1}^1,\ H_{i-1}^2,\ \cdots,\ H_{i-1}^k,\ \cdots,\ H_{i-1}^m;\qquad H_i:\quad H_i^1,\ H_i^2,\ \cdots,\ H_i^l,\ \cdots,\ H_i^m$$

第 i 架离散值的上限即该架允许的最大压下率 $\varepsilon_{i,\max}$，其下限为该架允许的最小压下率 $\varepsilon_{i,\min}$。$\varepsilon_{i,\max}$ 和 $\varepsilon_{i,\min}$ 值由生产经验预先给定。每架可轧区的离散数目可取相同值，并取决于所要求的计算精度、计算机存储容量和计算时间。

第 i 架压下率 ε_i 可用离散值表示：

$$\varepsilon_i = \frac{H_{i-1}^k - H_i^l}{H_{i-1}^k} \tag{2.57}$$

将式（2.57）代入式（2.55），得

$$F_N(H_n^l) = \min\{F_N(H_{n-1}^k) + N(H_n^l, \varepsilon_n^{k,l})\} \tag{2.58}$$

当 $n=1$ 时，显然有：

$$F_N(H_1^l) = N(H_1^l, \varepsilon_1^{k,l}) \tag{2.59}$$

此时，由于坯料厚度已给定，k 实际为一常数，故仅对出口板厚按 $l=1, 2\cdots, n$ 变化，即把 $F_N(H_1^l)$ 及 $\varepsilon_1^{k,l}$ 作为 H_1^l 的函数求出。

当 $n=2$ 时，式（2.58）变成：

$$F_N(H_2^l) = \min\{F_N(H_1^k) + N(H_2^l, \varepsilon_2^{k,l})\} \tag{2.60}$$

在式（2.60）里，$\varepsilon_2^{k,l}$ 中的 k 相当于式（2.59）中的 l。式（2.60）意味着对 H_2^l 的出口板厚和改变 $\varepsilon_2^{k,l}$ 中的 k，使得 $F_N(H_2^l)$ 值达到最小。因 $F_N(H_1^l)$ 在前一段已计算完，故只需将 $N(H_2^l, \varepsilon_2^{k,l})$ 对 $H_2^l(l=1, 2, \cdots, n)$ 的所有 n 个点进行上述计算，从而将由坯料厚度 H_0 到各 H_2^l 状态的压下规程中使指标函数变成最小的压下率序列 ε 确定下来。这种计算一直顺序地进行到最末机架（第 n 架），求出最优压下规程。

计算机优化结果见表 2.10。在给定的约束条件下出现的全域极小点序列为（单位：mm）：$h_1^* = 1.385$，$h_2^* = 0.979$，$h_3^* = 0.731$，$h_4^* = 0.561$，$h_5^* = 0.460$。相应的指标函数极小值为：$F_N = 18840\text{kW}$。最优规程比现场规程可使连轧机组总功率消耗降低 1.3%。

表 2.10　最优规程和现场规程的比较（轧制材料：低碳钢）

	机架号	1	2	3	4	5
最优规程	出口厚度/mm	1.385	0.979	0.731	0.561	0.460
	压下率/%	31	29	25	23	18
	轧制力/kN	8780.8	9672.6	10731	11358.2	12877.2
	功率/kW	1901	4263	3664	4110	4902
	总功率/kW			18840		
现场规程	出口厚度/mm	1.403	0.959	0.664	0.513	0.460
	压下率/%	30	32	31	23	10
	轧制力/kN	8526	10211.6	12749.8	11965.8	9123.8
	功率/kW	1733	4771	5170	4201	3206
	总功率/kW			19081		

2.3　材料成形过程模拟

人们在进行材料加工成形研究和生产以及工具或工艺方案设计时，为了在实物加工之前获得某种预测性数据或结果，通常先进行某种模拟实验。这些实验不同于实际工艺，一般可以分为物理模拟和数值模拟。以下简要介绍物理模拟和数值模拟（或计算机模拟）。

2.3.1　材料成形物理模拟

2.3.1.1　物理模拟的概念

所谓模拟就是将所研究的对象用其他手段来加以模仿的一种活动，当采用这种模拟方法来研究问题时，人们并不直接观察所研究的对象及其变化过程，而是先设计一个与该对象或其变化过程相似的模型，然后通过模型来间接研究这个对象或其变化过程。模拟是对真实事物（原型）的形态、工作规律和信息传递规律等在特定条件下的一种相似再现，它具有超前性、综合性与可行性的特点。物理模拟（Physical Simulation）是基本现象相同的模拟，通常是指缩小或放大比例或简化条件，或代用材料，用试验模型代替原型的研究。模型与原型的所有物理量相同，过程的物理本质相同，区别只在于物理量的大小不同，物理模拟是保持同一物理本质的模拟。数值模拟是指保持信息传递规律相似的模拟。这时，模型与原型中进行的物理本质不同，但信息传递按统一微分方程进行。

例如，新型飞机设计的风洞试验，塑性成形过程中的密栅云纹法技术，电路设计中的拓扑结构与试验电路，以及宇航员的太空环境模拟试验舱等，均属于物理模拟的范畴。

对材料和热加工工艺来说，物理模拟通常指利用小试件，借助于某试验装置再现材料在制备或热加工过程中的受热，或同时受热与受力的物理过程，充分而精确地暴露与揭示材料或构件在热加工过程中的组织与性能变化规律，评定或预测材料在制备或热加工时出现的问题，为制定合理的加工工艺以及研制新材料提供理论指导和技术依据。物理模拟试验分为两种：一种是在模拟过程中进行的试验；另一种是模拟完成后进行的试验。

每一项物理模拟实验都有其目的。物理模拟实验的目的可能有下列几种：（1）试图了解某一工艺中材料的流动机制；（2）探索一种假说或理论；（3）验证某一原理；（4）研究某一工艺中的参数影响，例如几何参数和摩擦参数；（5）进行模具或工件的几何设计；（6）控制给定工件的流动；（7）用于设计人员与生产工程师间的讨论与沟通。

进行物理模拟实验的前提是物理模型要尽量满足相应的相似条件，主要包括以下几个方面：（1）几何相似条件；（2）弹性静态相似条件；（3）塑性静态相似条件；（4）动态相似条件；（5）摩擦相似条件；（6）温度相似条件。相似条件不满足或相差较大时模拟实验结果与真实工艺不可比，模拟实验没有意义。有些条件是容易满足的，例如几何相似条件，但有些则难以完全满足，这就要设法尽量接近。

当前，物理模拟方法在欧美科研机构和企业取得了引人注目的进展，而且在某些制造领域占有主要地位，例如汽车行业内的大量冷锻（冷挤压）生产和近净形零件精密成形都用到物理模拟进行分析。欧盟的许多塑性加工科研攻关项目都采用物理模拟结合数值模拟和实测实验。企业在进行日常生产设计时还是以物理模拟为主，重大攻关项目兼用两种方法。这里的原因主要是冷挤压生产用物理模拟方法进行分析更简单易行，更直观方便，有数值模拟方法难以替代的作用。例如用物理模拟方法很容易预测工件的各种工艺缺陷，甚至测算出变形体内的应力应变分布，其模具也简单，已成为许多欧美科研机构和企业的日常工具。而数值模拟方法在模拟体积成形问题时仍需进一步完善，在预测工艺缺陷、准确计算载荷与应力等力能参数方面有时还不够理想，虽然长远看大有发展前途，但不可能完全代替物理模拟方法。实际上，随着计算机技术的深入应用，物理模拟方法也得到了空前发展，计算机技术已应用于物理模拟的控制与测试。目前国际上正是朝着物理模拟与数值模拟方法互相结合的方向发展。应该注意的是，计算机方法的使用离不开实验背景，而物理模拟是建立在实验基础上的，还可以用于检验数值模拟结果的可靠性。适当开展物理模拟方法的研究和开发应用，既有利于提高生产效率、降低模具制造成本，也能促进数值模拟技术的发展。

2.3.1.2　相似理论

A　基本概念

相似理论是一种半经验的求解方法，其可应用于几乎所有的物理及工程技术领域。相似理论起源于古代。亚里斯多德首先检验几何相似木棒的弹性行为；伽利略发现机械零件的承载强度不随其延伸成正比例增加。牛顿于 1687 年针对几何相似的两个过程，将以相似的力学方式变化的相关问题建立了“力学相似”的概念。Cauchy（1829）、Bertrand（1847）、Froude（1869）、Helmholtz（1873）、Reynolds（1883）等许多学者使相似理论得到进一步发展，他们采用相似理论解决振动、流体、热传导及各种不同问题，这些问题不可能进行基本方程的求解。M. Weber（1919、1930）和 J. Pawlowski（1971）发表了有关相似理论一般基础性原理以及在物理及工程中应用的专业论文。O. Pawelski（1964）最早将相似理论用于金属塑性成形问题。相似理论的基本思想是在几何相似（一般体积较小）的模型上测量目标参量，然后借助合适的模型定律将这些测出的目标量转换到原型中。

B　基本原理

a　相似常数

在相似理论中原型（H）和模型（M）的几何及物理参量一般是通过相似常数相联系的。其是针对原型（H）和模型（M）关于同一量纲的量之比，例如对于长度量纲的相似常数为：

$$m_l = \frac{l}{\bar{l}}$$

其中模型的量上面有一横线。

在金属塑性成形过程中长度、力（或者质量）、时间和温度四个量可指定为基本量。由此得到的基本相似常数为：

$$\text{长度相似常数：}m_l = l/\bar{l} \tag{2.61}$$

$$\left.\begin{aligned}&\text{力相似常数：} && m_F = F/\bar{F}\\ &\text{（质量相似常数）：} && m_m = m/\bar{m}\end{aligned}\right\} \tag{2.62}$$

$$\text{时间相似常数：}m_t = t/\bar{t} \tag{2.63}$$

$$\text{温度相似常数：}m_T = T/\bar{T} \tag{2.64}$$

根据基本相似常数能够得出导出量的相似常数，例如，导出量的相似常数有：

$$\left.\begin{aligned}&\text{面积} && m_A = A/\bar{A} = m_l^2\\ &\text{体积} && m_V = V/\bar{V} = m_l^3\\ &\text{应力} && m_\sigma = \sigma/\bar{\sigma} = m_F/m_l^2\\ &\text{（偏应力）} && m_s = s/\bar{s} = m_F/m_l^2\\ &\text{应变} && m_\varepsilon = \varepsilon/\bar{\varepsilon} = m_l/m_l = 1\\ &\text{速度} && m_v = v/\bar{v} = m_l/m_t\\ &\text{应变速率} && m_{\dot{\varepsilon}} = \dot{\varepsilon}/\bar{\dot{\varepsilon}} = 1/m_t\\ &\text{力矩} && m_M = M/\bar{M} = m_F \cdot m_l\\ &\text{功} && m_W = W/\bar{W} = m_F \cdot m_l\\ &\text{功率} && m_P = P/\bar{P} = m_F \cdot m_l/m_t\end{aligned}\right\} \tag{2.65}$$

b 模型定律和相似准数

如果描述过程的基本方程是已知的，则模型定律（基本相似常数之间的关系）能够通过将基本方程应用于 H 和 M 中推导出来，这将在金属塑性成形过程许多重要的模型定律中说明。根据模型定律能够得出相应的相似准数，将基本相似常数的定义（式（2.61）~式（2.64）代入模型定律中并且将 H 和 M 的量置于方程一端，以此得出的相似准数的量纲为 1（也称作“无量纲”相似准数）。

两个几何过程相似的必要条件是：H 和 M 的相似准数具有相同的数值。如果描述过程的基本方程是未知的，其中根据经验可能已知其影响参量，则借助以 Π 定理为基础的量纲分析也能确定模型定律和相似准数。

以下介绍对材料塑性成形最重要的模型定律和相似准数。

（1）几何相似。如果发生的物理过程是相似的则必须是几何相似的。这意味着对塑性成形过程有决定影响的 H 和 M 中对应的长度相似常数有相同数值：

$$m_l = l/\bar{l} = \text{常数} \tag{2.66}$$

在轧辊弯曲不重要时，作为不影响塑性成形过程长度的一个例子是轧辊辊头直径。相比之下，轧辊辊身直径是形成变形区形状和大小的决定性因素。如果在模型轧机中的长度相似常数是 $m_l=5$，则轧辊直径的比值一定为 $d/\bar{d}=5$，而轧辊辊头直径的比值为 $d_Z/\bar{d}_Z \neq 5$。m_l 为常数的要求与变形区的几何尺寸相关。由此直接得到：对应于 H 和 M 的角度必须相同。与长度相似常数无关的 H 和 M 中的应变也总是相等的，这已表示于公式（2.65）（$m_\varepsilon=1$）中。

（2）塑性静力相似。已知塑性力学基本方程如下（张量形式）：

	H	M	
静力平衡	$\dfrac{\partial \sigma_{ij}}{\partial x_i}=0$	$\dfrac{\partial \bar{\sigma}_{ij}}{\partial \bar{x}_i}=0$	(2.67)
屈服条件	$s_{ij}s_{ij}=\dfrac{2}{3}k_f^2$	$\bar{s}_{ij}\bar{s}_{ij}=\dfrac{2}{3}\bar{k}_f^2$	(2.68)
流动法则	$\varepsilon_{ij}=\lambda s_{ij}$	$\bar{\varepsilon}_{ij}=\bar{\lambda}\bar{s}_{ij}$	(2.69)

如果在静力平衡方程中代入长度的相似常数公式（2.61）以及应力公式（2.65），则得到：

$$\frac{\partial \sigma_{ij}}{\partial x_i}=\frac{\partial (m_\sigma \bar{\sigma}_{ij})}{\partial (m_l \bar{x}_i)}=\frac{\partial \bar{\sigma}_{ij}}{\partial \bar{x}_i}\cdot\frac{m_F}{m_l^3}=0 \tag{2.70}$$

由于 $\dfrac{\partial \bar{\sigma}_{ij}}{\partial \bar{x}_i}=0$，比值 $\dfrac{m_F}{m_l^3}$ 可取任意的数值，因此不能从公式（2.67）推出 m_F 和 m_l 之间联系的模型定律。这表明静力平衡方程的满足不依赖于 H 和 M 中力的大小。

与此相反，根据屈服条件（2.68）

$$s_{ij}s_{ij}=\frac{2}{3}k_f^2$$

结合公式（2.61）和公式（2.65），得到：

$$\bar{s}_{ij}\bar{s}_{ij}\cdot m_s^2=\bar{s}_{ij}\bar{s}_{ij}\cdot\frac{m_F^2}{m_l^4}=\frac{2}{3}\bar{k}_f^2\cdot\frac{k_f^2}{\bar{k}_f^2}$$

因此有：

$$\bar{s}_{ij}\bar{s}_{ij} = \frac{2}{3}\bar{k}_f^2 \cdot \frac{m_l^4}{m_F^2}\frac{k_f^2}{\bar{k}_f^2} \tag{2.71}$$

与公式（2.68）：

$$\bar{s}_{ij}\bar{s}_{ij} = \frac{2}{3}\bar{k}_f^2$$

比较得出：

$$\frac{m_l^4}{m_F^2}\frac{k_f^2}{\bar{k}_f^2} = 1$$

由此得到关于塑性静力相似的模型定律：

$$m_F = m_l^2 \cdot \frac{k_f}{\bar{k}_f} \tag{2.72}$$

如果在模型定律中代入相似常数的定义，得到：

$$\frac{F}{\bar{F}} = \frac{l^2}{\bar{l}^2} \cdot \frac{k_f}{\bar{k}_f}$$

而且通过等号将对应于 H 和 M 的量分开，则由此得到相似准数。在该情况下塑性静力的相似准数为：

$$K_1 = \frac{F}{l^2 k_f} = \frac{\bar{F}}{\bar{l}^2 \bar{k}_f} \tag{2.73}$$

该塑性静力的相似准数对于 H 和 M 必须取相同数值。在该公式中 F 和 $\bar{F}$（以及 l 和 $\bar{l}$）可以是任意的，但分别对应于 H 和 M 的力（长度）。

引入流动法则（2.69）推导模型定律也将得到公式（2.72）。

根据十个塑性力学基本方程组成的整个方程组只得出一个塑性静力相似的模型定律（2.72）和一个塑性静力的相似准数（2.73）。

塑性静力相似的模型定律（2.72）清楚地说明模型试验也能针对不是原型的材料，因为对应于 H 和 M 的流变应力出现在关系式中。例如，如果在模型试验中长度相似常数为 $m_l = 5$，选择的模型材料的流变应力仅为原型材料的 1/10，则得到力相似准数为：

$$m_F = m_l^2 \cdot \frac{k_f}{\bar{k}_f} = 5^2 \times \frac{10}{1} = 250$$

如果在模型试验中变形力实测值为 4kN，则在原型中要考虑用 1000kN。

塑性静力相似的模型定律在模型试验中没有规定任何的时间相似常数，这样其值仍可任意选取。但是应当指出的是，时间相似常数对于要求热相似的情况非常重要。当时间相似常数 $m_t \neq 1$ 时，还必须注意流变应力受应变速率的影响。

（3）弹性静力相似。与塑性静力相似的模型定律的详细推导相类似，采用弹性应变的材料定律——胡克定律，能得到有关弹性静力相似的模型定律：

$$m_F = m_l^2 \cdot \frac{E}{\bar{E}} \tag{2.74}$$

及

$$m_F = m_l^2 \cdot \frac{G}{\bar{G}} \tag{2.75}$$

及相关相似准数：

$$K_{2E} \equiv Ho_E = \frac{F}{l^2 E} \tag{2.76}$$

及

$$K_{2G} \equiv Ho_G = \frac{F}{l^2 G} \tag{2.77}$$

相似准数 Ho 又称作胡克准数。

在这里还应当指出如果同时要求多方面都具有相似性时可能出现的困难，例如在板料成形过程的模型试验中同时要求塑性静力相似和弹性静力相似，因为板料成形过程中不能忽略弹性应变（例如回弹）。这就要求同时满足式（2.72）、式（2.74）和式（2.75），即两种材料必须满足下列条件：

$$\frac{k_f}{\bar{k}_f} = \frac{E}{\bar{E}} = \frac{G}{\bar{G}}$$

其先决条件是模型试验也要采用与原型中相同的材料。对于其他每一种材料配对，流变应力比值将是一个变量，其依赖于应变，而 E 模量的比值和 G 模量的比值是常量。

从这个例题可见，并不是总能同时满足所有的模型定律。针对不同方面的模型定律可能产生矛盾的要求，在这种情况下必须决定对何种相似性要求给予优先权。有些时候也可能做出妥协，如在热相似中所述。

（4）动力相似。如果在物理或工艺过程中，惯性力也非常重要（金属塑性成形中几乎没有此情形），则必须将其考虑于静力平衡条件中：

$$\frac{\partial \sigma_{ij}}{\partial x_i} + \rho \frac{\mathrm{d} \boldsymbol{v}_j}{\mathrm{d}t} = 0 \tag{2.78}$$

式中，ρ 为密度；$\boldsymbol{v}_j$ 为速度矢量。

代入应力、长度、速度和时间的相似常数后，能得到已知形式的动力相似模型定律：

$$m_F = \frac{\rho}{\bar{\rho}} \cdot \frac{m_l^4}{m_t^2} \tag{2.79}$$

而且牛顿准数为：

$$K_3 \equiv Ne = \frac{Ft^2}{\rho l^4} \tag{2.80}$$

（5）摩擦相似。摩擦是求解塑性力学基本方程的重要边界条件之一，其通常用库仑摩擦定律描述：

$$|\tau_R| = \mu \cdot |\sigma_N| \tag{2.81}$$

对于模型该定律当然也是成立的：

$$|\bar{\tau}_R| = \bar{\mu} \cdot |\bar{\sigma}_N| \tag{2.82}$$

如果用涉及的相似常数从公式（2.81）推导公式（2.82），则得到下式：

$$|\bar{\tau}_R| \cdot \frac{m_F}{m_l^2} = \bar{\mu} \cdot |\bar{\sigma}_N| \cdot \frac{\mu}{\bar{\mu}} \cdot \frac{m_F}{m_l^2} \tag{2.83}$$

由此能得到用于摩擦相似的模型定律：

$$\mu = \bar{\mu} \tag{2.84}$$

其相应的相似准数为：

$$K_4 = \mu \tag{2.85}$$

如果描述摩擦时采用摩擦因子模型：

$$|\tau_R| = m \cdot k \tag{2.86}$$

式中，m 为摩擦因子；k 为剪切屈服应力（$k = k_f/\sqrt{3}$ 按照 von Mises 屈服准则或 $k = k_f/2$ 按照 Tresca 屈服准则），则用于摩擦相似的模型定律将为下式：

$$m_F = m_l^2 \frac{\overline{k_f}}{k_f} \cdot \frac{\overline{m}}{m} \tag{2.87}$$

如果塑性静力相似，即确保公式（2.72）成立，则下式将成立

$$m = \overline{m} \tag{2.88}$$

（6）热相似。热过程对金属热塑性成形具有重要作用，这是因为流变应力受温度影响而且热塑性成形过程一般也不是等温发生的。由于工件内部产生不均匀的塑性应变，耗散的变形热同样产生不均匀的温升，尤其在金属热塑性成形过程中这种热现象又与工件通过表面向环境及工具散热相叠加。因此，若进行精确的模型试验，就不能不考虑热相似。

以下针对上述提及的热现象介绍热相似的模型定律和相似准数。

1）变形热。假定绝热条件、工件内部产生均匀应变以及变形功完全转化为热量，则按照以下公式计算得出工件的温升是

$$\Delta\vartheta = \Delta T = \frac{k_{fm} \cdot \varphi}{\rho \cdot c_p} = \frac{W_U}{V \cdot \rho \cdot c_p} \tag{2.89}$$

如果 $m_W = m_F \cdot m_l$ 和 $m_v = m_l^3$，则由公式（2.89）得到模型定律为：

$$m_{\Delta T} = \frac{m_F}{m_l^2} \cdot \frac{\overline{\rho}}{\rho} \cdot \frac{\overline{c_p}}{c_p} \tag{2.90}$$

并且相似准数为：

$$K_5 = \frac{F}{l^2 \Delta T \rho c_p} \tag{2.91}$$

如果塑性静力相似的模型试验是在相同温度和相同材料条件下进行（$\overline{k_f} = k_f$，$\overline{\rho} = \rho$，$\overline{c_p} = c_p$），则得到温度变化的相似常数：

$$m_{\Delta T} = \frac{m_l^2 \times 1}{m_l^2} \times 1 \times 1 = 1\text{，}\overline{\Delta T} = \Delta T$$

2）导热。尤其在热塑性成形过程中，工件的温度高于工具和环境，其表面散热的结果导致物体内部的热流，即温度梯度 $\frac{\partial T}{\partial x}$ 产生所谓的导热。

对于导热，即物体内部热流的傅里叶微分方程为：

$$\frac{\partial T}{\partial t} = a\left(\frac{\partial^2 T}{\partial x^2} + \frac{\partial^2 T}{\partial y^2} + \frac{\partial^2 T}{\partial z^2}\right) \tag{2.92}$$

其中 $a = \lambda/(\rho \cdot c_p)$ 是材料的导温系数；λ 为导热系数；ρ 为密度；c_p 为比热容。因此，根据所熟悉的方法，能得到导热相似的模型定律为：

$$m_t = m_l^2 \cdot \frac{\overline{a}}{a} \tag{2.93}$$

及傅里叶准数为：

$$K_6 \equiv Fo = \frac{l^2}{at} \tag{2.94}$$

由于工件内部的热流只因温度梯度引起，而且后者对于均匀的初始温度则由表面的热交换引起，因此导热现象必须结合热交换来考虑。因此，模型定律（2.93）仍然不完整，必须对其补充另外的热边界条件。该边界条件是依据热辐射、对流或向固体（工具）传热的热相似要求来建立的。

尤其是对于在800~1250℃之间的钢热塑性成形，热辐射是最重要的因素，而对流则起次要作用。

3）导热与热辐射结合。通过热辐射交换热量用Stefan-Boltzmann定律描述：

$$\dot{Q}_{12} = \frac{\mathrm{d}Q_{12}}{\mathrm{d}t} = A_1 \cdot C_{12} \cdot (T_1^4 - T_2^4) \tag{2.95}$$

式中，$\dot{Q}_{12}$ 为辐射热流；A_1 为辐射作用的表面积；C_{12} 为辐射系数；T_1、T_2 为热辐射交换的物体表面绝对温度（K），一般 T_2为环境温度。

在单位时间通过热辐射散失的热量来自工件内部热传导在表面产生的热量：

$$A_1 C_{12}(T_1^4 - T_2^4) = -A_1 \lambda \left(\frac{\partial T}{\partial x}\right)_{\mathrm{surface}} \tag{2.96}$$

将公式（2.96）应用于H和M，则不仅有导热的模型定律（2.93）：

$$m_t = m_l^2 \frac{\overline{a}}{a}$$

还附加得到以下条件：

$$m_l = \frac{1}{m_T^3} \cdot \frac{\lambda}{\overline{\lambda}} \cdot \frac{\overline{C}_{12}}{C_{12}}$$

或

$$\left.m_T = \sqrt[3]{\frac{1}{m_l} \cdot \frac{\lambda}{\overline{\lambda}} \cdot \frac{\overline{C}_{12}}{C_{12}}}\right\} \tag{2.97}$$

这样，长度相似常数的选择不再与温度相似常数无关，而是相反。这种情况下的相似准数是傅里叶准数，即公式（2.94）

$$K_6 \equiv Fo = \frac{l^2}{at}$$

及

$$K_7 = \frac{l \cdot T^3 \cdot \lambda}{C_{12}} \tag{2.98}$$

如果在H和M中采用相同材料进行模型试验，并且保证热相似，则产生的时间相似常数为：

$$m_t = m_l^2$$

及温度相似常数为：

$$m_T = \sqrt[3]{\frac{1}{m_l}}$$

在温度 $\vartheta = 927$℃（$T = 1200$K）的钢热塑性成形过程中，这意味着对于一个缩小为 $m_l = 8$ 的模型试验，其温度将为原型的 2 倍（$\overline{T}=2400\text{K}$），即 $\overline{\vartheta}=2127℃$ 而且速度应增大为原型的 8 倍（$\overline{v}=v/m_v=v\cdot m_t/m_l=v\cdot m_l{}^2/m_l=v\cdot m_l=8v$）。

在这里出现的不仅仅是极端困难的试验技术难题，在这种情况下甚至在冶金上也有不可克服的难题，因为钢在达到约 1500℃时已经熔化。在这种情况下必须检验是否能将模型试验的长度相似常数降低，例如降低在 $m_l=2$，若温度相似常数 $m_T=\sqrt[3]{1/2}=0.8$，则模型试验的温度就为 $\overline{T}=1500\text{K}$ 或 $\overline{\vartheta}=1227℃$。模型试验的速度必须为原型的 2 倍。这样在这个模型试验中热相似将得到保证。

如果对于相同材料的 H 和 M 采用相同温度进行模型试验，则将要求 $m_l=1$，这就等于做原型试验。

4）导热与对流结合。在塑性成形过程中对流只起次要作用，其不发生在工具的接触面上，而在自由面上（尤其是钢的高温热塑性成形）热辐射起主导作用；但是当工件塑性成形后在气体或液体中冷却时，对流是起作用的。

牛顿传热定律（也适用于对流）为：

$$\dot{Q}_{12}=\frac{\mathrm{d}Q_{12}}{\mathrm{d}t}=A_1\cdot\alpha\cdot(T_1-T_2) \tag{2.99}$$

式中，$\dot{Q}_{12}$ 为对流热流；A_1 为对流影响区面积；α 为传热系数；T_1 为表面温度；T_2 为周围介质温度。

单位时间的对流散热来自工件内部热传导在表面产生的热量：

$$A_1\cdot\alpha\cdot(T_1-T_2)=-A_1\cdot\lambda\cdot\left(\frac{\partial T}{\partial x}\right)_{\text{surface}} \tag{2.100}$$

将公式（2.100）应用于 H 和 M，则对导热的模型定律：

$$m_t=m_l^2\,\frac{\overline{a}}{a}$$

附加得到以下条件：

$$m_l=\frac{\lambda}{\overline{\lambda}}\,\frac{\overline{\alpha}}{\alpha} \tag{2.101}$$

在这种情况下温度相似常数 m_T 可任意选取。

作为相似准数得出傅里叶相似准数公式（2.94）

$$Fo\equiv K_6=\frac{l^2}{at}$$

及 Biot 准数：

$$Bi\equiv K_8=\frac{l\alpha}{\lambda} \tag{2.102}$$

如果对于相同材料的 H 和 M 采用相同的传热系数（$\alpha=\overline{\alpha}$）进行模型试验，则按照公式（2.101）得知仅当长度相似常数 $m_l=1$ 时才具有热相似。对于 $m_l\neq1$ 的模型试验，必须有目的地改变传热系数 $\overline{\alpha}$，这在强制对流或用其他冷却介质时是可能的。

5）导热与向固体（工具）传热结合。从固体（工件）向固体（工具）进行传热，必要时通过中间层（氧化皮、润滑膜），也可用牛顿方程描述：

$$\dot{Q}_{12} = \frac{\mathrm{d}Q_{12}}{\mathrm{d}t} = A_1 \cdot \alpha \cdot (T_1 - T_2) \tag{2.103}$$

式中，$\dot{Q}_{12}$ 为通过接触面 A_1 交换的热流；A_1 为工件和工具之间的接触面积；α 为传热系数，如果考虑有中间层（氧化皮、润滑膜）存在，则为热传导系数；T_1 为工件的表面温度；T_2 为工具的表面温度。

通过接触面的散热是来自工件内部热传导在表面产生的热量：

$$A_1 \cdot \alpha \cdot (T_1 - T_2) = -A_1 \cdot \lambda \left(\frac{\partial T}{\partial x}\right)_{\text{surface}} \tag{2.104}$$

将公式（2.104）应用于 H 和 M，则对导热相似的模型定律，即公式（2.93）

$$m_t = m_l^2 \frac{\bar{a}}{a}$$

附加得到以下条件：

$$m_l = \frac{\lambda}{\bar{\lambda}} \frac{\bar{\alpha}}{\alpha} \tag{2.105}$$

如同对流，这里的温度相似常数 m_T 也可任意选取。这种情况的相似准数仍是傅里叶相似准数公式（2.94）：

$$Fo \equiv K_6 = \frac{l^2}{at}$$

及 Biot 准数：

$$Bi \equiv K_8 = \frac{l\alpha}{\lambda} \tag{2.106}$$

这里也存在如同对流中一样的困难，如果传热系数相同，长度相似常数 $m_l \neq 1$ 并且在 H 和 M 中采用相同材料的模型试验是不能进行的。这里长度相似常数 $m_l \neq 1$ 则要求 M 中的中间层（氧化皮、润滑膜）对应的传热系数与 H 中的不相同。如果这里的条件 $\mu = \bar{\mu}$ 被打破，例如在 H 和 M 中所用润滑剂不同，则应当评价目标参量受摩擦影响的程度以及能否忽略摩擦相似。

6）导热与热辐射和向固体传热的结合。在大多数金属塑性成形过程中，工件通过其一部分表面与环境进行热辐射传热，而通过其他部分表面与工具接触传热，其中工件与工具的接触在塑性成形阶段之间的间歇时间被中断（例如在多个机架上轧制）。这里，在 H 和 M 之间同时有塑性静力相似和完全热相似是不可能的，这是因为有不同的甚至可能是互相矛盾的要求（除了在无意义情况下模型和原型是相同的）。

如果能够在特定情况下预测一种或其他的传热方式起主要作用（例如，通过工件表面的自由面部分以及与工具相互接触的面的比例），对主要传热方式有效的模型定律能被用于其相应的传热面。如果两种传热方式的影响表现的相同，则可找一种妥协方法，以便在模型试验中建立模型定律所得参数的平均值。但是，在这两种情况下，热相似将被打破，这在对结果的解释评价中必须考虑。

C 应用范围和局限

由模型试验得到的结果要转化为原型的条件，在设计模型试验的装置中遇到的首要问题是确定合适的并且有意义的长度相似常数。对于热影响很小的冷塑性成形过程，长度相似常数没有根本的限制。但是在个别情况下，太大或太小的长度相似常数能产生困难。例如，如果在车体部件用 0.5mm 厚度的薄板深冲过程，在模型试验中尺寸减小到十分之一（$m_l = 10$），则应当采用0.05mm厚度的极薄带。这对模型试验不仅产生相当大的困难，而且可比较的材料性能（初始强度、织构、晶粒大小与板厚的比例）也不再能得到保证。

如果热影响也起作用，则从热相似模型定律得到，长度相似常数和温度相似常数以及热边界条件和材料参量之间具有不能忽略的关系。这意味着“选择”长度相似常数具有限制性。

在动力影响和热影响很小的冷塑性成形过程中，即采用低速到中速，时间相似常数可以任意选取。如果在模型试验中采用原型的材料，则应考虑应变速率对流变应力的影响，除非该影响能被忽略，即 $m_F = m_l^2 \cdot k_f(\dot{\varphi})/k_f\left(\overline{\dot{\varphi}}\right)$。

在热塑性成形过程中，热相似也具有重要性。这里根据导热的模型定律得出对必须遵守的时间相似常数的要求，即公式（2.93）：$m_t = m_l^{\ 2}\dfrac{\overline{a}}{a}$。另外，长度相似常数与材料及边界条件的热物理参量之间的关系也必须保持，这包括：公式（2.97），在辐射传热中；公式（2.101），在对流传热中；公式（2.105），在与固体传热中。

特别的，如果塑性成形过程是不止一种传热方式，则可能引起矛盾，这就必须采取折中方案，不能同时使所有的相似要求成立而只能满足于部分相似。

另外还要确定温度相似常数。如果采用相同材料，则必要时只能偏离 $m_T = 1$。例如对于以辐射传热为特征的热塑性成形过程，则规定 $m_T = 1/\sqrt[3]{m_l}$。如前所述，在大多数情况下这只能在长度相似常数很小时才遵循。如果主要是或者只是向固体（工具）的一种传热，例如在棒材挤压过程中，则温度相似常数可任意选取。对此要注意的是，温度将影响流变应力，即 $m_F = m_l^2 \cdot k_f(\vartheta)/k_f(\overline{\vartheta})$。

最后还应考虑，如果温度相似常数 $m_T \neq 1$，则温度会影响摩擦系数并且塑性静力相似的必要条件 $\mu = \overline{\mu}$ 将不再成立。当长度相似常数、时间相似常数和温度相似常数被确定后，则能进行模型试验并且借助模型定律和相似常数将由此测出的目标量转化为原型中对应的量。

用这样的方法确定目标量，其精度主要取决于为了完全相似必须遵守的模型定律数目以及在部分相似情况下未被考虑的模型定律是否对相关目标量具有重要影响。因此，对于块体冷塑性成形过程，通常保证塑性静力相似就足够了。而对于弹性变形（回弹）也起作用的板料成形过程，另外还要考虑弹性静力模型定律。如前所述，这直接导致在H和M中采用相同材料的约束。在热塑性成形过程中，至少要考虑部分热相似及其在模型试验中产生的所有困难和约束。

工程师在其领域的丰富经验对于成功应用相似理论具有不可低估的作用，尤其是针对重要的传热机理（热辐射、对流和向固体传热）进行实际评价从而在很大程度上实现对热塑性成形过程具有重要作用的热相似。如果模型试验采用与实际工艺不同的材料，则能在H和M中产生不同的摩擦系数，这将破坏摩擦相似，因而也破坏塑性静力相似。如果在 $m_T \neq 1$ 时采用相同的材料，也将出现同样情况。在评价这种不可估量问题时，有些“对可行性的知觉”能力在其中起重要作用，而这种能力的形成要靠多年的经验积累。

尽管存在所有这些限制因素，相似理论仍是解决金属塑性成形问题不可缺少的研究工具。如果具备现成的模型设备（常常可利用另外尺寸的现场设备），就能不耗费大量时间、物力和人力而获得有价值的研究结果并藉此辅助决策。即使不能满足全部的相似要求，也常常能通过相似性受到的破坏估算出所确定的目标量是太大还是太小，因此用这种方法至少能作出“界限预测”。

2.3.2 材料成形计算机模拟

2.3.2.1 计算机模拟的概念

模拟学曾在很长的一段时期内，始终处于停滞不前的状态，而只能在少数科技领域内得到应用。分析其原因，主要在于物理模拟都是实物模拟，因而存在着价格昂贵，速度慢，不易重现试验结果等弱点。自20世纪50年代以来，由于电子计算机的出现，产生了一种新的模拟方法，即计算机模拟（Computer Simulation）。计算机模拟是一种对问题求数值解的方法，它利用电子计算机对一个客观复杂系统（研究对象）的结构和行为进行动态模仿，从而以安全和经济的手段来获得系统及其变化过程的特性指标，为决策者提供科学的决策依据。因此计算机模拟是系统工程研究和分析的有力工具。

随着计算机科学与系统科学的发展，计算机模拟的应用领域不断拓广。目前计算机模拟不仅在工程技术、科学试验、军事作战、生产管理中得到了应用，而且在财政金融甚至社会科学中也得到了广泛的应用。例如，在工程系统中，计算机模拟是系统规划、设计、分析、评价的有力工具；在管理系统中，对于企业管理，计算机模拟被用来做产品需求预测、确定最优库存量、安排生产计划、拟定企业的开发战略等；对于经济管理，计算机模拟被用来做国民经济预测、经济结构分析、政策评价等；在军事作战系统中，计算机模拟被用来做坦克对抗、导弹对抗、多兵种协同作战对抗中的战略战术方案的规划与评价等；在社会经济系统中，计算机模拟被用来做人口、人才和能源等方面的预测与规划等。

计算机模拟的应用之所以如此广泛，除了计算机本身所具有的优点外，还在于它为实际系统的运行提供了一个假想的“试验场所”，从而使得在实际问题中，一些无法实施研究的问题，或者虽能实现真实试验，但代价昂贵、甚至会有某种风险等问题的研究得到了解决。例如，要预测未来15年的经济计划指标，人们无法让国民经济实际去运行一段时间来取得这些指标，但却可以构造一个经济模拟模型，利用尽可能搜集到的数据，根据不同的计划设想，对其进行各种模拟试验，从而得到各种预测的经济计划指标。对于企业管理人员来说，为使企业在竞争中发展壮大，新产品的研制以及新的开拓性投资将是十分重要而又带有风险性的决策问题。因为上述做法一旦遇到挫折甚至失败，将使企业遭受巨大的经济损失甚至破产，其后果是十分严重的。因此，对于这一类问题，事先进行各方面的调查和分析，将不确定的因素抽取出来，并组合到模型中去，然后设法变换有关的数据，多次进行模拟试验，以便进一步较全面地认识这些不确定因素的实质，从而为今后制定有效的对策打下基础。综上所述，许多复杂的决策问题，由于建立了对应的模拟模型，便可在计算机上多次反复地进行模拟试验，进行大量方案的比较和评优，为决策者提供必要的数量依据，这正是计算机模拟的主要优点。当然，计算机模拟也不是万能的，基于它目前尚处于发展之中，一些问题尚待解决，例如精度估计问题、收敛速度问题等。因此搞清楚实际问题，恰当运用计算机模拟是很重要的。

2.3.2.2 材料成形计算机模拟的意义

材料成形过程计算机模拟是在物理模拟和实验研究的基础上应用数值计算和分析技术研究材料变形过程应力、应变、温度等分布以及微观组织和宏观力学等的变化规律。其中有限元法（FEM）可以模拟多工步加工过程的全部细节，给出各个阶段的变形参数和力能参数，在板料成形方面已成为许多大型企业的日常工具，在块体成形方面也有大量应用。

材料成形过程常常涉及多阶段、多因素，是几何与材料高度非线性的复杂接触问题，要对其进行较全面的在线生产实验研究，无论是从经济上，还是从技术上都难以实现。借助计算机模拟仿真技术不仅能有效地超前再现并揭示材料成形过程的本质及各工艺参数的影响规律、代替和减少试生产过程、实现对材料成形工艺方案的最优化，而且极大地降低成本并缩短设计周期。

以轧制过程为例，利用计算机模拟技术，不仅可以在设备制造之前或者在轧钢生产之前模拟轧制过程的变形和力能参数，从而优化设备设计或生产工艺参数及孔型（或辊型）设计，以代替试轧，避免试轧损失；而且利用计算机模拟技术还可以模拟钢在轧制过程中的显微组织变化，并预报轧后钢材的性能，从而优化工艺参数，代替大量金相试验和工艺参数研究，保证钢材要求的组织和性能。以我国某钢厂试轧 18 号槽钢为例，新孔型设计后，在第一次试轧中 10 多根轧件全部轧废，再加上为试轧而换辊所耽误的正常生产以及轧辊报废等，经济损失巨大，且造成时间和人力损失，有时需要进行多次试轧才能成功。如果在孔型设计之后，先经过计算机模拟，发现可能出现的问题，则可避免上述情况。另外，对轧材的组织和性能要求越来越严格，特别是在控轧控冷或对轧材不同部位有不同要求时，优化工艺参数极其重要。若通过金相试验来研究不同工艺参数下钢的组织性能的变化，则既费钱又费时，且不可能很广泛地研究工艺参数的变化范围。可以用计算机模拟分析在不同工艺参数下轧件不同部位的应力、应变、温度和冷却条件等，以及在这些条件下的组织变化，从而得出能保证轧材组织性能要求的工艺参数。因此，计算机模拟可以起到“虚拟生产”的作用，受到各国轧钢工作者的普遍重视。德国曼内斯曼公司用有限元法模拟各种钢管轧制过程，并与设备设计的 CAD 系统相连接，在轧机设计中每当修改设计参数时，都先进行轧制过程的计算机模拟。当模拟结果满意后，才由 CAD 系统完成设计。例如他们用 Marc 有限元软件模拟三辊钢管斜轧延伸变形。德国亚琛工业大学金属塑性成形研究所用计算机模拟各种轧制和其他塑性加工的变形情况。他们用 LARSTRAN 有限元软件模拟工字钢轧制时变形区内各截面上的变形情况，还研究了热变形中金属显微组织变化的计算机模拟，模拟结果与试验结果很吻合。

目前由计算机辅助设计系统（CAD）、有限元数值分析系统和计算机数控加工系统组成的计算机辅助工程系统已成为大量欧美企业的先进制造系统。

2.3.2.3　材料成形数学模型分类

准确建立模拟仿真对象的数学模型是进行材料成形过程计算机模拟仿真的基础，因此材料成形过程模型库的建立、优化和分类等一直是研究的热点。表 2.11 是 R. Kopp 等研究者对材料塑性成形过程常见数学模型的分类，现在许多塑性成形模拟计算分析问题的研究仍然采用其中的主要内容。

表 2.11　材料塑性成形过程的主要数学模型

数学模型	主要内容
变形模型	压下、宽展、延伸、前滑、变形及应变分布等
温度模型	温升、冷却、工件温度分布等
力能模型	压力、扭矩、功耗、工件应力分布、工具受力分布等
相变、组织、性能模型	相变、组织演化、显微结构及力学、物理化学性能等
边界及物态模型	各类边界条件、摩擦条件、物态及本构方程等
机械设备及传动模型	传动系统、振动、工具弹性变形、磨损、故障诊断及维修等
生产流程模型	产品流动、生产节奏和物流控制等
经济模型	生产率、能耗、成材率、成本核算及利润预测等
目标函数及约束条件	确定优化的指标函数和工艺设备限制条件等
描述全过程的系统模型	建立整个材料成形过程的综合系统模型

针对金属塑性成形过程数学模型的特点，R. Kopp 教授在 20 世纪 80 年代末和 90 年代初提出将金属塑性成形过程的数学模型按宏观量、分布量和显微量等多个层次进行划分，如表 2.12 所示。

表 2.12　塑性成形过程数学模型的层次划分

数学模型层次	模型内容	建模所用方法
宏观量	P、M、D、T 等，时序量，边界物态等	测试、物理模拟、专家知识、工程法、上界法等
分布量	σ_{ij}、ε_{ij}、τ_{ij} 及组织性能边界物态等	测试、物理模拟、解析法和数值模拟法等
显微量	相变、组织变化、裂纹萌生与扩展及显微断裂等	直接测试、物理模拟、数值模拟（特别是 FEM）等

近 10 年以来数学模型的研究类型和建模方法随着计算机技术而迅速发展，现在人们愈来愈关注最终产品的性能及质量预测和控制等的建模问题，由于其中涉及大量随机和不确定的模糊因素，单纯运用传统的建模方法难以解决问题，因此建模方法已有许多重大变化。

2.3.2.4　材料成形计算机模拟的级别

根据数学模型和模拟目标量的不同，将计算机模拟仿真划分为不同级别（表 2.13）。在多级模拟仿真中，第 n 级的模拟结果可为第 $n+1$ 级的平均值。

表 2.13　模拟仿真的级别

模拟仿真级别	模拟目标量的类型	主要方法
总体模拟	总体量：力、力矩、功率、平均温度……	初等解析法、FEM、上下界法、相似理论和经验模型等
局部模拟	局部量：应力、应变、应变速率、温度分布……	FEM、滑移线法、视塑性法等
微观模拟	微观量：晶粒大小、织构……	FEM、物理模拟等

2.3.2.5　材料成形的主要求解方法

材料成形过程的求解方法主要有解析法、数值法和经验法等（表 2.14）。其中有限元法是目前唯一能给出材料塑性加工成形过程全面且精确数值解的分析方法，在建立材料模拟仿真数据库和模型库以及相关边界条件等的基础上，能够模拟多阶段加工成形过程的变形细节，给出各阶段的变形参数（包括塑性成形过程中应力、应变和温度场以及材料流动计算分析等）和力能参数，还可以模拟材料变形时的组织变化过程。

表 2.14　材料成形过程的主要求解方法

主要求解方法	主要内容
解析/数值法	初等解析法、滑移线法、上界法、误差补偿法、有限元法、有限差分法、边界元法等
经验/解析法	相似理论、视塑性法等
经验法	试验技术法、统计法等

A　有限元法（FEM）的起源和基本概念

有限元法（FEM）是用于偏微分方程数值求解的数学方法，其适用于大量物理和工程技术问题，例如弹性变形、塑性应变、温度场问题和流体问题等。FEM 的历史根源可追溯到数学家和物理学家以及工程师的工作。早在 20 世纪 50 年代中期，正值飞机逐渐由螺旋桨向喷气式过渡，为了精确分析喷气飞机高速飞行时的振动特性，波音公司的研发人员开发了一种全新的分析方法。他们先将机翼的板壳分割成小的三角形单元，用简单的数学方程式来近似地描述各三角形的特性，再将所有的三角形单元整合起来，建立描述机翼总体特性的矩阵方程式，用计算机求解，由此诞生了有限元法。“有限元”的术语是由 Clough 和 Turner 在 1960 年左右提出的。

FEM 是将物理问题转换为变分问题并且采用区域求解法。该方法不是观察描述问题的偏微分方程，而是观察一个函数，在得到问题精确解时该函数达到极小值。该方法的优点是列式较通用，而变分的列式一般由物理原理给出。例如这些物理原理中有：力和力矩平衡条件、虚功原理或者连续性条件。

B　FEM 基本原理简介

在此仅简单介绍 FEM 的数学原理。例如，如果在刚塑性计算中采用最小功率消耗的变分原理：

$$\Phi = \int_V \sigma_{ij} \dot{\varepsilon}_{ij} \mathrm{d}V - \int_{(A_v)} \sigma_{ij} v_j n_i \mathrm{d}A = \min \tag{2.107}$$

则用变分计算方法能够表示，使上述函数达到极小值的速度场 v 可根据一个方程组求出（该方程组不一定是线性的）。这里的计算基于的概念是：在所有的速度场中使上述问题求解的速度场消耗最小功率。

在这个泛函中，金属塑性成形过程重要的体积不变条件也被用作辅助条件。另外，目标函数也要满足摩擦边界条件以及几何和运动边界条件。

在使用 FEM 时，将所观察的连续体离散地划分为数目有限且几何形状简单的区域（单元），这些单元通过标示点（节点）相连接。另外这些单元和节点可能连接到材料（拉格朗日-描述）也可能是位置固定的（欧拉-描述）。欧拉表达式特别适用于稳态（流动）过程，而借助拉格朗日-描述尤其能将非稳态过程（例如锻造）进行清楚地描述。将这两种表达式结合的“任意拉格朗日-欧拉表达式”（ALE）是将材料和网格变形进行分离，这有利于极大地降低网格变形以及减少网格重划分工作（在计算过程中通过取代该时间点已有的目标函数来生成新的网格）。

在每个单元内部对所要求解的主要未知量（例如位移、速度、应力）的局部分布，选择一个表达式作为单元节点处的值的函数。

单元的几何形状、差值表达式的形式和描述物理关系的泛函是不同类型有限元的重要特征。例如，这样的几何形状可以是杆、壳、三角形、四边形、四面体和六面体等（图 2.19）。

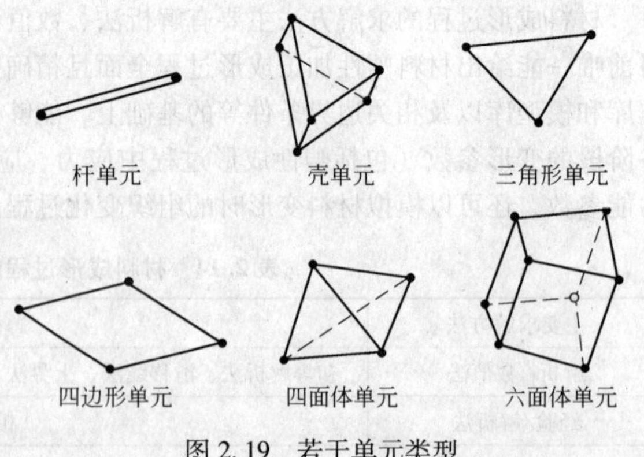

图 2.19　若干单元类型

C　FEM 的主要求解步骤

有限元法的成功应用主要包括以下基本步骤：

（1）离散化，即将连续区域划分为离散的区域，即所谓有限单元；连续目标函数被有限数目的单元节点处的未知标量所逼近；该过程经历的时间也就被划分为有限个离散时间步，该时间步的数目将影响求解精度。

（2）确定单元的特性，即针对各个单元的每一个节点建立其塑性力学基本方程的表达式。

（3）确定系统的特性，对整个区域有效求解基本方程。

（4）必要时进行理想化处理，例如，针对材料特性（各向同性、均匀的初始特性）、针对边界条件（摩擦系数 μ 不为位置、时间、温度的函数）、针对工具行为（刚性）等。

随着计算机性能的不断提高，现在的趋势是不采用理想化处理以便减少模拟结果的不准确性。

这些基本步骤对所研究的每个问题都是一样的，并且针对使用有限元法处理连续介质力学问题提供了一般的构架。

D FEM 的应用范围和局限

FEM 的作用在于其适用于几乎所有的结构问题而且在许多情况下其数值求解过程是稳定的，同时其吸引人之处在于复杂塑性成形过程求解几乎可以不作简化假设，而且原则上能达到较高求解精度。在离散度足够高的情况下，不仅能确定所有的总体目标量（力、力矩、功率、……），而且还能确定局部量，例如位移、应变、应变速率、应力和温度。该方法的潜力由于巨大的计算量而受到计算机能力的限制。因此，有限元法的广泛应用要求具备较高性能的计算机，同时还要不断开发能降低计算时间和计算消耗的高效新算法。这对于金属塑性成形问题尤其重要，因为金属塑性成形问题的主要特性是大应变以及伴随的材料非线性。

在评价 FEM 模拟结果时，需要考虑对求解结果产生不准确性的误差源：

（1）物理误差源：摩擦定律和特征值、材料定律及特征值、热力学数据、工艺建模的假设等。

（2）数值误差源：FEM 网格、单元退化、表示函数、主要解的多次求导、辅助条件、数值积分、空间和时间离散等。

（3）计算机有关的误差源：进位误差等。

当分析 FEM 程序的精度时应当牢记以下几点：

（1）确定的边界条件（μ，α，ε，k_f，…）；

（2）收敛性检验；

（3）与实测结果比较；

（4）与其他求解方法的比较，例如，从滑移线法得到的完全解以及采用其他 FEM 程序的计算结果。

E FEM 模拟算例

在下面例题中，将试验以及模拟的热压缩圆柱试样几何轮廓进行比较（由于对称性，每种情况下仅取右上角的四分之一部分，图 2.20）。首先，使用一个相对冷的工具（100℃），环境温度为 25℃。这意味着工件将在靠近工具的范围冷却，该位置的强度（流变应力）将增大并且应变将集中于圆柱体的中心。鼓形轮廓线有一个拐点。

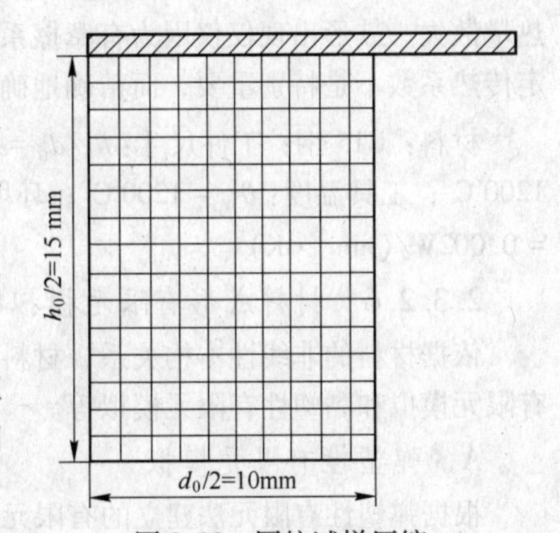

图 2.20 圆柱试样压缩

在数值模拟过程中，只有按照实际情况将冷却的主要控制参数即传热系数 α 确定并代入，才能将这个影响进行正确的再现。

首先进行的模拟是取传热系数 $\alpha = 0.004\mathrm{W/(mm^2}$ ·

K)。由图 2.21 可见，模拟的轮廓线与实际的不吻合。对于其他目标量 ε_V、σ_V、ϑ，也没有达到满意的吻合程度。

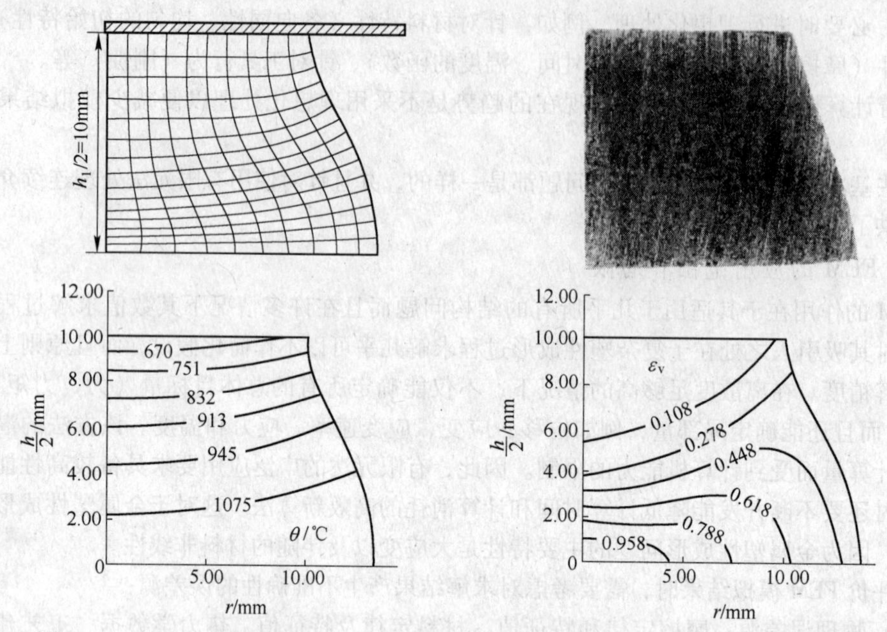

图 2.21　第一次圆柱试样压缩的模拟与试验结果（模拟的轮廓线与实际不吻合）

材料：C15 钢；工件尺寸：h_0/d_0 = 30mm/20mm；变形速率：$\dot{\varphi}$ = 0.1s^{-1}；初始温度：ϑ_{St} = 1200℃；工具温度：ϑ_W = 100℃；环境温度：ϑ_U = 25℃；摩擦系数：μ = 0.2；传热系数：α = 0.004W/(mm^2·K)。

在第二次模拟中（图 2.22），改变传热系数（α = 0.002W/(mm^2·K)）。由此可见，不仅模拟的轮廓线与实际的很吻合，而且根据要求其他参量的计算精度也达到了满意程度。

当然，在数值模拟中输入精确确定的其他材料参数和边界条件参数也是同样重要的。

材料：C15 钢；工件尺寸：h_0/d_0 = 30mm/20mm；变形速率：$\dot{\varphi}$ = 0.1s^{-1}；初始温度：ϑ_{St} = 1200℃；工具温度：ϑ_W = 100℃；环境温度：ϑ_U = 25℃；摩擦系数：μ = 0.2；传热系数：α = 0.002W/(mm^2·K)。

在最后的模拟中（图 2.23），工具和环境温度被升高到变形温度，这样预期不会有显著的热量散失。鼓形出现仅仅因为有摩擦系数并且鼓形轮廓线没有拐点。在这种情况下，精确地确定传热系数不是特别重要，而精确地确定摩擦系数则更为重要。

材料：C15 钢；工件尺寸：h_0/d_0 = 30mm/20mm；变形速率：$\dot{\varphi}$ = 0.1s^{-1}；初始温度：ϑ_{St} = 1200℃；工具温度：ϑ_W = 1200℃；环境温度：ϑ_U = 1200℃；摩擦系数：μ = 0.2；传热系数：α = 0.002W/(mm^2·K)

2.3.2.6　材料成形有限元模拟的主要类型

依据材料的非线性本构关系，材料成形有限元模拟可大致分为弹塑性有限元模拟、刚塑性有限元模拟和黏塑性有限元模拟等。

A　弹塑性有限元模拟

根据弹塑性有限元法建立的有限元模型最接近材料的实际特性。许多材料加工过程（如轧制、锻造等）通常涉及大变形（即产生大位移和大转动以及单元和网格发生严重畸变等），另

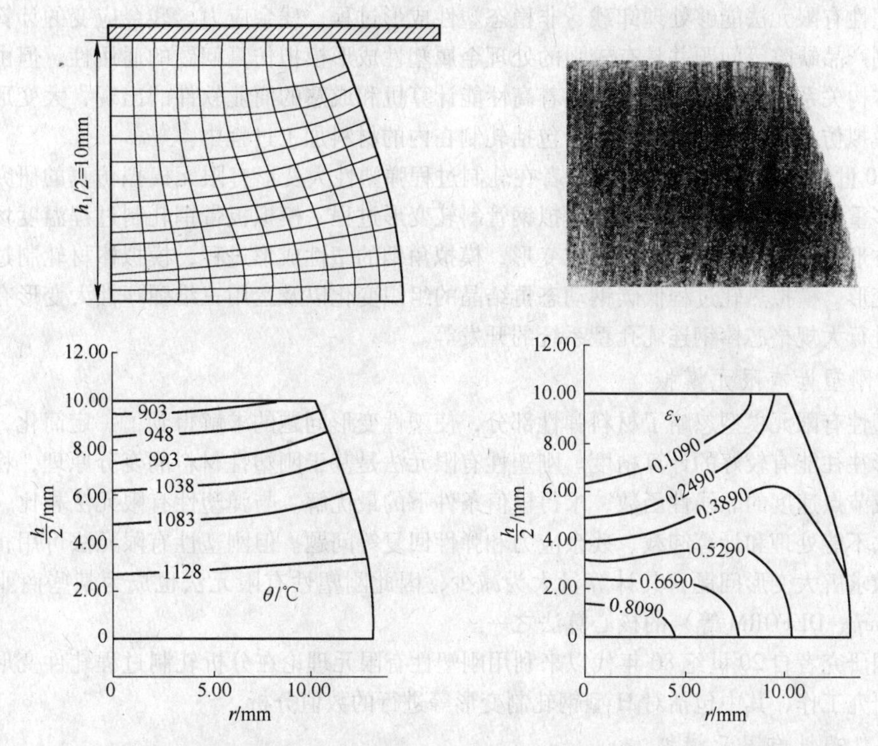

图 2.22 第二次圆柱试样压缩的模拟与试验结果（模拟的轮廓线与实际吻合）

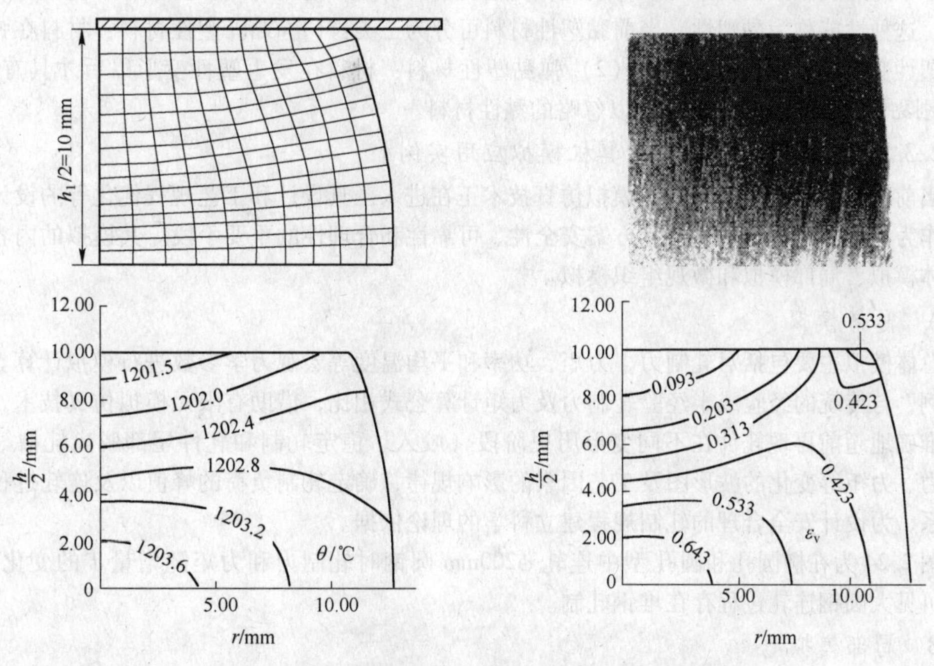

图 2.23 第三次圆柱试样压缩的模拟与试验结果比较

外还具有明显的材料非线性（即应力与应变之间的非线性关系）、几何非线性（即应变与位移之间的非线性关系）以及边界条件非线性等特征，因此需借助基于有限应变理论的大变形弹塑性有限元法。

弹塑性有限元法能够处理卸载、非稳态塑性成形过程、残余应力、残余应变的计算以及分析和控制产品缺陷等问题并具有较强的处理金属塑性成形模拟仿真问题的通用性。但由于基于增量型本构关系，其计算量较大。随着高性能计算机和成熟的商业软件的出现，大变形弹塑性有限元模拟仿真技术已成功地应用于包括轧制在内的材料加工过程中。

自 20 世纪 90 年代以来我国研究者在轧制过程弹塑性大变形有限元模拟仿真的研究上，取得了许多重要的研究成果。例如，模拟钢管斜轧变形过程，模拟板带钢轧制过程温度场的变化规律及方形轧件在椭圆孔型中的三维变形，模拟角钢的塑性成形过程，模拟棒材轧制过程的金属三维变形，模拟热轧过程低碳钢动态再结晶的组织变化以及运用三维弹塑性大变形有限元仿真技术进行大规格芯棒钢连轧孔型系统的开发等。

B　刚塑性有限元模拟

刚塑性有限元模型忽略了材料弹性部分，使塑性变形问题的求解得到了一定简化，对于大塑性变形往往能有较好的计算精度。刚塑性有限元法是基于刚塑性材料的变分原理，将能耗泛函表示成节点速度的非线性函数，求得极值条件下的最优解。与弹塑性有限元法相比，刚塑性有限元法不能处理和计算卸载、残余应力和弹性回复等问题。但刚塑性有限元法可用相对较少的单元数求解大变形问题，其计算量大为减少，因此刚塑性有限元法也成为某些商业化软件（例如 Marc、DEFORM 等）的核心算法之一。

我国研究者自 20 世纪 80 年代以来利用刚塑性有限元理论在分析轧制过程轧件变形方面做了许多研究工作，其中包括对 H 型钢轧制变形等进行的数值分析。

C　黏塑性有限元模拟

如果金属发生塑性变形时，特别是在高温变形时，变形速度与屈服极限和硬化情况有密切关系，这种性能称为黏塑性。当前黏塑性材料可分为三类：(1) 黏弹塑性材料：材料在弹性变形和塑性变形阶段都具有黏性；(2) 弹黏塑性材料：材料在发生塑性变形以后才具有黏性；(3) 刚黏塑性材料：弹性变形可以忽略的黏性材料。

2.3.2.7　材料成形过程计算机模拟应用实例

当前材料成形过程的有限元模拟仿真技术正在进入工具设计和工艺规程优化等的设计过程中，作为评价和诊断其工艺控制方案安全性、可靠性和合理性的重要手段。其模拟的内容可分为总体模拟、局部模拟和微观组织模拟。

A　总体模拟

总体模拟主要包括对轧制力、力矩、功率和平均温度等宏观力学参数进行模拟计算。以轧制为例，与传统的经验或半经验轧制力及力矩计算公式相比，借助有限元模拟仿真技术，能够更加准确地超前再现轧件在不同变形历史阶段（咬入、稳定轧制和轧件尾部脱离轧槽等）的轧制力、力矩等变化的波形图及工艺因素的影响规律，确定轧制负荷的峰值以及连轧过程的堆拉关系，为设计安全合理的轧制规程建立科学的理论依据。

图 2.24 为在椭圆孔和圆孔型中连轧 ϕ200mm 圆钢时轧制力和力矩随增量步的变化曲线，从中可见大圆钢连轧过程存在堆钢轧制。

B　局部模拟

局部模拟主要对材料（主要是变形体）内部的应力、应变、应变速率、温度等分布量进行计算。例如，在棒、线、型材轧制过程中，局部模拟的重点应当是准确地分析轧件的三维变形情况，通过模拟轧件在孔型中的三维金属流动和不均匀变形，确定其应力、应变、应变速率和温度等的分布及工艺因素的影响规律，从而达到预测和控制产品形状和尺寸精度以及产品质量的目

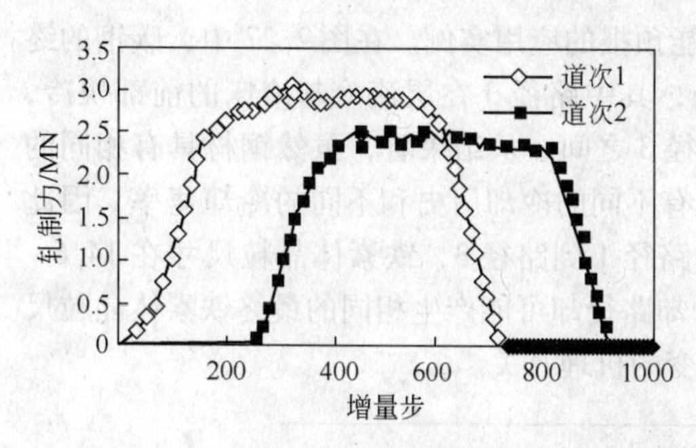

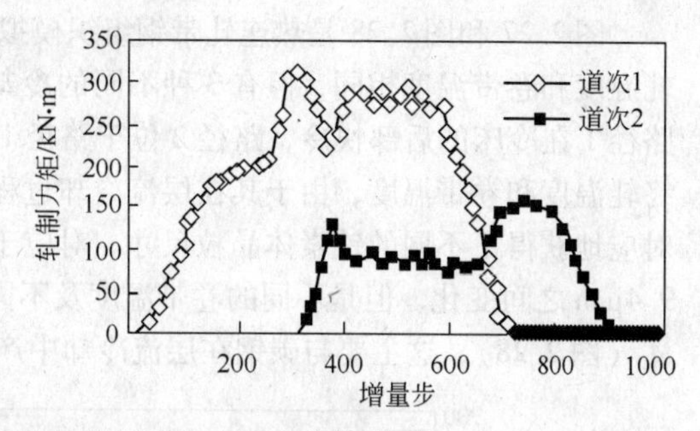

图 2.24 连轧 ϕ200mm 圆钢 1/4 轧件的轧制力和力矩变化曲线

的。为了考虑温度对变形的影响，需要采用三维热力耦合的刚塑性或弹塑性有限元法等。

图 2.25 为连轧 ϕ200mm 圆钢轧件在不同阶段的三维变形情况，图 2.26 为轧制60kg/m钢轨帽形孔中轧件的三维变形情况。

图 2.25 连轧 ϕ200mm 圆钢不同阶段的变形

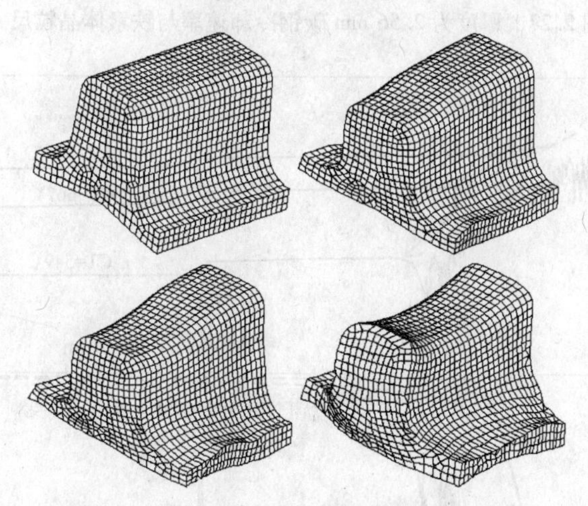

图 2.26 轧制 60kg/m 钢轨帽形孔中的变形

C 微观模拟

材料微观组织模拟和性能预报系统为生产企业提供了一个电子实验室，可以帮助企业实现数字化生产，在降低生产成本的同时提高产品质量。特别是随着微观模拟技术的不断开发和完善，组织模拟和性能预报的结果将有可能成为一种普遍认可的工业标准，从而在企业交货时，部分或全部地实现力学性能的免检。

图2.27和图2.28是热连轧带钢组织模拟和性能预报的应用实例。在图2.27中，碳钢的终轧温度和卷带温度相同，但有3种不同的冷却路径，其中路径3在层流冷却冷床的前部快冷，路径1在冷床的后部快冷，路径2位于路径1和路径3之间。从结果看，虽然钢材具有相同的终轧温度和卷带温度，由于其在层流冷却过程中具有不同的冷却历史和不同的冷却速率，因此对应地获得了不同的铁素体晶粒尺寸。对应于冷却路径1到路径3，铁素体晶粒尺寸在14.6~9.4μm之间变化。但是不同的卷带温度及不同的冷却路径却可能产生相同的最终铁素体晶粒尺寸（图2.28），这主要与碳钢在层流冷却中产生相变的机理有关。

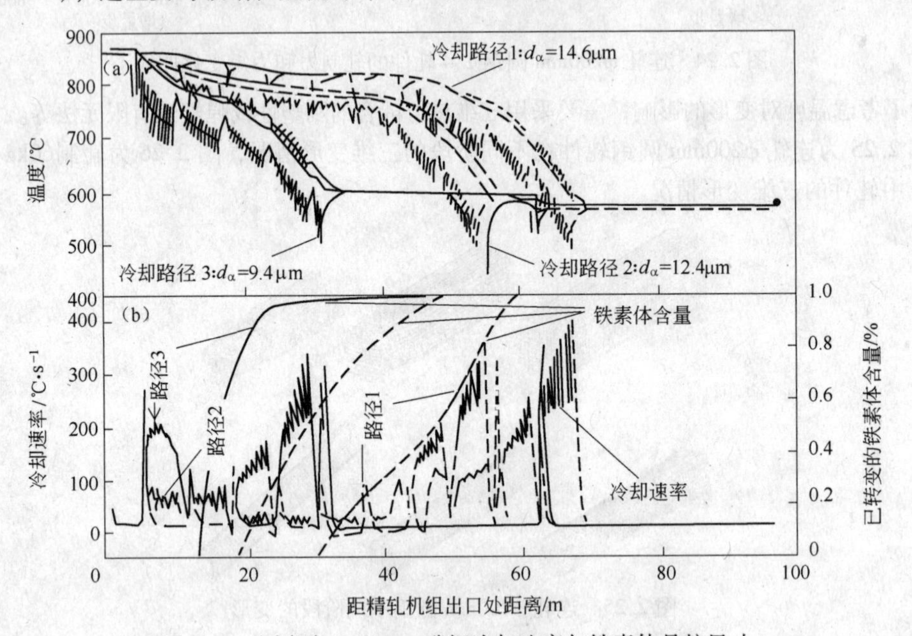

图2.27　厚度为2.56 mm碳钢冷却速率与铁素体晶粒尺寸

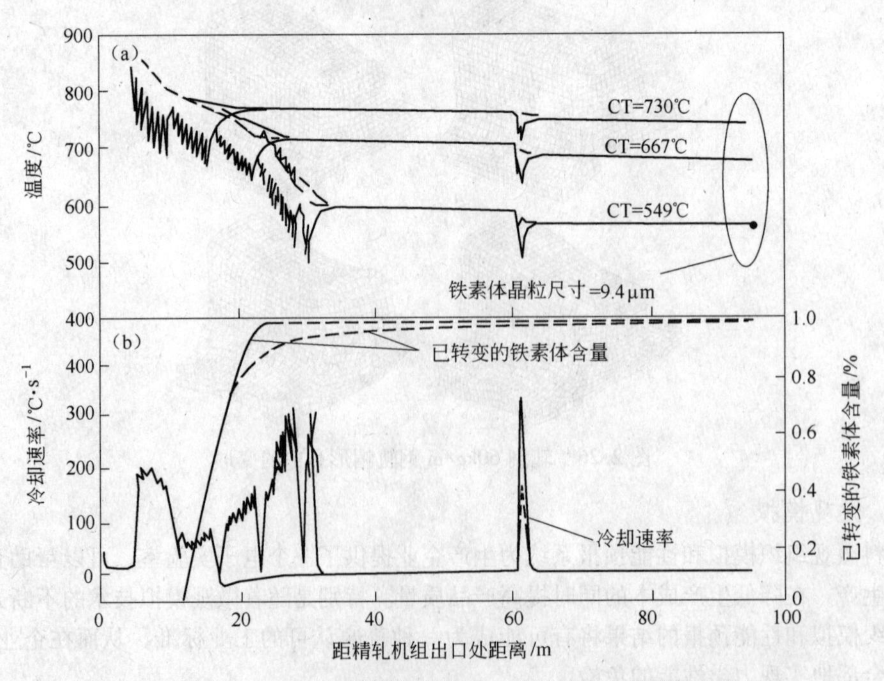

图2.28　厚度为2.56 mm碳钢冷却速率、卷带温度与铁素体晶粒尺寸

材料成形过程的微观组织模拟主要是依据金属变形热力学条件，分析变形过程的再结晶（包括动态、静态再结晶等）规律，建立能准确描述晶粒度、晶粒尺寸等与变形热力学条件和材料性能关系的数学模型并耦合到有限元模拟程序中，采用热力耦合分析方法以预测材料的最终性能。组织模拟的基本前提是准确计算应力场、应变场、变形场、温度场和应变速率等分布，结合物理模拟和实验研究，建立能准确描述塑性成形过程中材料微观组织演变和宏观性能变化的数学模型。图2.29为低碳钢热加工过程再结晶的计算机模拟结果。

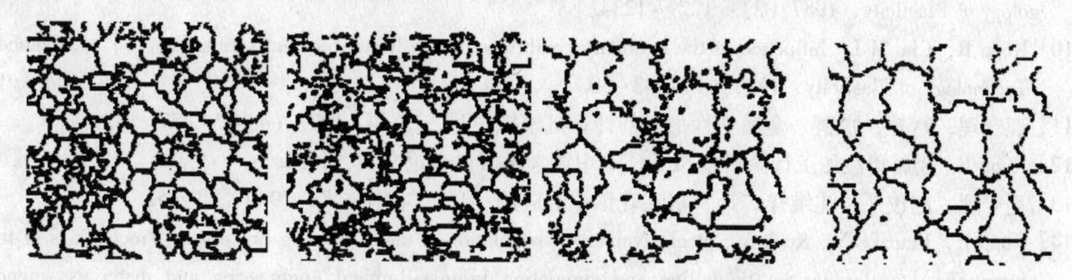

图2.29 低碳钢热加工过程再结晶的计算机模拟

近年来，微观组织模拟除了采用常规的热力耦合分析方法即通过计算热力学参数来间接地模拟材料的微观结构以外，人们还将形状优化设计中的微观遗传算法和灵敏度分析方法引入微观组织模拟和优化研究中，以微观结构参量作为目标函数的设计变量，直接实现微观组织的优化。

2.3.2.8 材料成形过程计算机模拟仿真的发展趋势

当前材料加工过程模拟仿真的研究也正在从以往各种模拟仿真的岛方案（Island Schema）（如轧件三维塑性变形状况的求解、最佳轧制工艺参数的选定、轧辊孔型或辊型等工具的最优设计等）发展到对材料成形过程微观组织演化的模拟和宏观性能的预测，甚至向材料变形分析、温度场计算、微观组织演变模拟、性能预测以及产品缺陷和表面质量状况分析等一体化的方向发展，形成一个复杂的集成化模拟仿真系统，从而成为材料加工CIMS中的有机组成部分。在研究方法上，材料加工过程模拟仿真的研究将会与CAD、CAM、CAE及人工智能领域中的专家系统、人工神经网络和模式识别等原理紧密结合，进一步提高模拟仿真技术对更为复杂和模糊问题的分析处理能力。

思考题

2-1 简述材料成形过程优化的主要方法。

2-2 概述建立优化问题数学模型的步骤。

2-3 举例说明线性规划、非线性规划和动态规划法的主要特点及应用范围。

2-4 概述材料成形计算机模拟的意义。

2-5 简述材料成形问题的主要求解方法。

2-6 简述材料成形有限元模拟的基本类型。

参考文献

[1] 范鸣玉，张莹．最优化技术基础［M］．北京：清华大学出版社，1982.

[2] 董加礼．工程运筹学［M］．北京：北京工业大学出版社，1988.

[3] 周汉良．线性规划与非线性规划．北京钢铁学院教材，1983.

[4] 洪慧平．产品方案模糊优化与冷轧规程多目标优化［D］．北京：北京科技大学，1992.

[5] 张士宏，Aretoft M，尚彦凌．金属塑性加工的物理模拟［J］．塑性工程学报，2000，7（1）：45.

[6] 龚晓楠，钱纯．计算机辅助工程与现代化生产［C］. 2001 年 MSC. Software 中国用户论文集．北京：MSC. Software 公司，2001：1~2.

[7] 董德元，鹿守理，赵以相．轧制计算机辅助工程［M］．北京：冶金工业出版社，1991：7，242~243.

[8] 镰田正诚．板带连续轧制［M］．李伏桃，陈岿，康永林，译．北京：冶金工业出版社，2002.

[9] Kopp R，Cho M L，De Souza M. Multi-level simulation of metal forming processes［J］．Advanced Technology of Plasticity，1987（2）：1229~1234.

[10] Kopp R，Cho M L. Influence of the boundary conditions on the finite-element simulation［J］．Advanced Technology of Plasticity，1987（1）：43~50.

[11] 鹿守理，赵辉，张鹏．金属塑性加工的计算机模拟［J］．轧钢，1997（4）：54~57.

[12] Kopp R. 金属塑性加工计算机模拟［C］. 中德学术研讨会论文集，1996.

[13] 鹿守理，赵俊平，沈维祥．计算机在轧钢中的应用［J］．宝钢技术，1999（2）：61.

[14] Kopp R，Franzke M，Koch M，et al. Numerical simulation of metal forming processes. Proceedings of the international conference on modelling and simulation in metallurgical engineering and materials science［M］．Yu Zongsen et al. Beijing：Metallurgical Industry Press，1996：555.

[15] 何慎．二辊钢管斜轧延伸过程计算机模拟系统的研究［D］．北京：北京科技大学，1998.

[16] 张鹏，鹿守理，高永生．简单断面型钢热轧过程的数值模拟［J］．钢铁研究学报，1999，11（3）：25~29.

[17] 阎军．角钢变形有限元模拟及孔型优化设计方法研究［D］．北京：北京科技大学，2000.

[18] Wang Y W，Kang Y L，Yuan D H，et al. Numerical simulation of round to oval rolling process［J］．Acta Metallurgical Sinica（English Letters），2000，13（2）：428~433.

[19] 窦晓峰．金属热变形时组织演化的有限元模拟［D］．北京：北京科技大学，1998.

[20] 洪慧平，康永林，冯长桃，等．连轧大规格合金芯棒钢三维热力耦合模拟仿真［J］．钢铁，2002，37（10）：23~26.

[21] 洪慧平．大规格 H11 芯棒钢热连轧过程三维模拟仿真与应用研究［D］．北京：北京科技大学，2003.

[22] 刘相华，白光润．万能孔型带张力轧制 H 型钢的研究［J］．东北工学院学报，1986（1）：28.

[23] 洪慧平，康永林，冯长桃，等．椭-圆孔型连轧大圆钢三维热力耦合弹塑性有限元分析［J］．特殊钢，2002，23（5）：5~8.

[24] 尚进．60kg/m 钢轨热轧过程有限元模拟及工艺分析［D］．北京：北京科技大学，2001.

[25] 刘正东，董瀚，干勇．热连轧过程中组织性能预报系统的应用［J］．钢铁，2003，38（2）：70.

[26] 王广春，管婧，马新武，等．金属塑性成形过程的微观组织模拟与优化技术研究现状［J］．塑性工程学报，2002，9（1）：1~5.

[27] Kopp R，Wiegels H. 金属塑性成形导论［M］．康永林，洪慧平，译．北京：高等教育出版社，2010.

3 计算机辅助工艺规程设计（CAPP）

3.1 CAPP 的基本原理

工艺设计是机械制造生产过程技术准备工作的一个重要内容，是产品设计与车间的实际生产的纽带，是经验性很强，且随环境变化而多变的决策过程。当前机械产品市场是以多品种小批量生产为主，传统的工艺设计方法远不能适应当前机械制造行业发展的要求，其主要表现在：

（1）传统的工艺设计是人工编制的，劳动强度大，效率低，是一项繁琐重复性的工作。其设计周期长，不能适应市场瞬息多变的需求。

（2）工艺设计是经验性很强的工作，它是随产品技术要求、生产环境、资源条件、工人技术水平、企业及社会的技术经济要求而变化，甚至完全相同的零件，在不同的企业，其工艺可能不一样，即使在同一企业也因工艺设计人员不同而异。工艺设计质量依赖于工艺设计人员的水平。

（3）工艺设计最优化、标准化较差，工艺设计经验的继承性亦较困难。

用计算机辅助工艺设计（Computer Aided Process Planning，CAPP）代替传统的工艺设计克服了上述的缺点。它对于机械制造业具有重要意义，其主要表现如下：

（1）可以将工艺设计人员从大量繁重的、重复性的手工劳动中解放出来，使他们能从事新产品的开发、工艺装备的改进及新工艺的研究等创造性的工作。

（2）可以大大缩短工艺设计周期，保证工艺设计的质量，提高产品在市场上的竞争能力。

（3）能继承有经验的工艺设计人员的经验，提高企业工艺的继承性，特别是在当前国内外机械制造企业有经验的工艺设计人员日益短缺的情况下，它具有特殊意义。

（4）可以提高企业工艺设计的标准化，并有利于工艺设计的最优化工作。

（5）为适应当前日趋自动化的现代制造环节的需要和实现 CIMS 创造必要的技术基础。

正因为 CAPP 在机械制造业有如此重要意义，从 20 世纪 60 年代开始研究，几十年来在理论体系及生产过程实际应用方面都取得了重大的成果。但是到目前为止，仍有许多问题有待进一步深入研究，尤其是 CAD/CAM 向集成化、智能化方面发展，追求并行工程模式，这样都对 CAPP 技术提出新的要求，也赋予它新的涵义。CAPP 从狭义的观点来看，它是完成工艺过程设计，输出工艺规程。但是为满足 CAD/CAM 集成系统及 CIMS 发展的需要，对 CAPP 认识应进一步扩展。“PP”不再单纯理解为“Process Planning”，而含有“Production Panning”的涵义。此时，CAPP 所包含的内容是在原有的基础上，向两端发展，向上扩展为生产规划最佳化及作业计划最佳化，并为 MRP Ⅱ（Manufacturing Resources Planning）的一个重要组成部分，为 MRP Ⅱ提供所需的技术资料；向下扩展为形成 NC 控制指令，广义分级的 CAPP 概念就是在这种形势下产生的，也给 CAPP 的理论与实践提出了新的要求。

3.2 CAPP 在 CAD/CAM 集成系统中的作用

自 20 世纪 80 年代中后期，CAD、CAM 的单元技术日趋成熟。随着机械制造业向 CIMS 或

IMS（Intelligent Manufacturing System，IMS）发展，CAD/CAM 集成化的要求是亟待解决的问题。CAD/CAM 集成系统实际上是 CAD/CAPP/CAM 集成系统。CAPP 从 CAD 系统中获取零件的几何拓扑信息、工艺信息，并从工程数据库中获取企业的生产条件、资源情况及企业工人技术水平等信息，进行工艺设计，形成工艺流程卡、工序卡、工步卡及 NC 加工控制指令，在 CAD、CAM 中起纽带作用。为达到此目的，在集成系统中必须解决下列几方面问题：

（1）CAPP 模块能直接从 CAD 模块中获取零件的几何信息、材料信息、工艺信息等，以代替零件信息描述的输入。

（2）CAD 模块的几何建模系统，除提供几何形状及其拓扑信息外，还必须提供零件的工艺信息、检测信息、组织信息及结构分析信息等。因而，以计算机图形学为基础的几何建模系统（如线框建模、表面建模及三维实体建模等）是不能适应集成化的要求的。特征建模也就应运而生。

（3）适应多种数控系统 NC 加工控制指令的生成。NC 加工指令的生成以往的工作过程是根据零件图纸及加工要求，利用自动编程语言，编写加工该零件的 NC 源程序，经过后置处理器，形成 NC 加工控制指令。在一些商品化的 CAD/CAM 系统中，以图形为驱动，用人机交互方式补充工艺信息，形成 NC 加工源程序，经后置处理得到 NC 加工控制指令。这两种生成 NC 加工指令的过程都不能适应集成化的要求。在 CAD/CAPP/CAM 集成系统中，由于 CAPP 模块能够直接形成刀位文件，因而就可以直接形成 NC 加工控制指令，这就简便得多了。

CAD/CAPP/CAM 集成系统中的 CAPP 模块是将产品设计信息转变为制造加工和生产管理信息，它是 CAD 与 CAM 的纽带。在早期的 CAD/CAM 系统中，可以利用图形驱动产生 NC 加工指令，但是它没有提供在制造加工、生产管理过程中所需的一切信息，难以实现制造过程中计算机控制及生产管理。广义 CAPP 的出现却能解决这方面的问题，因此，一个切实可行的 CAPP 系统，能使 CAD、CAM 充分发挥效益。CAD 的结果能否有效地用于生产实际？CAM 能否充分地发挥其效益？以致整个 CIMS 是否切实可行？CAPP 起着重要的作用，它是难度较大的一个领域，是当前发展集成化 CAD/CAM 系统亟待解决的问题。

3.3 CAPP 的基本构成

CAPP 系统的构成视其工作原理、产品对象、规模大小不同而有较大的差异。图 3.1 示出的系统构成是根据 CAD/CAPP/CAM 集成要求而拟定的，其基本的模块如下：

（1）控制模块。其主要任务是协调各模块的运行，是人机交互窗口，实现人机之间的信息交流，控制零件信息获取方式。

（2）零件信息输入模块。当零件信息不能从 CAD 系统直接获取时，用此模块实现零件信息的输入。

（3）工艺过程设计模块。进行加工工艺流程的决策，产生工艺过程卡，供加工及生产管理部门使用。

（4）工序决策模块。其主要任务是生成工序卡，对工序间尺寸进行计算，生成工序图。

（5）工步决策模块。对工步内容进行设计，确定切削用量，提供形成 NC 加工控制指令所需的刀位文件。

（6）NC 加工指令生成模块。依据工步决策模块所提供的刀位文件，调用 NC 代码中适应于具体机床的 NC 指令系统代码，产生 NC 加工控制。

（7）输出模块。可输出工艺流程卡、工序、工步长、工序图及其他文档，输出亦可从现有工艺文件库中调出各类工艺文件，利用编辑工具对现有工艺文件进行修改得到所需的工艺

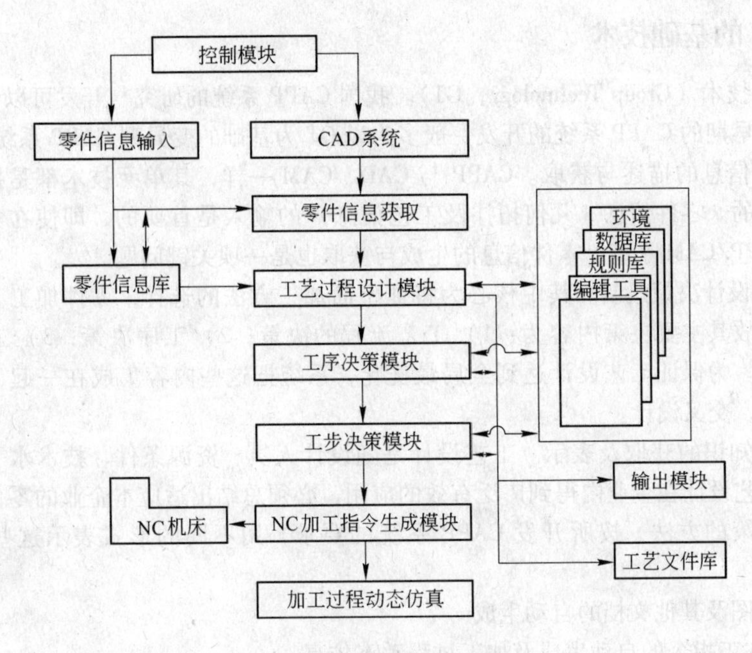

图 3.1 CAPP 系统构成

文件。

(8) 加工过程动态仿真。对所产生的加工过程进行模拟，检查工艺的正确性。

3.4 CAPP 的基本类型

CAPP 系统就其工作原理可以分为五大类：

(1) 变异型 CAPP 系统。它是利用成组技术原理将零件按几何形状及工艺相似性分类、归族，每一族有一个典型样件，并为此样件设计出相应的典型工艺文件，存入在工艺文件库中。当需设计一个零件工艺规程时，输入零件信息对零件进行分类编码，按此编码由计算机检索出相应的零件族的典型工艺，并根据零件结构及工艺要求，对典型工艺进行修改，从而得到所需的工艺规程。变异型 CAPP 系统又可称作派生型、修订型 CAPP 系统。

(2) 创成型 CAPP 系统。由系统中的工艺决策逻辑与算法对加工工艺进行一系列的决策，从无到有自动地生成零件的工艺规程。创成型系统基本上排除了人的干预，从而使工艺规程的编制不会因人而异，容易保证零件工艺规程的一致性。由于零件结构多样性、工艺决策随环境变化的多变性及复杂性等诸多因素，真正的创成型 CAPP 系统用于生产实际尚有一段艰苦的道路。

(3) 综合型 CAPP 系统，又称半创成型 CAPP。它将变异型与创成型结合起来，利用变异型及创成型各自的优点，克服其缺点。我国发展的 CAPP 系统多为这类系统。

(4) 交互型 CAPP 系统。它以人机对话的方式完成工艺规程的设计，工艺规程设计的质量对人的依赖性很大。

(5) 智能型 CAPP 系统。它是将人工智能技术应用在 CAPP 系统中所形成的 CAPP 专家系统。它与创成型 CAPP 系统是有一定区别的。创成型 CAPP 与 CAPP 专家系统都可自动地生成工艺规程，但是创成型 CAPP 是以逻辑算法加决策表为其特征，而智能型 CAPP 系统则以推理加知识为其特征。

3.5 CAPP 的基础技术

（1）成组技术（Group Technology，GT）。我国 CAPP 系统的研究与开发可以说是与成组技术密切相关，早期的 CAPP 系统的开发一般多为以 GT 为基础的变异型 CAPP 系统。

（2）零件信息的描述与获取。CAPP 与 CAD、CAM 一样，其单元技术都是按照自己的特点而各自发展的。零件信息（几何拓扑及工艺信息）的输入是首要的，即使在集成化、智能化的 CAD/CAPP/CAM 系统，零件信息的生成与获取也是一项关键问题。

（3）工艺设计决策机制。其中核心为特征型面加工方法的选择，零件加工工序及工步的安排及组合，故其主要决策内容为：1）工艺流程的决策；2）工序决策；3）工步决策；4）工艺参数决策。为保证工艺设计达到全局最优化，系统把这些内容集成在一起，进行综合分析，动态优化，交叉设计。

（4）工艺知识的获取及表示。工艺设计是随设计人员、资源条件、技术水平、工艺习惯而变。要使工艺设计在企业内得到广泛有效的应用，必须总结出适应本企业的零件加工的典型工艺及工艺决策的方法，按所开发 CAPP 系统的要求，用不同的形式表示这些经验及决策逻辑。

（5）工序图及其他文档的自动生成。

（6）NC 加工指令的自动生成及加工过程动态仿真。

（7）工艺数据库的建立。

3.6 CAPP 的发展趋势

国内外制造业有一个共同的趋势，熟练的、有经验的工艺设计人员越来越少，而机械制造业的市场以多品种小批量生产为主，竞争越来越激烈。企业为适应市场瞬息多变的要求，缩短产品设计和生产准备周期是极其重要的。计算机辅助工艺设计在国外起源于 20 世纪 60 年代末期，而在我国也有 20 多年的发展历史了，这些研究都是孤岛式的 CAPP。随着 CAD、CAPP、CAM 单元技术日益成熟，同时又由于 CIMS 及 IMS 的提出和发展，促使 CAPP 向智能化、集成化和实用化方向发展。当前研究开发 CAPP 系统的热点问题有：（1）产品信息模型的生成与获取；（2）CAPP 体系结构研究及 CAPP 工具系统的开发；（3）并行工程模式下的 CAPP 系统；（4）基于分布型人工智能技术的分布型 CAPP 专家系统；（5）人工神经网络技术与专家系统在 CAPP 中的综合应用；（6）面向企业的实用化的 CAPP 系统；（7）CAPP 与自动生产调度系统的集成。

思 考 题

3-1 简述 CAPP 在 CAD/CAM 集成中的作用。

3-2 简述 CAPP 的主要类型和基本组成。

3-3 概述当前 CAPP 的关键技术。

参 考 文 献

[1] 宁汝新，等．CAD/CAM 技术［M］．北京：机械工业出版社，1999.
[2] 赵汝嘉，等．计算机辅助工艺设计（CAPP）［M］．北京：机械工业出版社，1995.

4 计算机辅助质量系统（CAQ）

质量是产品参与激烈市场竞争的重要因素，因此产品的质量是企业经营成败的关键。近年来，用户对质量提出了越来越严格的要求。随着这种趋势的发展必须全面提高质量，才能使产品具有社会信誉，赢得市场，以保证企业获得和保持良好的经济效益。为达到上述目的，需要实现质量保证和控制的现代化。计算机辅助质量（Computer-aided Quality，CAQ）系统的研究和实施已越来越受到企业的重视。

4.1 计算机辅助质量系统的功能结构

目前世界上还没有适应各类企业通用的 CAQ 系统，不同的企业一般均根据本企业的实际需求设计开发和运行适合自己的 CAQ 系统。归纳和总结国内外已有的 CAQ 系统，一般认为计算机辅助质量系统在功能结构上由以下四个子系统组成。

4.1.1 质量计划

计算机辅助质量计划子系统主要完成产品质量计划的编制和检测计划的生成。

进行产品质量计划编制时系统针对某种产品（或过程），以该产品的历史质量状况、生产技术状态的现状和发展为基础确定需要达到的质量目标（包括产品的特性、规范、一致性、可信性等），明确项目各阶段的职责、权限及资源分配，制订达到质量目标应采取的程序、方法和作业规程，编制质量手册和质量程序手册等。

生成检测计划时，系统根据检测对象的质量要求与规范、产品模型及检测资源的情况，制订检测对象（包括产品、部件、零件、外购外协件等）的检测规程和检测规范，具体包括检测项目、检测方法、检测设备的确定。

4.1.2 自动检测及质量数据采集

在 CAQ 系统中，自动检测及质量数据采集子系统的功能就是在质量计划子系统的指导下，采集制造过程不同阶段与产品质量有关的数据，包括外购原材料及零部件检测数据、零件制造过程检测数据和最终检验数据、制造过程状态数据、装配过程检测数据、成品试验数据及产品使用过程故障数据等。

4.1.3 质量评价与控制

质量评价与控制主要包括：（1）制造过程质量评价、诊断与控制；（2）进货及供货商质量评价与控制。

制造过程质量评价、诊断与控制原理如图 4.1 所示，该系统是一个闭环的反馈控制系统，它按如下内容进行操作：

（1）生产设备在被控状态下完成从原材料到成品的转变。该制造过程受到人、机器、材料、加工方法等方面的干扰。

（2）质量数据采集系统检测成品的实际质量和制造过程的状态信息。

（3）将被控变量与预定的质量规范或质量标准进行比较，在众多影响质量的干扰因素中诊断出主要因素。

（4）通过控制器和执行机构实现对制造过程的控制，以修正实际质量对质量标准的偏离，确定新的操作变量或调整加工过程。

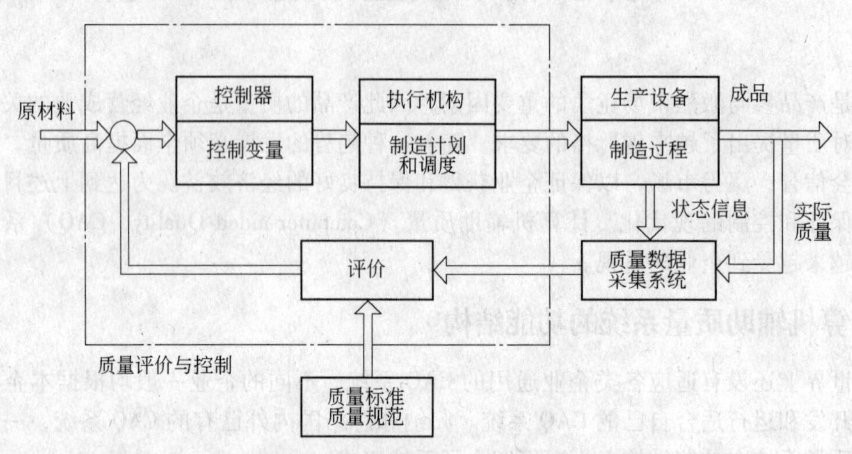

图 4.1　制造过程质量评价、诊断与控制原理

制造过程质量评价与控制可以在制造过程的不同阶段进行，包括零件的制造过程、部件装配站、成品最终试验等。质量的评价和控制可以是在线的，也可以是离线的。

进货（外购原材料及零部件）及供货商的评价与控制对企业产品的质量起着重要作用。因为越来越多的企业不再自己生产所有的零部件，而是通过零部件的供应商供货。进货质量评价与控制应是“动态”的，即根据进货的质量、供应商的历史状况更改检测计划。对于长期供货且质量稳定的供货商，可减小抽检范围；而对新的、供货质量不稳定的供货商所提供的零部件的抽检范围则要扩大。

4.1.4　质量综合管理

质量综合管理子系统包括如下功能：

（1）质量成本管理。包括质量成本发生点和成本负担者的确定；质量成本计划和质量成本核算；从成本优化角度解决质量问题的可能性；成本分类预算和核算。

（2）计量器具质量管理。计量器具包括产品开发、制造、安装和维修中所使用的量具、仪器、专门的试验设备等。对计量器具的质量管理包括计量器具计划、设计、采购、待用、监控及投入使用等各个阶段，并形成闭环系统。

（3）质量指标综合统计分析及质量决策支持。质量指标综合统计分析主要包括指标数据的收集、综合和分析质量指标的分解、下达和各类指标执行状况的考核奖惩处理报告等。指标执行情况的汇总统计结果，作为质量计划部门确定质量目标和方针的决策依据。

（4）工具、工装和设备质量管理。包括工具、工装和设备定检计划制定；定检计划执行情况记录；工具、工装、设备规格及质量信息的存储、维护和更新；出入库质量状况及使用过程质量状况跟踪；异常情况处理等。

（5）质量检验人员资格印章管理。包括质检人员基本信息、资格、权限及印章更新等。

（6）产品使用过程质量信息管理。包括质量信息的录入、存储、分类、统计、报告生成等。

4.2 集成质量系统

随着计算机集成制造系统与技术的发展，以及新型的生产模式的出现，计算机辅助质量系统正逐步向计算机集成质量系统（Integrated Quality System，IQS）发展。

为了提高产品质量，集成质量系统必须把相互分离的质量保证单元、质量控制系统与技术通过计算机网络和数据库形成有机的整体，及时采集、处理与传递质量信息，使涉及产品整个生命周期的质量活动协调进行，并提高对多变的质量要求的适应能力。

4.2.1 集成质量系统的信息流

集成质量系统的循环周期是从市场调查阶段开始到售后服务阶段结束的。图 4.2 为集成质量系统的信息流。

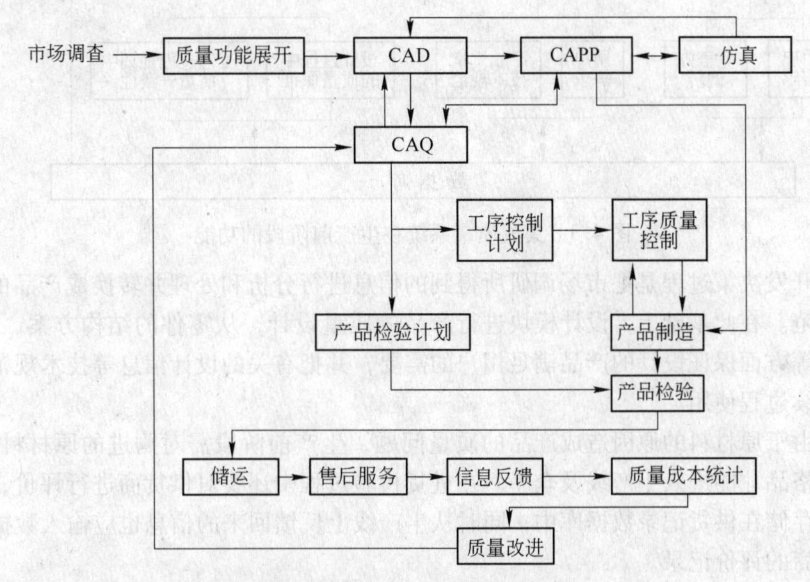

图 4.2 集成质量系统的信息流

在市场调查阶段了解用户的需求和竞争对手的情况并以调查的结果作为设计阶段的输入信息。以此为基础，利用 CAD 技术设计出满足用户要求的产品，然后通过 CAPP 将设计信息转化为生产工艺计划。通过在线仿真系统对加工过程进行模拟，发现可能出现的问题并反馈给 CAD/CAPP 系统，进行修改设计，直到将所有设计及工艺等方面的问题全部解决，以保证按工艺计划生产的产品能满足设计要求。

系统根据设计及工艺信息制订工序质量及产品质量监测计划，对产品的加工过程及加工质量进行质量控制，保证产品的质量。

产品售出后，通过售后的技术服务收集用户对产品质量的反映，并进行分析和归纳，同时统计产品质量控制的成本。这些信息有助于确定产品实际使用中用户的意见和期望，以及所反映问题的性质和范围，并可为改进设计和管理提供信息。

4.2.2 集成质量系统的功能

集成质量系统的活动贯穿产品制造的全过程，可分为生产前、生产过程和生产后三个阶段。

4.2.2.1　生产前阶段的功能

图 4.3 描述了生产前阶段的质量系统功能。该阶段涉及市场调研、新产品开发决策、产品设计、工艺准备和采购等功能。通过市场调研、收集和研究用户的情况及竞争方情况，把收集到的用户需求和竞争方的状态与策略、市场环境等信息存入数据库，作为企业的决策支持系统的一部分。

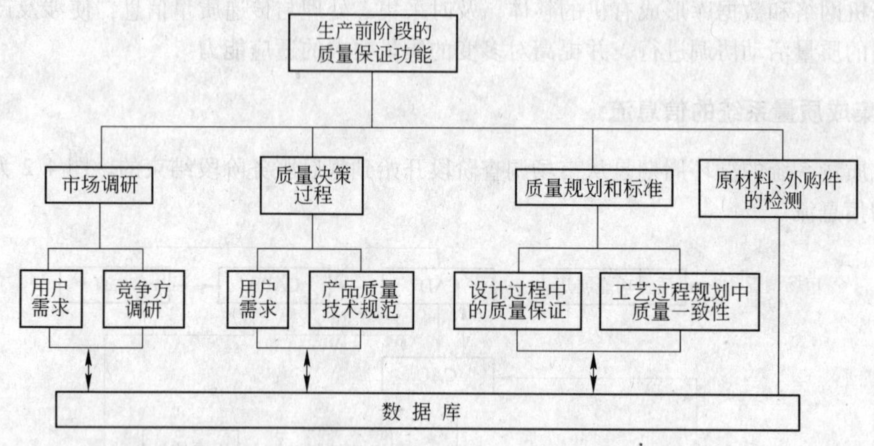

图 4.3　集成质量系统在生产前阶段的功能

新产品开发决策过程是把市场调研所得到的信息进行分析和处理并转换成产品的性能、形式和技术规范。在此基础上，设计模块进行产品的质量设计，从零件的结构方案、材料选用、热处理方法等方面保证设计的产品满足用户的需要，并把有关的设计信息等技术规范一并存入数据库供后续过程使用。

为防止由于原材料的原因造成产品的质量问题，生产前阶段需对购进的原材料进行检验，确保只有合格品才能进入生产线及仓库。在进货检验过程中还要对供货商进行评价，将接收或拒收的情况存储在供货记录数据库中；同时从生产线上反馈回来的信息也应输入数据库以校核和更新供应商的评价记录。

工艺准备过程从数据库中提取产品的设计信息和技术规范，编制工艺规程（CAPP），提出刀具、夹具和量具的设计任务书，并反馈到设计过程。若在制造过程采用数控加工，则还需考虑数控程序的生成并把所有信息存入数据库。

4.2.2.2　生产过程阶段的功能

该阶段主要涉及生产过程的质量活动。通过对工艺过程的在线检测、对零部件和产品质量的检测，并将采集到的信息进行分析和处理，及时发出警告信号或反馈到加工设备，及时纠正加工误差，最大限度地满足产品质量要求。所有上述功能层次结构如图 4.4 所示。该阶段的功能由质量规划、检测与监控、质量评价与控制三个子功能模块实现。

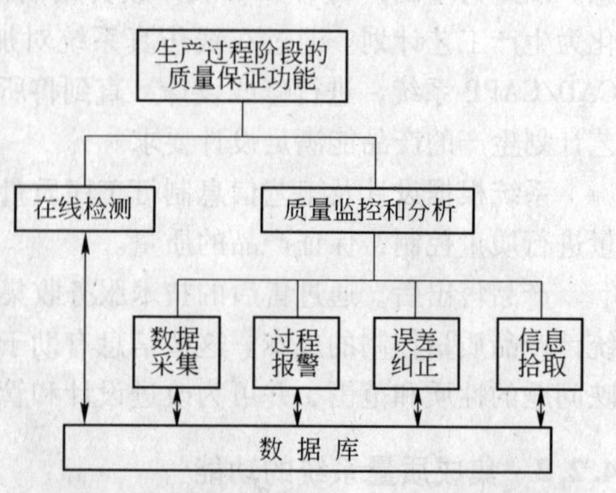

图 4.4　集成质量系统在生产过程阶段的功能

质量规划子功能模块完成检测方法的制订、监控与诊断策略的生成。主要功能有：

（1）从 CAD/CAPP/CAM 中抽取质量要求的信息，并用合适的数据模型表述质量特征；

(2) 制订加工工件在各工序的检测项目、所用仪器并生成检测程序；

(3) 选择刀具状态（磨损和破损）及夹具状态的监控策略；

(4) 确定设备运行状态监控与故障诊断方法。

检测与监控子功能模块具体执行由质量规划子功能模块产生的工作指令。主要功能有：

(1) 在线采集生产过程中工件的质量数据（加工精度、表面粗糙度）；

(2) 对刀具的磨损、破损进行实时监测与报警；

(3) 对故障进行自动诊断、定位和预测。

质量评价与控制子功能模块对监测结果进行分析、评价，并对生产过程进行合理控制，保证加工过程的顺利进行。主要功能有：

(1) 根据获取的质量数据进行分析、评价，消除影响工件质量的不良因素，并对加工质量进行预报及控制；

(2) 对刀具的磨损状况进行刀具补偿，并在刀具急剧破损时及时控制机床换刀；

(3) 对诊断出的设备故障进行故障自恢复处理。

4.2.2.3 生产后阶段的功能

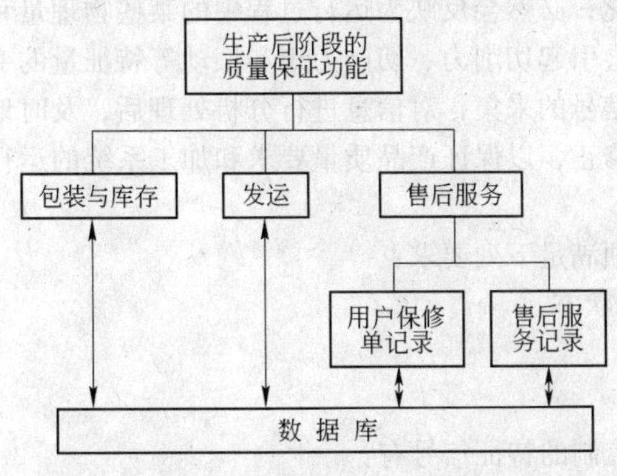

图 4.5 集成质量系统在生产后阶段的功能

该阶段涉及包装、库存、发运和售后服务。通过对库存管理、包装的监控，保证产品在发运前的质量。通过对发运和售后的跟踪和信息采集，将用户档案信息和用户对质量的反映信息存入数据库。所有的退货都将记录并进行调查，确定造成废品的原因。该类信息是企业和用户之间的桥梁，经过信息分析和处理，使企业能够发现用户的需求，减小废品率，采取正确措施生产出高质量的产品。有关的信息也反馈到市场调研阶段，作为修改产品设计和工艺设计时的参考。其层次结构见图 4.5。

集成质量系统并不是完全独立的，在生产周期中，它不断地同企业其他功能模块进行信息交换，并提供诸如用户需求、竞争对手情况、质量标准、质量数据历史记录、最新质量信息、废品率、退货率等信息。在生产前阶段集成质量系统的大部分工作是同外部环境进行交流，对用户、竞争对手、供货商进行研究。外部环境不受企业控制，并且人的行为也是动态的，使得这一阶段的工作非常复杂。过去，生产前阶段的质量工作不受重视，近年来企业对用户的研究和新产品的质量设计愈加重视，因为做好这方面的工作可大大减少后续工作的费用。

在生产阶段，质量工作仅受内部因素的影响，这些因素大部分能被企业控制。其控制的对象主要是机床、物料流、系统状态及人员等。

产品生产出来后，集成质量系统与仓库、包装和运输等功能模块发生作用。当产品售出后集成质量系统又与外部环境发生联系，市场成为这一阶段的主要研究对象。从用户那里收集到的反馈信息以及测试结果，将对以后的改进设计有极大的参考作用。

从集成质量系统的三个阶段的功能分析可知其操作模式是相同的，包括从控制点收集信息；对信息进行分析和处理，并反馈到相关的控制点；信息的提取、生成质量报表和实时查询；数据库的刷新等。因而，在集成质量系统中必须具有信息的操作功能，并具有与各控制点如 CAD、CAM 以及加工和测试设备的通信接口，以实现质量信息流的自动化。

集成质量系统采用分布式多级计算机系统来实现。通过网络系统，把分布在各层次的计算机与中央主计算机相连接。这是一项投资较大的工程也是一项高技术的工程，对企业的技术水平和人员素质均有一定的要求。

4.3　计算机工艺过程监控

计算机工艺过程监控主要用于化工生产、石油炼制及炼钢轧钢等连续生产行业。近年来，其使用已经扩展到金属加工、锻压、电子元件制造和装配等行业。机械制造与连续生产过程的特点有所不同，前者输出是以零件数目计算，而不是以容积或重量来计算；在生产过程中涉及的参数较少，但关系比较复杂；加工时间比较短暂，工况变化速度较快，要求控制响应速度较快等。

计算机工艺过程监控的目的在于预防产生废品，减少辅助时间，提高设备的使用效率和生产率。随着自动化检测技术的发展和由计算机控制的检测仪器和设备的出现，使质量控制工序可与加工过程集成起来，或与生产设备结合为一整体，有效地实现工艺过程的监控。

（1）工艺过程监控的特征信号。在现代制造过程中，产品质量的控制方法已不局限于直接测量被加工零件的尺寸精度和粗糙度等几何量，而是扩大到检测和控制影响产品加工质量的机械设备和加工系统的运行状态。运行状态的变化，必然会反映为运行过程中的某些物理量和几何量的变化。例如，加工过程中的刀具磨损，会引起切削力、切削力矩和振动等特征量的变化。因此，计算机工艺过程监控就是借助于特征信号的采集，对信息进行分析处理后，及时地发出警告信号或直接反馈到加工设备进行误差的修正，以保证产品质量要求和加工系统的运行可靠性。

可供选择的检测特征信号较多，在选择时必须满足下列要求：

1）信号能准确地反映被测对象和工况的实际状态。

2）信号便于实时和在线检测。

3）检测设备的通用性和经济性。

在加工系统中，常用于产品质量自动检测和控制的特征信号有：

1）尺寸和位移。这是最常用的监控特征信号。因为尺寸精度是直接评价加工工件质量的依据，在可能的情况下，应尽量直接检测工件尺寸，但是，有时要直接检测工件的尺寸比较困难，在这种情况下也可以检测机床运动部件的位移量。

2）力和力矩。力和力矩是机械加工过程中最重要的物理量，它们直接反映加工系统中的状态变化，如刀具磨损的状态会在切削力或主轴扭力矩等特征信号中反映出来。

3）振动。这是加工系统中常见的特征信号，它涉及加工机床和有关设备的工况和加工质量的动态特征信号，如刀具的磨损状态、机床运动部件的工作状态等。振动信号便于检测和处理，能得到较精确的测量结果。

4）温度。在许多机械加工过程中，随着摩擦和磨损的发生和发展，均会出现温度的变化。因此，温度也常作为检测和控制的信号。

5）电流、电压和电磁强度等电信号。电信号是最便于检测的物理量，特别是在其他物理参数较难直接测量（如主轴扭矩）的情况下，通常将它们转换成电信号进行间接检测。

6）光信号。随着激光技术、红外技术以及视觉技术的发展和应用，光信号也已作为特征量用于加工系统的实时检测和控制，如检测工件的表面粗糙度、形状和尺寸精度等。

7）声音。声信号也是一种常用的监控物理量，它是由于弹性介质的振动而引起的，因此，它和振动信号一样可以间接地反映加工系统的运行状态。

以上所列举的均为机械加工系统常用的检测和控制的特征信号，为了保证加工系统的正常运行和产品的质量，需要根据实际生产条件和经济条件，正确地选取需要进行检测的特征信号和测试设备，或者进行若干信号的组合检测。

（2）工艺过程监控的方法。可用于工艺过程监控的方法很多，采用什么方法取决于加工过程本身和所要达到的性能指标。以下介绍几种常用的控制方法：

1）反馈控制。图4.6所示的工艺过程模型中，将系统某一个特定的输出参量与设定的输入参量进行比较，根据比较的结果控制被控参量趋近于预定值，形成一个闭环控制回路。

2）调节控制。多数的工业生产，把性能评定参量维持在一定的水平上或在此水平给定的允许误差范围内，这时可采用调节控制方式。调节控制和反馈控制相类似，不同处是调节控制的目的是要把综合性能评定参量维持在一定的给定水平上或给定的范围内；而反馈控制则是将各个输出参量控制在各自相应的给定值上。

3）前馈控制。以上两种控制方式的问题在于补偿作用只在干扰对过程的输出产生影响后才能起作用，即控制动作必须是在有偏差存在的情况下才可能产生，这就意味着过程的输出值在理论上不会与它的预期值一致。图4.7所示的前馈控制系统中，干扰在它对过程产生影响之前就被测出并且产生预修正作用。在理想情况下，修正作用可以完全补偿干扰的影响，即系统的输出值可以完全与预期值相同。

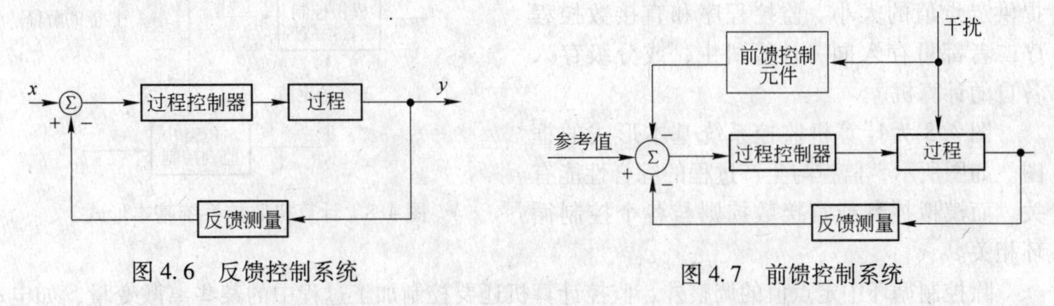

图4.6　反馈控制系统

图4.7　前馈控制系统

4）预先规划控制。预先规划控制是指采用计算机直接控制工艺过程及设备按预先规划好的一系列作业步骤工作，其中包括遇到各种可能出现的加工条件时的处理办法，这种控制方法一般要求采用反馈控制回路，以确保作业顺序中的每一步在转入下一步前一定执行完毕。计算机数字控制实质上是用计算机通过预先编制的程序控制机床进行加工；在工业上广泛应用的可编程序控制器（PLC）可按预先编制好的并固化在只读存储器中的指令，控制一台机器甚至一条自动化生产流水线，按规定的要求有条不紊地工作。这些均属于预先规划控制方式。

5）稳态最优控制。稳态最优控制是指系统在运行过程中，按要求的数学模型优化有关的工作参数，使系统始终处在最优状态下运行。评价系统的最优状态可以是：耗能最少、受益最多、生产率最高、质量最优、误差最小等，所采用的优化方法可以是线性规划、动态规划以及变分法等。

6）自适应控制。自适应控制兼有反馈控制和最优控制两者的属性，像反馈控制系统那样要测取一定的过程参量，像最优控制系统那样要用到全局性能指标的衡量。自适应控制区别于这两类控制系统的特点是：它被用在随时间变化的环境下工作。一个系统处在随时间变化的过程环境之中并不少见，也就是说，自适应系统可以通过检测环境的性能和变化来补偿环境变化的影响，从而使系统工作达到或接近最佳状态。

（3）计算机工艺过程监控的基本形式。计算机工艺过程监控系统的控制方式与制造过程的自动化程度有关。在自动化程度较低的制造系统中最简单的方式是由检测员将质量检测结果记录在质量登记表上，然后将这个登记表中的内容由终端输入计算机。数据在计算机中运算并存放在中央质量控制文件中。计算机还给操作人员提供一份打印的质量报告，操作人员可依据这份报告手动控制加工过程。

对于完全自动化的质量监控系统，则由计算机对工艺过程进行监视和控制。系统中配备采集过程参数的各种传感器，传感器将采集到的实际过程参数送入计算机，根据编入计算机的数学模型确定每个控制循环的适宜的定点值，也就是说，定点值不是固定不变的，以便对全过程中的一些性能目标进行优化。过程的性能目标可能是最高的生产率、最低的单位产品成本或是其他一些与过程有关的目标。用于计算机监控的控制方法有调节控制、前馈控制、预先规划控制、最优控制和自适应控制等。

在计算机监控系统中，各种控制循环定点值的调整由下列两种方法来实现：

1）模拟控制。如果各个反馈回路由模拟装置控制，则将控制用计算机与这些模拟装置相连，定点值的调整通过介于计算机与模拟装置之间的相应的接口硬件来实现。

2）直接数字式控制。如果反馈回路在直接数控下工作，则监控程序给直接数控程序提供定点值的大小。监控程序和直接数控程序二者都可存入同一计算机中，或分级存入各自的计算机。

图 4.8 为计算机监控系统基本形式的框图。如图所示，监控与生产过程的综合性能有关，而模拟控制或直接数控则与各个控制循环相关。

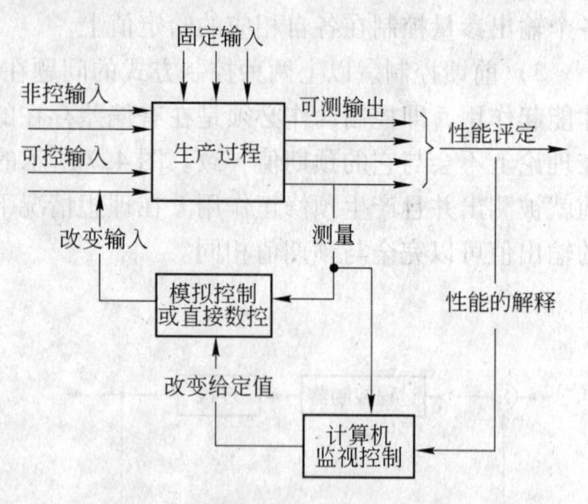

图 4.8　计算机监控系统基本形式

除控制循环中定点值的调整外，监控计算机还要控制加工过程中的某些离散变量，如电动机的启动或停止、开阀、调整开关及电磁线圈等。当工业生产的调节包括按预定指令完成一系列开关型步骤时，这类控制就称为顺序控制。大多数工业生产都含有模拟与离散变量的混合性质，因此，要求监控用计算机把顺序控制与定点值的控制结合起来。

思 考 题

4-1 简述计算机辅助质量系统的主要功能。

4-2 简述集成质量系统的主要功能。

4-3 概述计算机工艺过程监控的主要内容。

参 考 文 献

[1] 宁汝新，等 . CAD/CAM 技术［M］. 北京：机械工业出版社，1999.

[2] 冯辛安，等 . CAD/CAM 技术概论［M］. 北京：机械工业出版社，1995.

5 CAD 建模及 CAD/CAM 集成化

5.1 CAD 建模技术

5.1.1 几何建模的基本概念

5.1.1.1 计算机内部表示及产品建模工具

计算机内部表示及产品建模技术是 CAD/CAM 系统的核心技术之一，也是计算机能够帮助人们从事设计、制造活动的重要原因。计算机内部表示就是决定在计算机内部采用什么样的数字化模型来描述、存储和表达现实世界中的物体。在传统的机械设计与制造中，技术人员是通过工程图样来表达和传递设计思想及工程信息的，这就是最原始的“产品数据模型”。在使用计算机后，这些设计思想和工程信息是以具有一定结构的数字化模型方式存储在计算机内，并经过适当转换可提供给生产过程的各个环节，从而构成统一的产品数据模型。模型一般是由数据、结构和算法三部分组成的。所以 CAD/CAM 建模技术就是研究产品数据模型在计算机内部的建立方法、过程及采用的数据结构和算法。

对于现实世界中的物体，从人们的想象出发到完成它的计算机内部表示的这一过程称为建模。产品建模的步骤如图 5.1 所示，即首先研究产品的抽象描述方法，得到一种想象模型（亦称外部模型），如图 5.1（a）中的零件，它可以想象成以二维的方式进行描述或以三维的方式进行描述，它表达了用户所理解的客观事物及事物之间的关系，然后将这种想象模型以一定格式转换成符号或算法表示的形式，即形成产品信息模型，它表达了信息类型和信息间的逻辑关系，最后形成计算机内部存储模型，这是一种数据模型，即产品数据模型。因此，产品建模过程实质就是一个描述、处理、存储、表达现实世界中的产品，并将工程信息数字化的过程。图 5.1（b）是对这一过程的抽象表示。

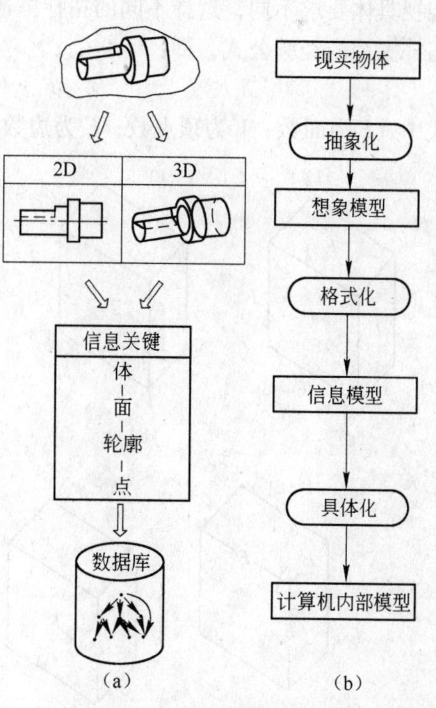

图 5.1 几何建模过程

5.1.1.2 产品建模方法及发展

由于对客观事物的描述方法、存储内容、存储结构的不同而有不同的建模方法和不同的数据模型。目前主要的产品建模方法有几何建模、特征建模和全生命周期建模，相应的产品信息模型和数据模型有几何模型、特征模型、集成产品模型以及最新的智能模型和生物模型等。

A 几何建模的定义

就机械产品的 CAD/CAM 系统而言，最终产品的描述信息应包括形状信息、物理信息、功能信息及工艺信息等，其中形状信息是最基本的。因此自 20 世纪 70 年代以来，首先对产品形状信息的处理进行了大量的研究工作，这一工作就是现在所称的几何建模（Geometric Modelling）。目前市场上的 CAD/CAM 系统大多都采用几何建模方法。所谓几何建模方法，即物体的描述和表达是建立在几何信息和拓扑信息处理基础上的。几何信息一般是指物体在欧氏空间中的形状、位置和大小，而拓扑信息则是物体各分量的数目及其相互间的连接关系。

具体来说，几何信息包括有关点、线、面、体的信息。这些信息可以以几何分量方式表示，如空间中的一点以其坐标值 x、y、z 表示，空间中的一条直线用方程式 $Ax+By+C=0$ 表示等。但是只用几何信息表示物体并不充分，常常会出现物体表示上的二义性。例如图 5.2 中的五个顶点可以用两种不同方式连接起来，因此，仅仅给出五个点的坐标，而没有给出点与点之间连接关系的定义，就可能有不同的理解。这说明对几何建模系统来说，为了保证物体描述的完整性和科学的严密性，必须同时给出几何信息和拓扑信息。

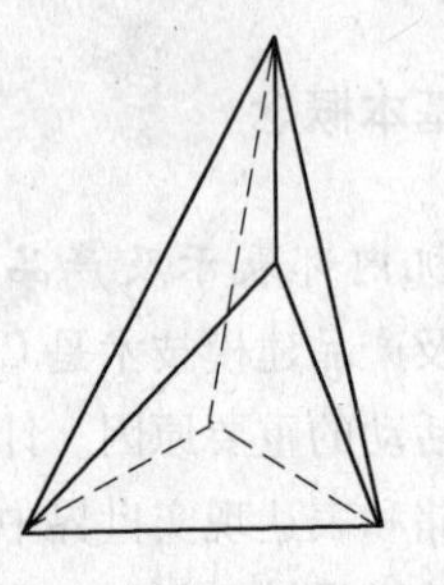
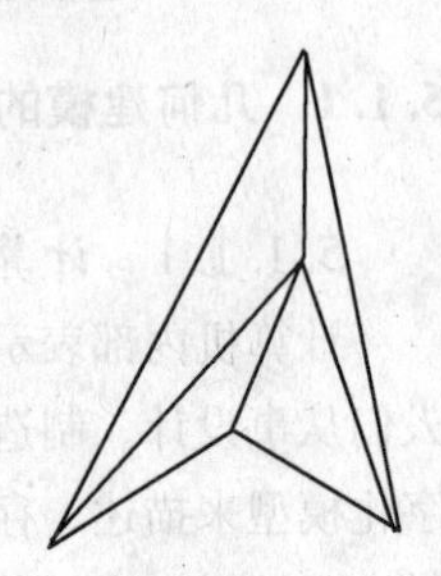

图 5.2 物体表示的二义性

图 5.3 表示一个平面立体几何分量之间可能存在的九种拓扑关系。仔细分析就可发现，这九种拓扑关系并不独立，实际上是等价的，即可以由一种关系推导出其他几种关系。这样就可能视具体要求不同，选择不同的拓扑描述方法。欧拉曾提出一条关于描述流形体的几何分量和拓扑关系的经验公式，即：

$$F + V - E = 2 + R - 2H \tag{5.1}$$

式中，F 为面数；V 为顶点数；E 为边数；R 为面中的孔数目；H 为体中的空穴数。

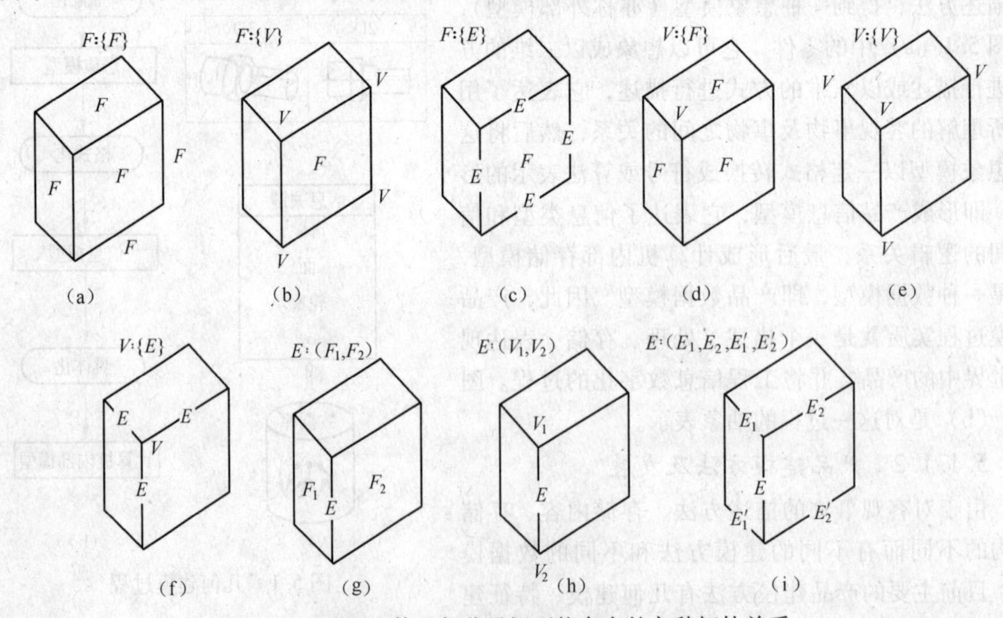

图 5.3 平面立体几何分量间可能存在的九种拓扑关系

欧拉公式是正确生成几何物体边界表示数据结构的有效工具，也是检验物体描述正确与否的重要依据。

在 CAD/CAM 系统中，几何建模是自动设计和图形处理的基础。如前所述，从 20 世纪 70 年代初欧洲首先把几何建模技术列为计算机辅助设计和制造的中心研究项目以来，对几何建模的研究已取得相当大的进展。围绕着几何建模技术主要的研究课题有：(1) 现实世界中物体的描述方法，如二维、三维描述及线框、表面、实体建模技术等；(2) 三维实体建模中的各种计算机内部表达模式，如边界表示法、构造立体几何法、空间单元表示法等；(3) 发展一些关键算法，如并、交、叉运算及消隐运算等；(4) 几何建模系统的某些重要应用，如工程图的生成、具有明暗度和阴影的图形及彩色图的生成、有限元网格生成、数控程序的生成和加工过程的模拟等。

B 特征建模概念的提出

几何模型技术推动了 CAD/CAM 技术的发展，而随着信息技术的发展及计算机应用领域的不断扩大，对 CAD/CAM 系统提出了越来越高的要求，尤其是计算机集成制造（CIM）技术的出现，要求将产品的需求分析、设计开发、制造生产、质量检测、售后服务等产品整个生命周期的各个环节的信息有效地集成起来。由于现有的 CAD 系统大多都建立在几何模型的基础上，即建立在对已存在对象的几何数据及拓扑关系描述的基础上，这些信息无明显的功能、结构和工程含义，其主要目的是实现计算机辅助绘图，所以若从这些信息中提取、识别工程信息是相当困难的，为此推动了特征建模技术的发展。

特征（ Feature）的概念最早出现在 1978 年美国 MIT 的一篇学士论文“CAD 中基于特征的零件表示”中，随后经过几年的酝酿讨论，至 20 世纪 80 年代末有关特征建模技术得到广泛关注。特征是一种集成对象，包含丰富的工程意义，因此它是在更高层次上表达产品的功能和形状信息。对于不同的设计阶段和应用领域有不同的特征定义，例如功能特征、加工特征、形状特征、精度特征等。特征体现了新的设计方法学，它是新一代的 CAD/CAM 建模技术。

技术的发展没有止境。特征建模技术的发展虽然能有效地描述产品的局部工程信息和支持 CAD 与 CAM 的集成，但对产品生命周期缺乏统一的描述方法，并且缺少对概念设计和产品模型的动态演变过程的支持，因此，建立基于知识的智能产品模型的研究正在探索之中。

5.1.2 几何建模技术

5.1.2.1 几何建模系统分类

A 二维几何建模系统

计算机内部模型可以是二维的，也可以是三维的，这主要取决于应用场合和目的。由于二维系统可以满足一般绘图工作的要求，符合长期以来人们用视图表达产品形状和尺寸的习惯，并且所占存储空间少，价格便宜，因此 CAD/CAM 的研究大多是从二维系统开始的，尤其对于钣金零件和回转体零件，用二维视图和剖面图完全可以准确、清楚地对工件进行描述，所以二维几何建模系统在这一类零件设计中广为应用。

二维几何建模系统主要研究平面轮廓处理问题，它可以分为边式和面式两类系统。所谓边式系统意味着只描述轮廓边，然后通过不同类型轮廓边的相互顺序实现绘图目的。由于它没有定义相互联系边的范围，因而不能实现自动画剖面线、拷贝和图形变换等功能。所谓面式系统是将封闭轮廓边包围的范围定义成一个平面，并作为一个整体来处理，因而它不仅可自动画剖面线、拷贝、变换，而且还可以随意相互拼合（相加或相减），从而构成任意复杂的图形。

由于二维几何建模系统比较简单实用，同时大部分二维 CAD 系统都提供了方便的人机交互功能，比较符合设计人员惯用的绘图工作方式，所以在 CAD、CAM 应用的早期，其任务仅局限于计算机辅助绘图或是对回转体零件进行数控编程时，二维几何建模系统应用较多。但是在二维系统中，由于各视图及剖面图在计算机内部是相互独立产生的，因此就不可能将描述同一零件的这些不同信息构成一个整体模型。所以当一个视图改变时，其他视图不可能自动改变，这是它的一个很大弱点。

在二维和三维建模系统之间还有一个领地，有人称为二维半（$2\frac{1}{2}$D）系统。这种系统指的是一个平面轮廓在深度方向延伸形成三维表示方法。由于其几何处理仍是平面轮廓问题，所以仍应属于二维建模系统。

B　三维几何建模系统

众所周知，现实世界的物体是三维的，因而三维几何建模系统可以更加真实地、完整地、清楚地描述物体，它代表了 CAD 建模技术发展的主流。例如飞机的设计，过去是从二维图纸开始，而现在飞机的设计包括总体设计、模线设计、零部件设计及工装设计，大部分都采用三维数字化设计。三维数字化产品定义（Digital Product Definition，DPD）、三维数字化预装配（Digital Pre-Assembly，DPA）技术是实现异地无纸制造及虚拟制造的基本手段，其应用已越来越广泛。

根据描述方法及存储的几何信息、拓扑信息的不同，三维几何建模系统可以分为图 5.4 所示的三种不同层次的建模类型，即线框建模、表面建模、实体建模。

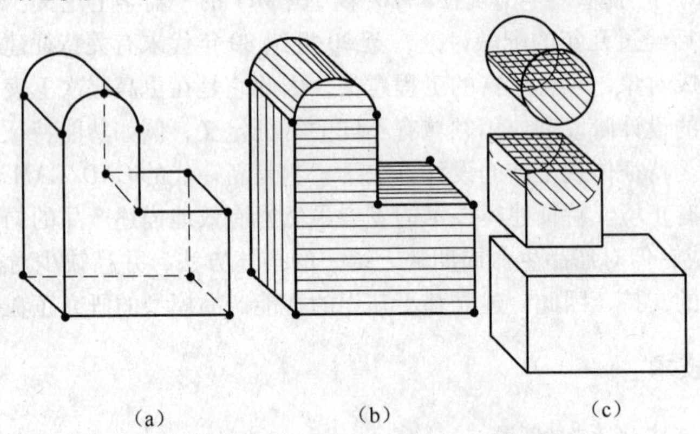

图 5.4　三维几何建模系统的分类

(a) 线框建模；(b) 表面建模；(c) 实体建模

5.1.2.2　三维几何建模技术

A　线框建模

a　三维线框模型的几何元素及存储结构

线框模型是 CAD/CAM 系统发展中应用最早的三维建模方法，线框模型是二维图的直接延伸，即把原来的平面直线、圆弧扩展到空间，使其产生立体感，所以点、直线、圆弧和某些二次曲线是线框模型的基本几何元素。

线框模型在计算机内部是以边表、点表来描述和表达物体的，例如图 5.5 所示物体在计算机内部是通过 12 个点和 18 条边来表达线框模型的。这种描述方法所需信息量最少，因此具有数据结构简单、对硬件要求不高、显示响应速度快等优点。但从图 5.5 中的数据结构可见，边与边之间没有关系，即没有构成关于面的信息，因此不存在内、外表面的区别，甚至在有些情况下，信息不完整，存在多义性。另外由于没有面的概念，无法识别可见边，也就不能自动进行可见性检验及消隐。由此可见，线框模型不适用于对物体需要进行完整信息描述的场合。但是在有些情况下，例如评价物体外部形状、布局、干涉检验或绘制图样等，线框模型提供的信息已经足够。同时由于它具有较好的时间响应特性，所以对实时仿真技术或中间结果显示很适用，因此在实体建模的 CAD 系统中常采用线框模型显示中间结果。

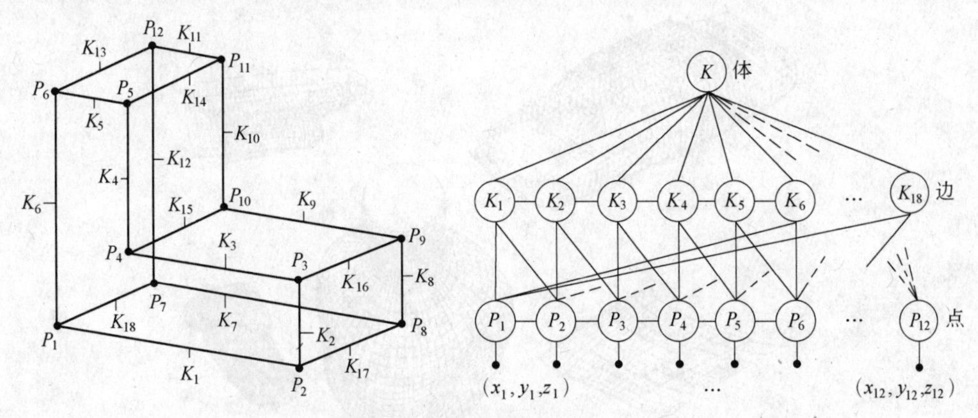

图 5.5 线框模型的数据结构

b 线框模型向曲面和实体模型的转换

由于线框模型明显的优、缺点，所以有人在线框模型向曲面、实体模型的自动转换方面做了大量研究工作。其研究工作主要体现在两个方面：一是从平面投影的三视图自动构成三维实体；二是在三维线框上通过蒙面构成实体。虽然这两项研究工作具有很大难度，但却有很大实用价值，例如工程图样的三视图自动转换成三维实体可以将大量的工程图样输入计算机进行管理。目前采用的转换方法主要有：

(1) 自底向上重构法。它的主要思路是匹配三个视图中的各个顶点，生成三维顶点，由三维顶点生成三维边，由三维边构成三维面，然后形成三维实体。这里关键的一步是从离散的各条边中搜索出封闭环，由环生成面。由于三维线框的多义性，因此构成的三维实体不是唯一的，需要找出所有可能性，从中选取合理的解。

(2) 基本模型引导的重构算法。此法是由 Aldefeld 提出的，适用于等厚度平行扫描体的一种方法。它采用结构识别技术，首先从一个视图中找出封闭环，再从其他视图中寻找对应的侧投影，此方法与工程图识别和形状特征提取十分相似。

(3) 自顶向下重构法。这是利用图样上标注的各种信息来识别实体的方法，利用基于知识的图文匹配技术，实现三维实体的重建。

线框模型的自动蒙面法在原理上与三维视图重构法有很多相似之处。所不同的是在自动蒙面法中，首先关心的是如何将点和边构成环。连环的方法有两种：一种是几何法，即寻找共面的直线边或可生成圆柱面、圆锥面的边界线等；另一种是拓扑法，即只考虑边与顶点的连接关系。目前现有的商用 CAD/CAM 系统仅实现了线框的局部自动蒙面功能。

B 曲面建模

曲面建模又称表面建模（Surface Modeling），是通过对物体的各种表面或曲面进行描述的一种三维建模方法，主要适用于其表面不能用简单的数学模型进行描述的复杂物体型面，如汽车、飞机、船舶、水利机械和家用器具等产品外观设计以及地形、地貌、石油分布等资源的描述（图 5.6）。这种建模方法的重点是由给出的离散点数据构成光滑过渡的曲面，使它仿照参数曲线的定义，将参数曲面看成是一条变曲线$\bar{r}=\bar{r}(u)$按照某参数 v 运动形成的轨迹。多年来，通过大量的生产实践，在曲线、曲面的参数化数学表示及 NC 编程方面取得了很大进展。广为流行的几种参数曲线、曲面有贝齐尔（Bèzier）、B 样条、孔斯（Coons）、非均匀有理 B 样条（NURBS）等。

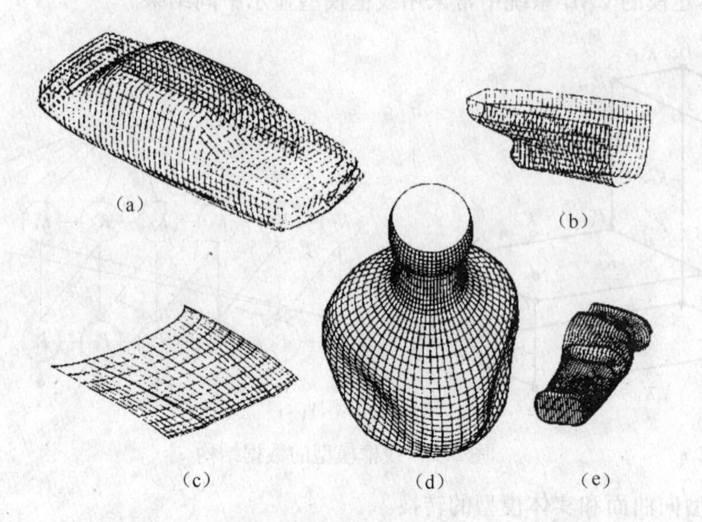

图 5.6　曲面建模实例

（a）汽车；（b）船体；（c）发动机盖；（d）容器；（e）手柄

a　贝齐尔（Bèzier）曲线与曲面

贝齐尔曲线、曲面是法国雷诺汽车公司的 Bèzier 在 1962 年提出的一种构造曲线、曲面的方法。图 5.7（a）所示为三次 Bèzier 曲线的形成原理，这是由四个位置矢量 $\boldsymbol{Q}_0$、$\boldsymbol{Q}_1$、$\boldsymbol{Q}_2$、$\boldsymbol{Q}_3$ 定义的曲线。通常将 $\boldsymbol{Q}_0$、$\boldsymbol{Q}_1$、…、$\boldsymbol{Q}_n$ 组成的多边形折线称为 Bèzier 控制多边形，多边形的第一条折线和最后一条折线代表曲线起点、终点的切线方向，其他顶点用于定义曲线的阶次和形状。Bèzier 曲线的一般数学表达式为

$$\boldsymbol{P}(t)=\sum_{i=0}^{n}B_{i,n}(t)\boldsymbol{Q}_i \quad (0\leqslant t\leqslant 1) \tag{5.2}$$

式中，$\boldsymbol{Q}_i$ 为各顶点的位移矢量；$B_{i,n}(t)$ 为 Bernstein 基函数，并有

$$B_{i,n}(t)=\frac{n!}{i!\ (n-1)!}t^i(1-t)^{n-i} \quad (i=0,1,2,\cdots,n) \tag{5.3}$$

当 $n=3$ 时，上式变为

$$P(t)=(1-t)^3Q_0+3t(1-t)^2Q_1+3t^2(1-t)Q_2+t^3Q_3$$

写成矩阵形式则为

$$\boldsymbol{P}(t)=[t^3\ t^2\ t\ 1]\begin{bmatrix}-1 & 3 & -3 & 1\\ 3 & -6 & 3 & 0\\ -3 & 3 & 0 & 0\\ 1 & 0 & 0 & 0\end{bmatrix}\begin{bmatrix}\boldsymbol{Q}_0\\ \boldsymbol{Q}_1\\ \boldsymbol{Q}_2\\ \boldsymbol{Q}_3\end{bmatrix} \tag{5.4}$$

此式称为三次 Bèzier 曲线。三次 Bèzier 曲线是应用最广泛的曲线。由于高次 Bèzier 曲线还有些理论问题待解决，所以通常是用分段的三次 Bèzier 曲线来代替。

Bèzier 曲线具有直观、使用方便、便于交互设计等优点。但 Bèzier 曲线和定义它的特征多

边形有时相差甚远，而且当修改一个顶点或改变顶点数量时，整条曲线都会发生变化，所以曲线局部修改性比较差。

用一个参数 t 描述的矢量函数可以表示一条空间曲线，用两个参数 u、v 描述的矢量函数就能表示一个曲面。如图 5.7（b）所示，可以直接由三次 Bèzier 曲线的定义推广到双三次 Bèzier 曲面的定义。

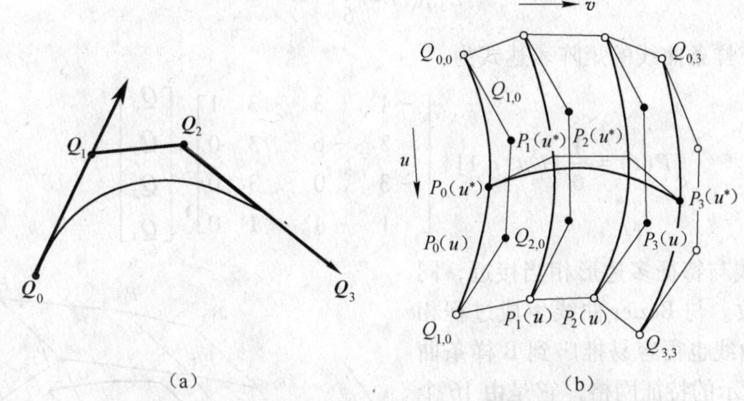

图 5.7　三次 Bèzier 曲线（a）及双三次 Bèzier 曲面（b）

图 5.7（b）中有四条 Bèzier 曲线 $P_i(u)(i=0,1,2,3)$，它们分别以 $Q_{i,j}$ 为控制顶点（$j=0,1,2,3$）。当四条曲线的参数 $u=u^*$ 时，形成四点：$P_0(u^*)$、$P_1(u^*)$、$P_2(u^*)$、$P_3(u^*)$，由这四点构成 Bèzier 曲面方程为：

$$P(u^*,v)=\sum_{j=0}^{3}B_{j,3}(v)P_j(u^*)$$

当 u^* 从 0~1 发生变化时，$P(u^*,v)$ 为一条运动曲线，构成的曲面方程为：

$$P(u,v)=\sum_{j=0}^{3}B_{j,3}(v)\sum_{i=0}^{3}B_{i,3}(u)Q_{i,j}=\sum_{i=0}^{3}\sum_{j=0}^{3}B_{i,3}(u)B_{j,3}(v)Q_{i,j} \tag{5.5}$$

上式即为双三次 Bèzier 曲面方程，写成矩阵形式为：

$$\boldsymbol{P}(u,v)=\boldsymbol{U}\boldsymbol{M}_B\boldsymbol{B}\boldsymbol{M}_B^{\mathrm{T}}\boldsymbol{V}^{\mathrm{T}} \tag{5.6}$$

式中　$\boldsymbol{U}=[u^3\ u^2\ u\ 1]$，$\boldsymbol{V}=[v^3\ v^2\ v\ 1]$

$$\boldsymbol{M}_B=\boldsymbol{M}_B^{\mathrm{T}}=\begin{bmatrix}-1 & 3 & -3 & 1\\ 3 & -6 & 3 & 0\\ -3 & 3 & 0 & 0\\ 1 & 0 & 0 & 0\end{bmatrix},\quad \boldsymbol{B}=\begin{bmatrix}Q_{0,0} & Q_{0,1} & Q_{0,2} & Q_{0,3}\\ Q_{1,0} & Q_{1,1} & Q_{1,2} & Q_{1,3}\\ Q_{2,0} & Q_{2,1} & Q_{2,2} & Q_{2,3}\\ Q_{3,0} & Q_{3,1} & Q_{3,2} & Q_{3,3}\end{bmatrix}$$

b　B 样条曲线与曲面

B 样条曲线与 Bèzier 曲线密切相关，它继承了 Bèzier 曲线直观性好等优点，仍采用特征多边形及权函数定义曲线，所不同的是权函数不是 Bernstein 基函数，而是 B 样条基函数。B 样条基函数定义为：

$$E_{i,n}(t)=\frac{1}{n!}\sum_{j=0}^{n-i}(-1)^j C_{n+1}^j(t+n-i-j)^n\quad(0\leqslant t\leqslant 1) \tag{5.7}$$

式中，i 为基函数的序号，$i=0,1,2,\cdots,n$；n 为样条次数；

j 表示一个基函数是由哪几项相加。例如将 $n=3$ 代入式（5.7）中得：

$$E_{0,3}(t)=\frac{1}{6}(-t^3+3t^2-3t+1)$$

$$E_{1,3}(t) = \frac{1}{6}(3t^3 - 6t^2 + 4)$$

$$E_{2,3}(t) = \frac{1}{6}(-3t^3 + 3t^2 + 3t + 1)$$

$$E_{3,3}(t) = \frac{1}{6}t^3$$

因此三次 B 样条曲线的矩阵表达式为：

$$\boldsymbol{P}(t) = \frac{1}{6}[t^3\ t^2\ t\ 1]\begin{bmatrix} -1 & 3 & -3 & 1 \\ 3 & -6 & 3 & 0 \\ -3 & 0 & 3 & 0 \\ 1 & 4 & 1 & 0 \end{bmatrix}\begin{bmatrix} \boldsymbol{Q}_0 \\ \boldsymbol{Q}_1 \\ \boldsymbol{Q}_2 \\ \boldsymbol{Q}_3 \end{bmatrix} \tag{5.8}$$

B 样条曲线与特征多边形相当接近，同时便于局部修改。与 Bèzier 曲线生成过程相似，由 B 样条曲线也很容易推广到 B 样条曲面，如图 5.8 所示的特征网格，它是由 16 个顶点 $P_{ij}(i, j=0, 1, 2, 3)$ 唯一确定的双三次 B 样条曲面，曲面方程为：

$$P(u,v) = \sum_{i=0}^{3}\sum_{j=0}^{3}E_{i,3}(u)E_{j,3}(v)P_{ij} \tag{5.9}$$

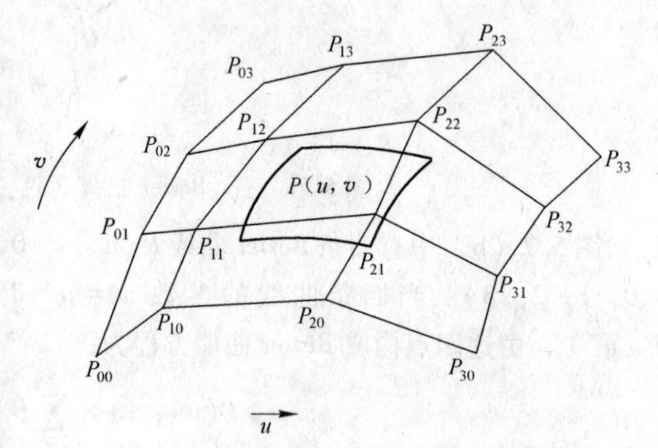

图 5.8　B 样条曲面

可推广到任意次 B 样条曲面，设一组点 $P_{ij}(i = 0, 1, 2, \cdots, m;\ j = 0, 1, 2, \cdots, n)$，则通用 B 样条曲面方程为：

$$P(u,v) = \sum_{i=0}^{m}\sum_{j=0}^{n}E_{i,m}(u)E_{j,n}(v)P_{ij}$$

B 样条方法比 Bèzier 方法更具一般性，同时 B 样条曲线、曲面具有局部可修改性和很强的凸包性，因此较成功地解决了自由型曲线、曲面描述问题。

c　非均匀有理 B 样条（NURBS）曲线、曲面

随着实体建模技术不断成熟，迫切需要寻找一种将曲面和实体融为一体的表示方法，因而非均匀有理 B 样条（Non-uniform Rational B-spline，NURBS）技术获得了较快发展和应用。其主要原因在于：(1) NURBS 曲线和曲面提供了对标准解析几何（如圆锥曲线、旋转面等）和自由曲线、曲面的统一数学描述方法；(2) 它可通过调整控制顶点和权因子，方便、灵活地改变曲面形状，同时也可方便地转换成对应的 Bèzier 曲面；(3) 具有对缩小、旋转、平移与透视投影等线性变换的几何不变性。因此 NURBS 方法已成为曲线、曲面建模中最为流行的技术。STEP 产品数据交换标准也将 NURBS 作为曲面几何描述的唯一方法。

NURBS 曲线定义如下：给定 $n+1$ 个控制点 $P_i(i = 0, 1, \cdots, n)$ 及权因子 $W_i(i = 0, 1, \cdots, n)$，则 k 阶 $k-1$ 次 NURBS 曲线表达式为：

$$C(u) = \sum_{i=0}^{n}N_{i,k}(u)W_iP_i \Big/ \sum_{i=0}^{n}N_{i,k}(u)W_i \tag{5.10}$$

式中，$N_{i,k}(u)$ 为非均匀 B 样条基函数，按照 deBoor-Cox 公式递推的定义：

$$N_{i,1}(u) = \begin{cases} 1 & 当\ u_i \leqslant u \leqslant u_{i+1} \\ 0 & 其他 \end{cases}$$

$$N_{i,k}(u)=\frac{(u-u_i)N_{i,k-1}(u)}{u_{i+k-1}-u_i}+\frac{(u_{i+k}-u)N_{i+1,k-1}(u)}{u_{i+k}-u_{i+1}}$$

NURBS 曲面的定义与 NURBS 曲线的定义相似，给定一张 $(m+1)(n+1)$ 的网格控制点 $P_{ij}(i=0,1,\cdots,n;\ j=0,1,\cdots,m)$，以及各网格控制点的权值 $W_{ij}(i=0,1,2,\cdots,n;\ j=0,1,2,\cdots,m)$，则其 NURBS 曲面的表达式为：

$$S(u,v)=\sum_{i=0}^{n}\sum_{j=0}^{n}N_{i,k}(u)N_{j,l}(v)W_{ij}P_{ij}\Big/\sum_{i=0}^{n}\sum_{j=0}^{n}N_{i,k}(u)N_{j,l}(v)W_{ij} \tag{5.11}$$

式中，$N_{i,k}(u)$ 为 NURBS 曲面 u 参数方向的 B 样条基函数；$N_{j,l}(v)$ 为 NURBS 曲面 v 参数方向的 B 样条基函数；k、l 为 B 样条基函数的阶次。

d 几种简化曲面生成方法

(1) 线性拉伸面。这是将一条剖面线 $C(u)$ 沿方向 D 滑动所扫成的曲面，见图 5.9 (a)。设滑动距离为 d，且 $C(u)$ 为 NURBS 曲线，则扫成的线性拉伸曲面可写成：

$$S(u,v)=\sum_{i=0}^{n}\sum_{j=0}^{1}N_{i,k}(u)N_{j,2}(v)W_{ij}P_{ij}\Big/\sum_{i=0}^{n}\sum_{j=0}^{1}N_{i,k}(u)N_{j,2}(v)W_{ij}$$

其中控制顶点 P_{ij} 和权因子 W_{ij} 定义为：

$$P_{i0}=P_i,\ P_{i1}=P_i+dD,\ W_{i0}=W_{i1}=W_i$$

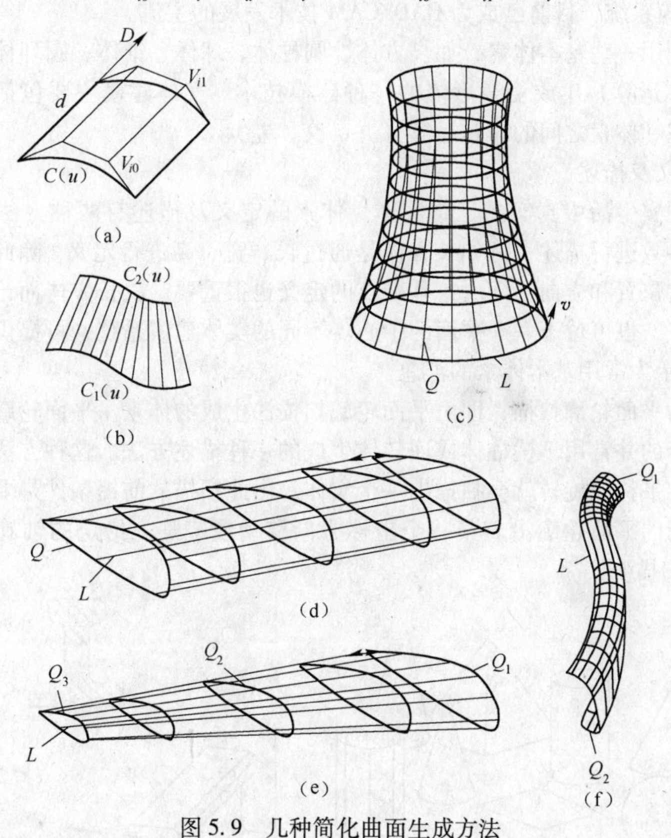

图 5.9 几种简化曲面生成方法

(2) 直纹面。给定两条相似的 NURBS 曲线或其他曲线，它们具有相同的次数和相同的节点矢量，将两条曲线上对应点用直线相连，便构成了直纹面，见图 5.9 (b)。

(3) 旋转面。将定义的曲线绕某轴（如 Z 轴）旋转 360°，就得到旋转面。旋转面的特征是与 Z 轴垂直平面上的曲线是一个整圆，见图 5.9 (c)。

（4）扫描面。扫描面的具体构造方法很多，其中应用最多、最有效的方法是沿导向曲线（亦称控制曲线）扫描而形成曲面，它适用于具有相同构形规律场合。具体定义时，只需在给定的距离内，定义垂直于导向曲线的剖面曲线即可。图 5.9（d）、图 5.9（e）和图 5.9（f）为利用这种方法形成的不同曲面形状。

曲面模型可以为其他应用场合继续提供数据，例如当曲面设计完成后，便可根据用户要求自动进行有限元网格的划分、三坐标或五坐标 NC 编程以及计算和确定刀具运动轨迹等。但由于曲面模型内不存在各个表面之间相互关系的信息，因此在 NC 加工中只针对某一表面处理是可行的。倘若同时考虑多个表面的加工及检验可能出现的干涉现象，还必须采用三维实体建模技术。

曲面建模技术为反求工程（Reverse Engineering，RE）的 CAD 建模提供了基础。反求工程的重要任务之一是通过数字化测试设备对产品实物或样件测得的一系列离散数据进行处理和重构，生成原来产品的 CAD 模型。在关键零件的反求工程方面，主要集中在表面的反求，而目前表面反求采用的主要方法是前面所述的 NURBS 曲面模型和三角 Bèzier 曲面模型。

C　实体建模

实体建模（Solid Modelling）技术是 20 世纪 70 年代后期、80 年代初期逐渐发展完善并推向市场的 CAD 建模系统，目前已成为 CAD/CAM 技术发展的主流。

实体建模是利用一些基本体素，如长方体、圆柱体、球体、锥体、圆环体以及扫描体等通过集合运算（布尔运算）生成复杂形体的一种建模技术。实体建模主要包括两部分内容，即体素的定义及描述和体素之间的布尔运算（并、交、差）。

a　体素的定义及描述

体素是针对现实生活中真实的三维实体。体素的定义及描述有两种方法。一种为基本体素，可通过少量参数进行描述，例如长方体是通过长、宽、高进行定义。除此之外，还应定义基本体素在空间的位置和方向。同时，基准点的定义也很重要。就长方体而论，它的基准点可位于它的一个顶点，也可位于一个平面的中心。不同的实体建模系统，可提供不同的基本体素类型。图 5.10 所示为常用基本体素的汇总。

另一种体素为平面轮廓扫描，即由平面轮廓扫描法生成的体素。平面轮廓扫描法是一种与二维系统密切结合的并常用于棱柱体或回转体生成的一种描述方法。这种方法的基本设想是一个二维轮廓在空间平移或旋转就会扫描出一个实体。由此扫描的前提条件是要有一个封闭的平面轮廓。这一封闭的平面轮廓沿着某一个坐标方向移动或绕某一给定的轴旋转，便形成了图 5.11 所示的两种扫描变换。

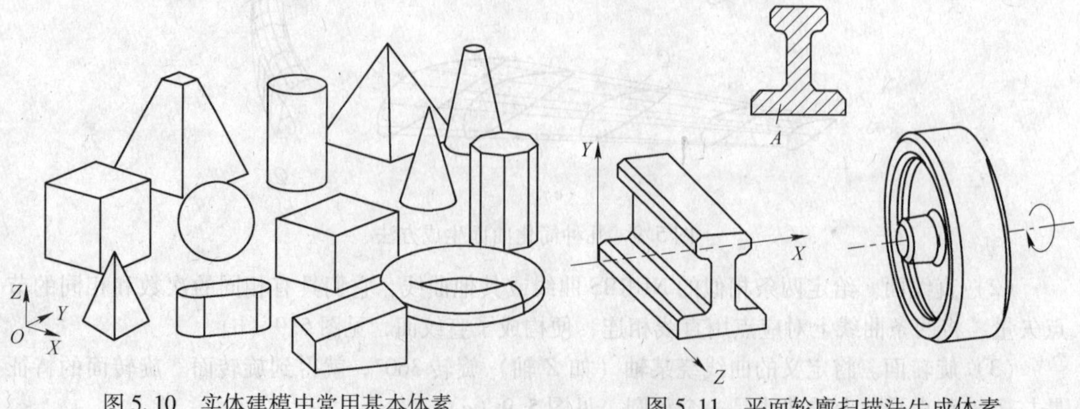

图 5.10　实体建模中常用基本体素

图 5.11　平面轮廓扫描法生成体素

除了平面轮廓扫描外，还可以进行整体扫描。所谓整体扫描就是使一个刚体在空间运动以产生新的物体形状，如图 5.12 所示。这种方法在生产过程的模拟及干涉检验方面具有很大的实用价值，特别是在 NC 加工中刀具轨迹的生成和检验方面具有重要意义。

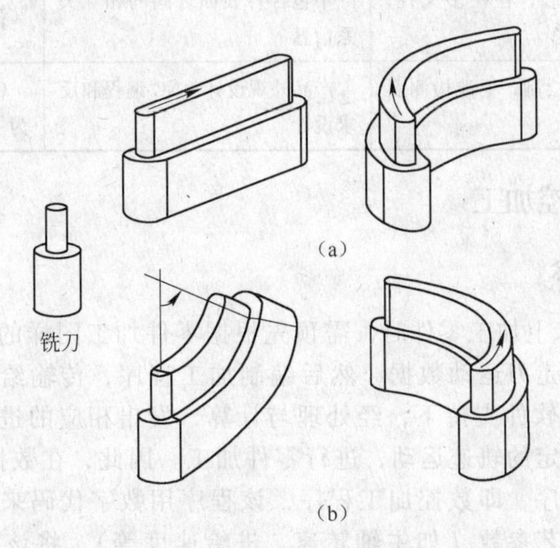

图 5.12 铣刀运动中可能生成的形状
(a) 平移；(b) 回转

b 布尔运算

两个或两个以上体素经过集合运算得到实体的表示称为布尔模型（Boolean Model），这种集合运算亦称布尔运算。例如 A、B 两个实体经布尔运算生成 C 实体，那么布尔模型表示为：C=A<OP>B，符号<OP>是布尔算子，它可以是∪（并）、∩（交）和－（差）等。布尔运算是个过程模型，它通常可直接以二叉树结构表示。

由于实体建模具有一系列优点，所以在设计与制造中广为应用，尤其是在运动学分析、干涉检验、机器人编程和五坐标 NC 铣削过程模拟、空间技术等方面已成为不可缺少的工具，可以说未来的 CAD/CAM 系统将全部具有三维实体建模功能。

表 5.1 为三种三维建模方法的优、缺点比较。从表 5.1 可见，不同的建模方法有不同的适用范围。早期开发的 CAD 系统往往分别对应上述三种不同的建模方法，而当前的发展则是将三者有机结合起来，各用所长，形成一个整体。

表 5.1 三种三维建模方法分析比较

项 目	纸框建模	曲面建模	实体建模
几何元素	空间点、直线、圆弧和某些二次曲线	一系列离散点数据	立方体、圆柱体、锥体、球体、圆环体、扫描体等
描述方法	点、边的顺序连接	通过逼近、插值、拟合构成光滑曲面	体素定义及体素之间的布尔运算（并、交、差）
表达内容	产品外形轮廓	复杂物体表面	实体全部信息
优 点	数据结构简单，显示响应速度快	描述任意形状表面，便于有限元网格划分	信息描述完整

续表 5.1

项　目	纸框建模	曲面建模	实体建模
缺　点	信息不完整，存在多义性，不能进行消隐	不包含各表面之间的相互关系信息	信息量大，对硬件要求高
适用范围	工程图样绘制、干涉检测及实时仿真	产品外观设计、NC 编程和反求设计	CAD/CAM 集成应用，已成为主流建模技术

5.2　计算机辅助数控加工

5.2.1　数控加工的概念

在数控（NC）机床上加工零件时，需预先根据零件加工图样的要求确定零件加工的工艺过程、工艺参数和走刀运动数据，然后编制加工程序，传输给数控系统，在事先存入数控装置内部的控制软件支持下，经处理与计算，发出相应的进给运动指令信号，通过伺服系统使机床按预定的轨迹运动，进行零件加工。因此，在数控机床上加工零件时，首先要编写零件加工程序，即数控加工程序，该程序用数字代码来描述被加工零件的工艺过程、零件尺寸和工艺参数（如主轴转速、进给速度等），将该程序输入数控机床的 NC 系统，控制机床的运动与辅助动作，完成零件的加工。数控加工的工作流程如图 5.13 所示。

图 5.13　数控加工的工作流程

根据被加工零件的图纸和技术要求、工艺要求等切削加工的必要信息，按数控系统所规定的指令和格式编制加工程序文件，该过程称为数控编程（NC Programming）或零件编程（Part Programming）。

数控加工编程是数控加工中一项极为重要的工作。要在数控机床上进行加工，必须编写数控加工程序。据国外统计，对于复杂零件，特别是曲面零件加工，用手工编程时，一个零件的编程时间与在机床上实际加工时间之比约为 30∶1。数控机床不能充分发挥作用的原因中，有 20%~30%是由于加工程序不能及时编制出来而造成的，可见数控编程直接影响数控设备的加工效率。从 CAM 的角度来看，数控加工程序的编制也是一个关键问题。因此，为了缩短生产周期，提高数控机床的利用率，有效地解决各种模具及复杂零件的加工问题，必须发展高效率的 NC 加工编程与程序检验方法。

5.2.2　计算机辅助数控加工编程

5.2.2.1　计算机辅助数控加工编程原理

计算机辅助数控加工编程原理如图 5.14 所示。编程人员首先将被加工零件的几何图形及相关工艺过程用计算机能够识别的形式输入计算机，利用计算机内的数控系统程序对输入信息进行翻译，形成机内零件拓扑数据；然后进行工艺处理（如刀具选择、走刀分配、工艺参数选择等）与刀具运动轨迹的计算，生成一系列的刀具位置数据（包括每次走刀运动的坐标数据

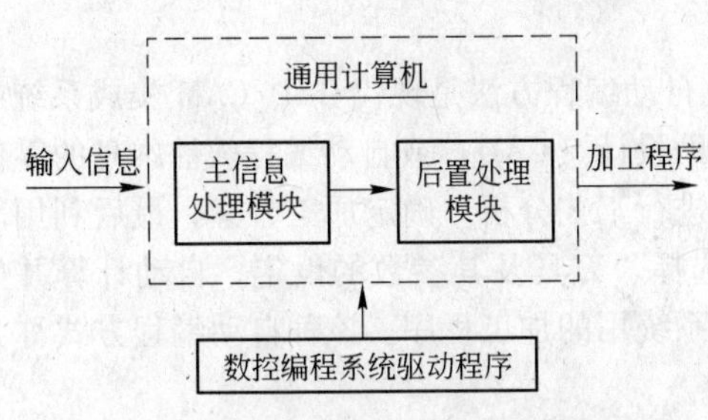

图 5.14 计算机辅助数控加工编程原理

和工艺参数），这一过程称为主信息处理（或前置处理）；然后按照 NC 代码规范和指定数控机床驱动控制系统的要求，将主信息处理后得到的刀位文件转换为 NC 代码，这一过程称为后置处理。经过后置处理便能输出适应某一具体数控机床要求的零件数控加工程序（即 NC 加工程序），该加工程序可以通过控制介质（如磁带、磁盘等）或通信接口送入机床的控制系统。

5.2.2.2 数控加工编程的主要内容与步骤

正确的加工程序不仅应保证加工出符合图纸要求的合格工件，同时应能使数控机床的功能得到合理的应用与充分的发挥，以使数控机床能安全、可靠、高效地工作。数控编程过程主要包括：分析加工件的图样、工艺处理、数学处理、编写程序单、数控程序输入及程序检验。典型的数控编程过程如图 5.15 所示。

A 加工工艺决策

在数控编程之前，应了解所用数控机床的规格、性能、数控系统所具备的功能及编程指令格式等。根据零件形状尺寸及其技术要求，分析零件的加工工艺，选定合适的机床、刀具与夹具，确定合理的零件加工工艺路线、工步顺序以及切削用量等工艺参数。

B 刀位轨迹计算

在编写 NC 程序时，根据零件形状尺寸、加工工艺路线的要求和定义的走刀路径，在适当的工件坐标系上计算零件与刀具相对运动的轨迹的坐标值，以获得刀位数据，诸如几何元素的起点、终点、圆弧的圆心、几何元素的交点或切点等坐标值，有时还需根据这些数据计算刀具中心轨迹的坐标值，并按数控系统最小设定单位（如 0.001mm）将上述坐标值转换成相应的数字量作为编程的参数。

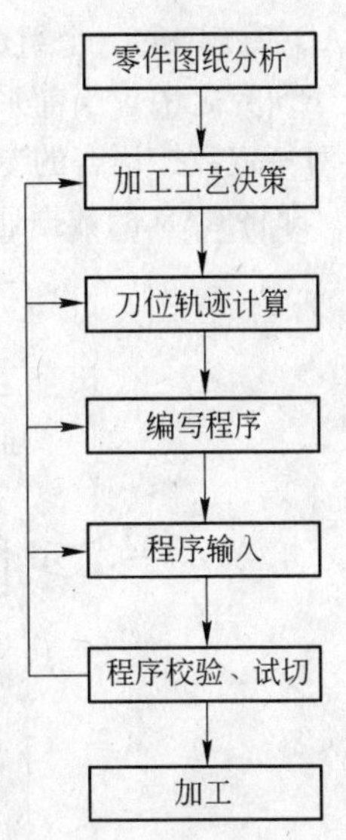

图 5.15 数控编程过程

在计算刀具加工轨迹前，正确地选择编程原点及编程坐标系即工件坐标系是很重要的。工件坐标系是指在数控编程时，在工件上确定的基准坐标系，其原点也是数控加工的对刀点。

5.2.2.3 数控编程的方法

计算机辅助数控自动编程的实现需要专门的数控编程软件，现代数控编程软件主要分为以批处理命令方式为主的各类 APT 语言编程系统和交互式 CAD/CAM 集成化编程系统。

APT 是一种自动编程工具（Automatically Programmed Tool）的简称，是对工件、刀具的几何形状及刀具相对于工件的运动等进行定义时所用的一种接近于英语的符号语言。在编程时编程人员依据零件图样，以 APT 语言的形式表达出加工的全部内容，再把用 APT 语言书写的零件加工程序输入计算机，经 APT 语言编译系统编译产生刀位文件（CLDATA file），通过后置处理后，生成数控系统能接受的零件数控加工程序。该过程称为 APT 语言自动编程。

采用 APT 语言自动编程时，计算机（或编程机）代替程序编制人员完成了繁琐的数值计算工作，并省去了编写程序单的工作量，因而大大提高编程效率，同时解决了手工编程中无法解决的许多复杂零件的编程难题。

以 CAD 软件为基础的交互式 CAD/CAM 集成化自动编程方法是现代 CAD/CAM 集成系统中常用的方法，在编程时编程人员首先利用计算机辅助设计（CAD）或自动编程软件本身的零件造型功能，构建出零件几何形状，然后对零件图样进行工艺分析，确定加工方案，最后利用软件的 CAM 功能，完成工艺方案的指定、切削量的选择、刀具及其参数的设定，自动计算并生成刀位轨迹文件，利用后置处理功能生成指定数控系统用的加工程序。该种自动编程方式称为图形交互式自动编程。

CAD/CAM 集成化数控编程的主要特点是零件的几何形状可在零件设计阶段采用 CAD/CAM 集成系统的几何设计模块在图形交互方式下进行定义、显示和修改，最终得到零件的几何模型。编程操作都是在屏幕菜单及命令驱动等图形交互方式下完成的，具有形象、直观和高效等优点。

数控编程与 CAD 的连接有多种途径和可能性，如图 5.16 所示。途径 1 为根据零件的图样进行数控编程，中间的转换和连接是靠人实现的；途径 2 为集成数控编程，此时 NC 模块是作为 CAD 系统中的一个组成部分，因而可对零件设计和加工中的信息进行集成处理，这种途径正处于研究之中。当前采用较多的是途径 3 和途径 4，其中途径 4 是通过 CAD 系统直接产生一个针对特定数控语言的专用零件源程序。由于这种方法通用性差，所以实际中应用最多的是途径 3，即将 CAD 的数据通过标准接口的方式传递给数控编程系统。

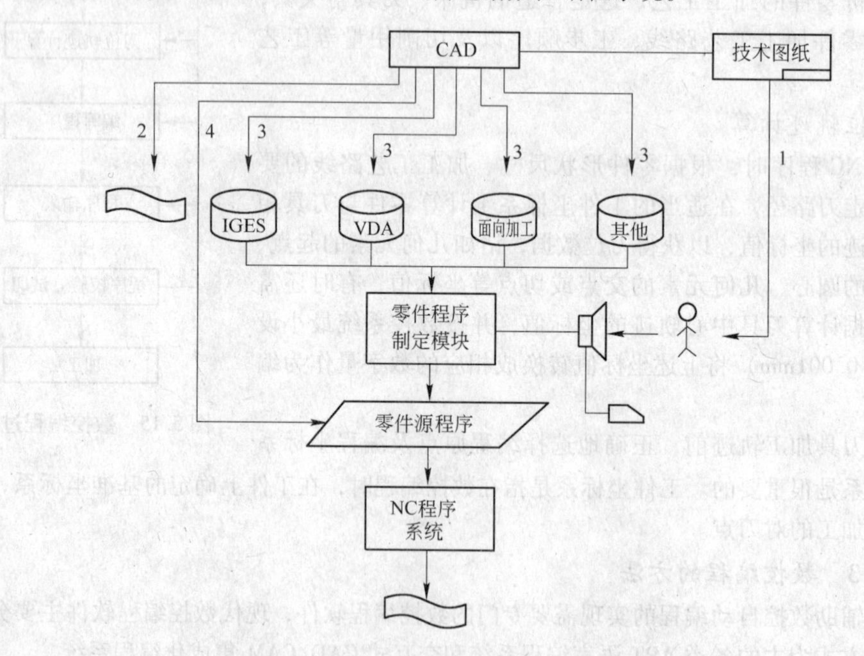

图 5.16　NC 编程与 CAD 的 4 种连接方式

途径 1—非连接；途径 2—集成；途径 3—间接连接；途径 4—直接连接

在 CAD/CAM/CAE 系统中引入 NC 编程功能时，工件的 NC 程序是在显示器上通过人机对话的形式编制的。把 CAD 系统中生成的几何形状数据以图形的方式显示在显示器上，指出构成该形状的线或者面，从而生成工件的 NC 程序。

检查由 NC 编程所得到的 NC 输入信息是否正确，简单的方法是将刀具的运动轨迹在显示器上显示出来，用目视的方法进行检查。要在计算机内进行真正的检查，就要用实体模型来替换刀具、夹具和工件等，按照所生成的 NC 输入信息使这些模型相对运动，对其进行运动仿真。在检查包括后置处理器的处理在内的最终结果时，可以让机床空转来试运行。也有通过对苯乙烯等树脂进行实际的加工来检查。

5.2.2.4 数控加工程序段及指令

一个零件的加工程序是由许多按规定格式书写的程序段组成。每个程序段包含着各种指令和数据，它对应着零件的一段加工过程。常见的程序段格式有固定顺序格式、分隔符顺序格式及字地址格式三种。目前常用的是字地址格式。典型的字地址格式如图 5.17 所示。

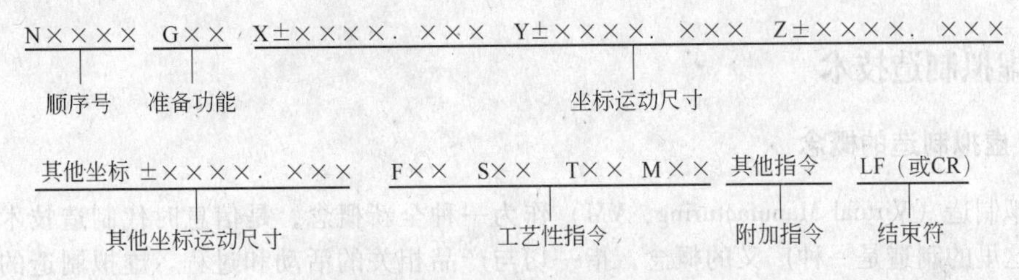

图 5.17 数控加工程序的程序段格式

每个程序段的开头是程序段的序号，以字母 N 和四位数字表示；接着一段是准备功能指令，由字母 G 和两位数字组成，这是基本的数控指令；而后是机床运动的目标坐标值，如用 X、Y、Z 等指定运动坐标值；在工艺性指令中，F 代码为进给速度指令，S 代码为主轴转速指令，T 代码为刀具号指令，M 代码为辅助功能指令。LF 为 ISO 标准中的程序段结束符号（在 EIA 标准中为 CR，在某些数控系统中，程序段结束符用符号“*”或“;”表示）。

数控加工程序段由若干个部分组成，各部分称为程序字，每一个程序字均由一个英文字母和后面的数字串组成。英文字母称为地址码，其后的数字串称为数据，所以这种形式的程序段称为字地址格式。字地址格式用地址码来指明指令数据的意义，因此程序段中的程序字数目是可变的，程序段的长度也是可变的，字地址格式也称为可变程序段格式。字地址格式的优点是程序段中所包含的信息可读性高，便于人工编辑修改，是目前使用最广泛的一种格式。

在加工程序结构中，程序号一般用 O 来设置。设定工件坐标系程序段应用 G92 指令建立工作坐标系；加工前准备程序段将完成刀具快速定位到切入点附近、冷却液泵启动、主轴转速设定与启动等设置工作；切削程序段是加工程序的核心，一般包括刀具半径补偿设置、插补、进给速度设置等指令；系统复位包括加工程序中所有设置的状态复位、机械系统复位等工作；程序结束一般由 M02 或 M30 来实现。

5.2.3 数控程序的检验与仿真

无论是采用 APT 语言自动编程方法还是采用图形自动编程方法生成的数控加工程序，在加工过程中是否发生过切、少切，所选择的刀具、走刀路线、进退刀方式是否合理，零件与刀具、刀具与夹具、刀具与工作台是否干涉和碰撞等，编程人员往往事先很难预料，结果可能导致工件形状不符合要求，出现废品，有时还会损坏机床、刀具。随着 NC 编程的复杂化，NC 代码的错误率也越来越高。因此，零件的数控加工程序在投入实际的加工之前，如何有效地检验和验证数控加工程序的正确性、确保投入实际应用的数控加工程序正确，是数控加工编程中的重要环节。目前数控程序检验方法主要有：试切、刀具轨迹仿真、三维动态切削仿真和虚拟加工仿真等。

传统的试切法是采用塑模、蜡模或木模在专用设备上进行的，通过塑模、蜡模或木模零件尺寸的正确性来判断数控加工程序是否正确。但试切过程不仅占用了加工设备的工作时间，需要操作人员在整个加工周期内进行监控，而且加工中的各种危险同样难以避免。

用计算机模拟仿真系统，从软件上实现零件的试切过程，将数控程序的执行过程在计算机屏幕上显示出来，是数控加工程序检验的有效方法。在动态模拟时，刀具可以实时在屏幕上移动，刀具与工件接触之处，工件的形状就会按刀具移动的轨迹发生相应的变化。观察者在屏幕上看到的是连续的、逼真的加工过程，这样就很容易发现刀具和工件之间的碰撞及其他错误的程序指令。

5.3　虚拟制造技术

5.3.1　虚拟制造的概念

虚拟制造（Virtual Manufacturing，VM）作为一种全新概念，是信息时代制造技术的重要标志。这里的制造是一种广义的概念，指一切与产品相关的活动和过程。虚拟制造的含义则是：这种制造虽然不是真实的，但却是本质上的，即虚拟制造是在计算机上实现制造的本质内容。实际上虚拟制造最终提供的是一个强有力的建模与仿真环境，使得产品的规划、设计、制造、装配等均可在计算机上实现，且对涉及生产过程的各环节（从车间加工到企业经营）提供支持，通过计算机虚拟模型来模拟和预估产品/系统的功能、性能及可制造性等各方面可能存在的问题，使得制造技术走出工业经济时代主要依赖于原材料物化的狭小天地，发展到基于信息知识的全方位预报的新阶段，这样计算机模拟仿真技术以及更高层次的虚拟制造技术在整个产品生命周期中都获得了应用，如表 5.2 所示。

从以上分析可知，虚拟制造是虚拟现实技术和计算机仿真技术在制造领域的综合发展及应用，是实际制造过程在计算机上的本质实现，即采用计算机仿真与虚拟现实技术，在计算机上实现产品开发、制造以及管理与控制等制造的本质过程，以增强制造过程各级的决策与控制能力。它通过计算机技术构造一个虚拟的然而是逼真的制造环境，并在此环境中集成表 5.2 中所有或大部分功能，实现从技术（如制图、有限元分析、原型制作等）到制造技术（如工艺计划、加工控制等），乃至车间布局、库间调度以及服务培训等各个方面的模拟和仿真。

表 5.2　产品生命周期各阶段计算机仿真应用情况

阶　段	计算机仿真技术的应用
概念设计	产品运动学分析和仿真（应力、强度分析和机构间连接和碰撞等）
详细设计	刀位轨迹仿真、加工过程仿真、装配仿真
加工制造	制造车间设计、生产计划、作业调度、各级控制器设计、故障处理
调　试	测试仿真器
培训及维护	训练仿真器

依据敏捷制造（Agile Manufacturing，AM）的原理，VM 能把许多现有的和未来的制造技术全部集成在一起，可并行地模拟产品整个生命周期中的所有功能。利用 VM 技术不仅可以减少新产品开发的投资，而且可以大大缩短产品开发周期，从而对难以预测、持续变化的市场需求作出快速响应。虚拟制造系统不消耗资源和能量，也不生产产品，而只是模拟产品的设计、开发与实现过程。它具有以下特征：

（1）功能一致性。即虚拟制造系统的功能与相应现实制造系统功能一致，忠实地反映制造过程本身的动态特性。

（2）结构相似性。虚拟制造系统与现实系统在结构上是相似的。

（3）组织的灵活性。虚拟制造系统是面向未来制造系统的，是面向市场、面向用户需求的，其组织与实现应具有非常高的灵活性。

（4）集成化。虚拟制造系统涉及的技术与工具很多，应综合运用系统工程、知识工程、人机工程等多学科先进技术，实现信息集成、智能集成、串并行工作机制集成和人机集成。

（5）智能化。它着重实现虚拟环境下分布并行处理的智能协同求解和系统的全局最优决策。

5.3.2 虚拟制造与实际制造的关系

实际制造系统（RMS）是物质流、信息流在控制流的协调与控制下在各个层次上进行相应的决策，实现从投入到产出的有效转变，其中物质流和信息流协调工作是其主体。制造过程的实质就是在能量流的作用下，通过一定的控制机制，对物质流赋予信息流的过程，是一个动态的、自组织的过程。而虚拟制造系统（VMS）则是在分布式协同工作等多学科技术支持的虚拟环境下的现实制造系统（RMS）的映射。可以简单标识为：RMS＝RPS+RIS+RCS；VMS＝VPS+VIS+VCS，其中 RPS、RIS、RCS 分别是实际物理系统、实际信息系统、实际控制系统；VPS、VIS、VCS 分别是各系统在虚拟制造环境下的映像，即是在计算机上对 RPS、RIS、RCS 的仿真。

另外，在实际制造系统中，物质流、信息流在一定的控制机制下生产出适销对路的产品，然后通过对实际制造系统进行抽象、分析、综合，得到实际产品的全数字化模型。虚拟制造的最终目标是反作用于实际制造过程，用来指导生产实践。因此，虚拟制造是实际制造的抽象，实际制造是虚拟制造的实例。虚拟制造系统与实际制造系统之间的这种关系如图 5.18 所示。

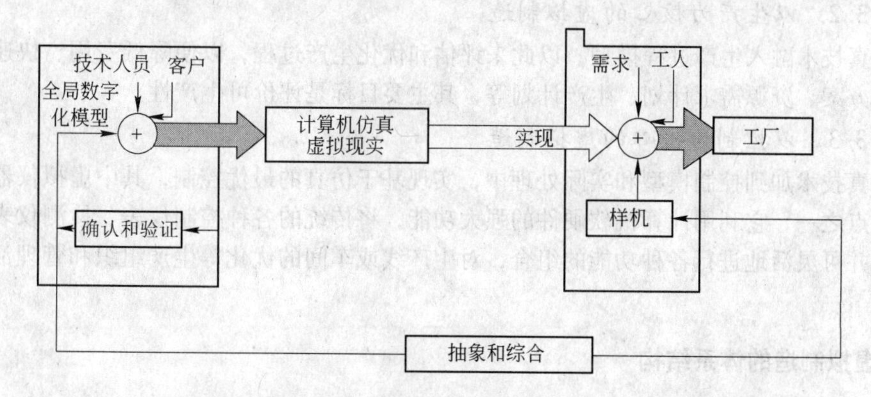

图 5.18　虚拟制造系统与实际制造系统间各种流的关系

5.3.3 虚拟制造的分类

虚拟制造既涉及与产品开发制造有关的工程活动，又包含与企业组织经营有关的管理活动。根据所涉及的范围不同，可将虚拟制造分成三类，即以设计为核心的虚拟制造、以生产为核心的虚拟制造和以控制为核心的虚拟制造（图 5.19）。

5.3.3.1 以设计为核心的虚拟制造

将制造信息引入设计过程，利用仿真来优化产品设计，从而在设计阶段就可以对零件甚至

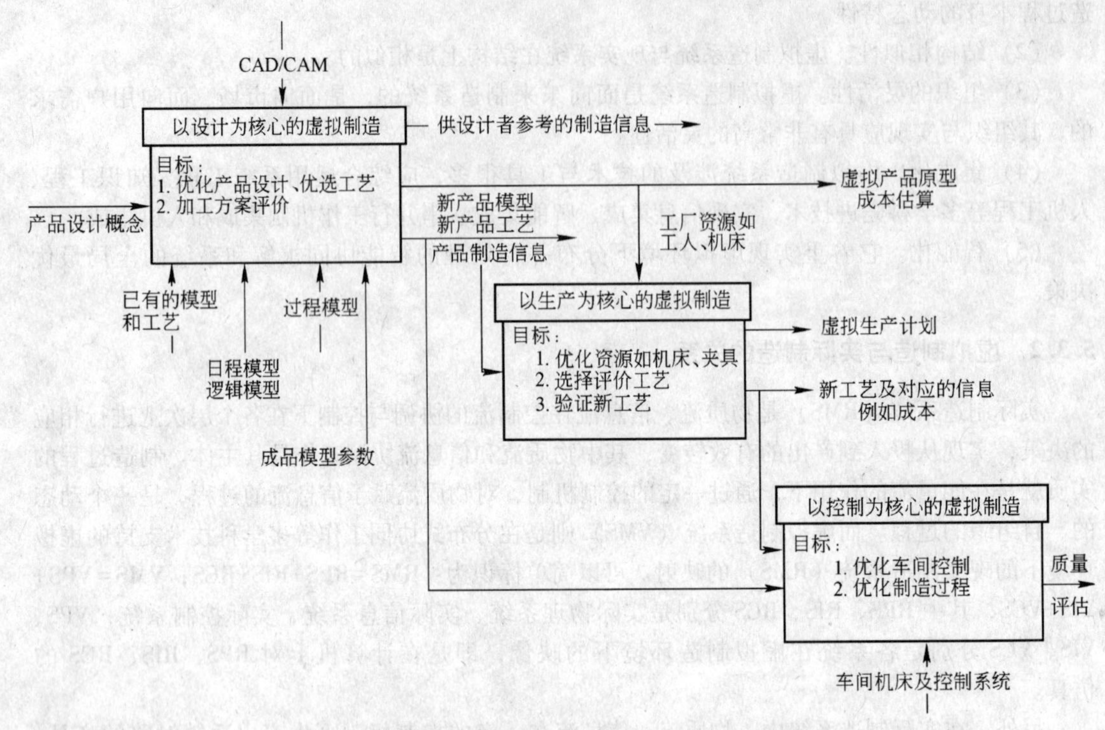

图 5.19　虚拟制造的分类及相互关系

整机进行可制造性分析，包括加工工艺分析、热过程热力学分析、运动学分析和动力学分析等。主要解决设计出来的产品是什么样的问题。

5.3.3.2　*以生产为核心的虚拟制造*

将仿真技术融入生产过程模型，以此来评估和优化生产过程，以便降低费用、快速评价不同的工艺方案、资源需求计划、生产计划等，其主要目标是评价可生产性。

5.3.3.3　*以控制为核心的虚拟制造*

将仿真技术加到控制模型和实际处理中，实现基于仿真的最优控制，其中虚拟仪器是当前研究的热点之一，它利用计算机软硬件的强大功能，将传统的各种控制仪表、检测仪表的功能数字化，并可灵活地进行各种功能的组合，对生产线或车间的优化等生产组织和管理活动进行仿真。

5.3.4　虚拟制造的体系结构

图 5.20 为国家 CIMS 中心曾提出的一个虚拟制造体系结构，即基于 PDM 集成的、以三个虚拟平台（虚拟开发、虚拟生产、虚拟企业）为核心的框架结构。

5.3.4.1　*虚拟开发平台*

该平台支持产品的并行设计、工艺规划、加工、装配及维修等过程，进行可加工性分析（包括性能分析、费用估计、工时估计等）和可装配性分析。它是以全信息模型为基础的众多仿真分析软件的集成，具有以下研究环境：

（1）基于产品技术复合化的产品设计与分析，除了几何造型与特征造型等环境外，还包括运动学、动力学、热力学模型分析环境等；

（2）基于仿真的零部件制造设计与分析，包括工艺生成优化、工具设计优化、刀位轨迹

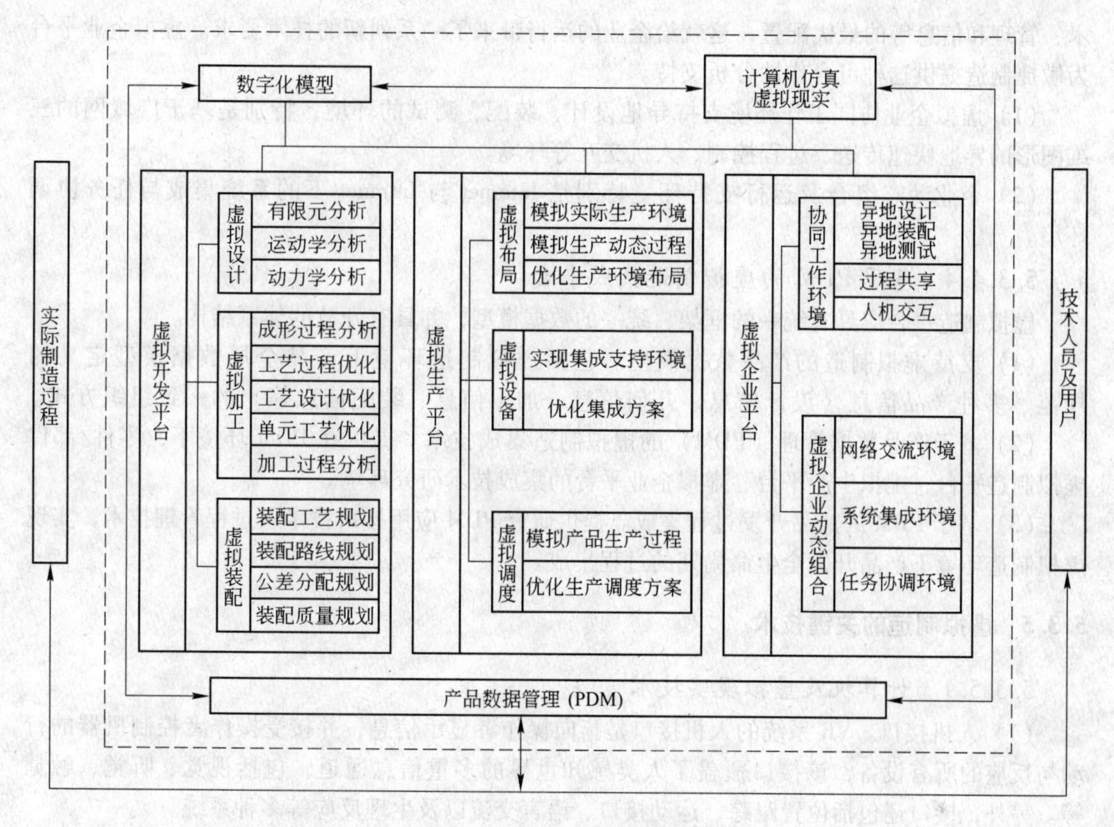

图 5.20 虚拟制造的体系结构

优化、控制代码优化等；

(3) 基于仿真的制造过程碰撞干涉检验及运动轨迹检验，即虚拟加工、虚拟机器人等；

(4) 材料加工成形仿真，包括产品设计，加工成形过程温度场、应力场、应变场的分析，加工工艺优化等；

(5) 产品虚拟装配，根据产品设计的形状特征、精度特征，三维真实地模拟产品的装配过程，并允许用户以交互方式控制产品的三维真实模拟装配过程，以检验产品的可装配性。

5.3.4.2 虚拟生产平台

该平台支持生产环境的布局设计及设备集成、产品远程虚拟测试、企业生产计划及调度的优化，进行可生产性分析。

(1) 虚拟生产环境布局。根据产品的工艺特征、生产场地、加工设备等信息，三维真实地模拟生产环境，并允许用户交互地修改有关布局，对生产动态过程进行模拟，统计相应评价参数，对生产环境的布局进行优化。

(2) 虚拟设备集成。为不同厂家制造的生产设备实现集成提供支持环境，对不同集成方案进行比较。

(3) 虚拟计划与调度。根据产品的工艺特征、生产环境布局模拟产品的生产过程，并允许用户以交互方式修改生产流程和进行动态调度，统计有关评价参数，以找出最满意的生产作业计划与调度方案。

5.3.4.3 虚拟企业平台

作为21世纪制造模式的敏捷制造，利用虚拟企业的形式以实现劳动力、资源、资本、技术、管理和信息等的最优配置，这就给企业的运行带来了一系列新的技术要求。虚拟企业平台为敏捷制造提供这种可合作性分析支持。

(1) 虚拟企业协同工作环境支持异地设计、装配、测试的环境，特别是基于广域网的三维图形的异地快速传送、过程控制、人机交互等环境。

(2) 企业动态组合及运行支持环境特别是 Internet 与 Intranet 下的系统集成与任务协调环境。

5.3.4.4　基于 PDM 的虚拟制造集成平台

虚拟制造平台应具有统一的框架、统一的数据模型，并具有开放的体系结构。

(1) 支持虚拟制造的产品数据模型。包括虚拟制造环境下产品全局数据模型定义的规范、多种产品信息（设计信息、几何信息、加工信息、装配信息等）的一致组织方式。

(2) 基于产品数据管理（PDM）的虚拟制造集成技术。提供在 PDM 环境下，零件/部件虚拟制造平台、虚拟生产平台、虚拟企业平台的集成技术研究环境。

(3) 基于 PDM 的产品开发过程集成。提供研究 PDM 应用接口技术及过程管理技术，实现虚拟制造环境下产品开发全生命周期的过程集成。

5.3.5　虚拟制造的关键技术

5.3.5.1　计算机及虚拟现实技术

(1) 人机接口。VR 系统的人机接口是指向操作者显示信息，并接受操作者控制机器的行动与反应的所有设备，该接口覆盖了人类感知世界的多重信息通道，包括视觉、听觉、触觉等。另外，接口还包括位置跟踪、运动接口、语言交流以及生理反应等多种系统。

(2) 软件技术。软件技术是创建高度交互的、实时的、逼真的虚拟环境所需的关键技术。在进行软件开发时，要考虑虚拟环境的建模以及所建环境的可交互性、可漫游性等。

(3) 虚拟现实计算平台。计算平台是指在 VR 系统中综合处理各种输入信息并产生作用于用户的交互性输出结果的计算机系统。由于 VR 系统的信息加工是实时的，虚拟环境的建模、I/O 工具的快速存取以及真实的视觉动态效果等需要大量的计算成本。

5.3.5.2　虚拟制造应用关键技术

(1) 建模。虚拟制造系统应当建立一个包容生产模型、产品模型、工艺模型的健壮的信息体系结构。

(2) 仿真。虚拟制造系统中的产品开发涉及产品建模仿真、设计过程规划仿真、设计思维过程和设计交互行为等仿真，对设计结果进行评价，实现设计过程的早期反馈，减少或避免实物加工出来后产生的修改、返工。产品制造过程的仿真可归纳为制造系统仿真和具体的加工过程仿真。

(3) 可制造性评价。可制造性的评价方法可分为两类：1）基于规则的方法，即直接根据评判规则，通过对设计属性的评测来确定可制造性定级；2）基于方案的方法，即对一个或多个制造方案，借助于成本和时间等标准来检测是否可行或寻求最佳。

5.3.6　虚拟产品的开发

虚拟产品开发（Virtual Product Development，VPD）是虚拟制造研究领域中的一个重要内容，是以计算机仿真、建模为基础，集计算机图形学、并行工程、虚拟现实技术和多媒体技术为一体，由多学科知识组成的综合系统技术。它是现实产品开发环境下的映射。它将现实产品开发环境和全过程的一切活动及产品演变成基于数字化的模型，对产品开发的行为进行预测和评价。

虚拟产品开发可定义为：在产品设计或制造、维护等系统的物理实现之前，就模拟出未来产品的性能或制造、维护系统的状态，从而作出前瞻性的优化决策和实施方案。

5.3.6.1 虚拟产品开发的特点

虚拟产品开发是由各个“虚拟”的产品开发活动组成的，由“虚拟”的产品开发组织来实施，由“虚拟”的产品开发资源来保证，通过分析“虚拟”的产品信息和产品开发过程信息求得开发“虚拟产品”的时间、成本、质量和开发风险，从而作出开发“虚拟产品”系统和综合的建议。虚拟产品开发的最终目的是缩短产品开发周期，以及缩短产品开发和用户之间的距离。

虚拟产品开发的特点是“虚拟”，除了产品虚拟化外，还包括功能虚拟化、地域虚拟化、组织虚拟化。功能虚拟化是指虚拟产品开发系统虽有制造、装配、营销等功能，但没有执行这些功能的机构；地域虚拟化是指产品开发各功能活动分布在不同的地点，但通过网络加以连接和控制；组织虚拟化是指多元“网络组织结构”将随着开发目标的发展而产生、变化和消亡。

5.3.6.2 虚拟产品开发的关键技术

虚拟产品开发体系的关键技术包括产品开发过程、数字化建模和产品开发、多种协同机制、数字化仿真以及各种支持系统等方面。

A 产品开发的过程建模

在并行工程指导下，产品开发过程是多学科群体在计算机网络通信环境的支持下，在开发时间和资源约束下，建立产品全生命周期信息的开发组织结构和开发任务的动态调控流程。过程建模应考虑的内容有：

(1) 过程模型。过程模型的描述方法及在计算机上的处理和实现，过程的动态调整和优化。

(2) 组织模型。规划和描述组织结构、活动分工、权限和责任定义。

(3) 资源模型。对信息、设备、人力、资金等资源进行动态规划和配置控制。

(4) 约束规则。时间约束是首要约束，在资源允许下，增大产品开发活动的并行度；功能约束反映开发活动中后续活动对前期活动的功能要求；关键参数约束是开发活动之间及开发活动中单元之间相关性和一致性的保障。

(5) 过程监控和协调。进行实际约束管理、过程的实时监控调度和冲突仲裁，保障过程按照最优方向进展。

B 支持 VPD 的产品数据模型

产品建模主要以并行设计及面向对象技术为工具，以 STEP 标准为思想，建立基于装配的约束参数化的特征产品定义模型。其特点如下：

(1) 具有统一的数据结构。产品采用百分之百的数字化定义方式，使产品数据模型在产品开发的各个阶段无二义性。

(2) 并行方式定义产品。并行产品定义是一种系统工程方法，它使开发人员一开始就考虑到产品生命周期里的所有环节。面向装配的设计、面向制造的设计、面向测试的设计甚至考虑到产品报废后的可处理性等绿色产品设计思想等在并行方式的产品定义中可得到良好的体现。

(3) 支持工程分析工具的应用。工程分析工具利用已经建立好的产品模型，对零部件甚至整机进行有限元受力分析、热应力分析以及运动仿真、性能仿真、装配仿真，仿真的结果可直接用于指导数字化产品的设计修改，不必通过实物模型来验证。

(4) 支持产品异地、并行设计。由于产品模型在计算机上定义，加之网络通信的迅速发展，处于异地的设计人员也可方便地进行交流。设计队伍中除有设计、制造、装配、试验等专业人员外，还有合作伙伴、用户代表等，这样在产品开发过程中能及早地发现问题，并使这些问题在产品开发的早期阶段就得到解决，尽量避免下游重大问题的反馈所造成的时间拖延、成本上升等现象。

C　多种协同机制

采用并行工程方法，缩短产品开发周期，并及早考虑到产品生命周期中所有环节的问题，需要多种协同机制，以实现虚拟开发系统中各群体、各层次对信息、资源的共享，协调处理各种更新、冲突和竞争。

(1) 组织协同。在虚拟产品开发体系下，是以 Teamwork 的工作方式进行的。这就存在 Team 内的人与人之间协作和开发组织内各 Team 之间协作。

(2) 人机协同。从系统设计方法考虑，感知层面上采用人机联合感知，思维层面上采用人机共同分析，决策层面上采用人机相互协作，充分发挥各自优势。要强调人机协作来表现高质量的产品开发，而不是消除人的因素来达到全盘自动化。

(3) 知识协同。在产品的开发过程中必须解决数据的更新、版本的升级和知识间的冲突，因而需要有一个机制保障这些数据库和知识库间的协调。较复杂的设计过程可以分解为若干个环节，每个环节对应一个子专家系统，多个专家系统协同合作，各子专家系统间互相通信，它是过程集成和决策支持的重要环节。

(4) 人、技术、组织三者协同。在产品开发系统中，技术是基本手段，人是主体，组织是反映开发活动中人与人的相互关系。一个真正经济、高效、安全的虚拟产品开发系统，应该是由技术、人和组织三方面高度集成和协同的系统。

D　全生命周期的产品演变仿真和产品开发全过程的活动仿真

全生命周期的产品演变仿真是通过产品的数字模型，反映产品从无到有，再到消亡的整个演变活动，用户和开发者在创造实物之前即可评审其美观、可制造性、可装配性、可维护性、可销售性和环保性能等，从而确保产品开发的一次成功率。

产品开发全过程的活动仿真旨在通过开发活动的数字模型，反映动态联盟组织形式下，产品开发活动的功能行为和运作方式以及虚拟产品开发的设备布置、物流系统、资源的利用和冲突以及组织结构、生产活动和经营活动等行为，从而确保产品开发的可能性、合理性、可靠性、经济性、适应性和快速响应能力。

由于系统庞大和复杂，被求解问题越综合、越形象、越直觉、越模糊，则用户和计算机系统之间的鸿沟就越宽，而实际上人们从主观愿望出发，十分迫切地想和计算机建立一个和谐的人机环境，使人们认识客观问题时的认识空间与计算机处理问题时的处理空间尽可能一致。为了适应 21 世纪信息的需求，人们不仅仅要求能通过打印输出或显示屏幕上的窗口，从外部去观察信息处理的结果，而且要求能通过人的视觉、听觉、触觉、嗅觉以及形体、手势或口令，参与到信息处理的环境中去，从而取得亲身的感受。因而信息处理已不再建立在一维的数字化信息空间上，而是建立在多维化的信息空间中，建立在定性和定量相结合、感性认识和理性认识相结合的综合集成环境中。

E　多种支持系统的开发

在产品开发过程中，许多环节的功能或作用能通过模型化或其他形式化的方法和手段表现出来，但决策环节有着较多模糊的因素和机理，目前还不能用形式化的方法进行描述。另外在开发活动中环境、组织等方面还存在许多随机和突发的事件，因而虚拟产品开发系统中必须有多种支持系统来支撑，如产品设计支持系统、装配支持系统和测试支持系统等。

5.3.6.3　虚拟产品开发体系结构

虚拟产品开发体系结构如图 5.21 所示。在 OS、Network、DBMS 和 KBMS（知识库管理系统）等平台的基础上，虚拟产品开发采用面向对象的方法与技术，在开发工具的支持下，将基本实体以对象的形式构造出来，通过总线结构将基本实体集成为功能实体。在这里，基本实体是指以对象形式表现的具有一定处理能力的软件模块，功能实体是指具有独立完成某一功能的、由数个基本实体组成的信息处理单位。总线结构由数据总线、状态总线和控制总线组成。其中，数据总线是基本实体之间数据交换与协议及其实现机制，状态总线是传递和监控各基本实体、工具和应用系统的工作状态，控制总线运行控制机制。基本实体在控制总线的统一协调与控制下，首先通过状态总线启动基本实体或应用系统，然后调用基本实体的操作通过数据总线交换数据，或者完成某种处理功能。开发平台的支持环境是操作系统（UNIX、Linux、Windows）、支持 TCP/IP 网络系统、各种关系数据库管理系统。整个平台在基于 ODBC 标准的数据流或信息流的基础上协调一致地工作。一组开发工具（设计工具、仿真工具、分析工具、决策工具）在 ODBC（开放数据库互联）的基础上集成起来，完成开发应用系统的主要工作。

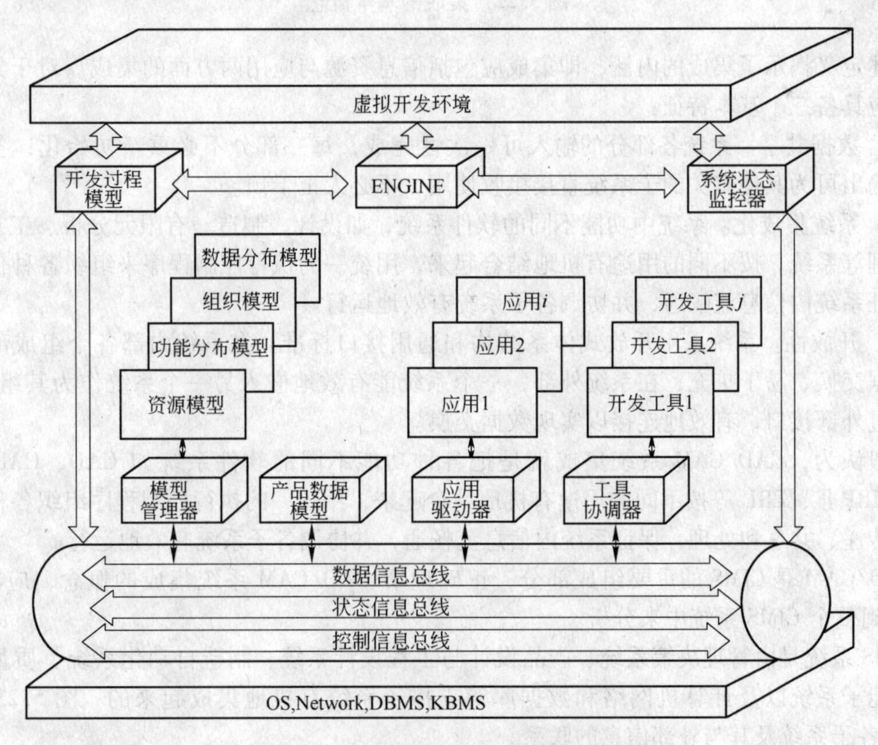

图 5.21　虚拟产品开发的体系结构

工具协调器包括 DDE（动态数据交换）、OLE（对象链接与嵌入）的转换接口模块等，对于基于 ODBC 标准的开发工具可以直接集成到系统中，无须任何接口模块；对于非 ODBC 标准的开发工具可以通过接口转换模块集成到系统中。

5.4　CAD/CAM 集成化系统

一个完备的 CAD/CAM 系统的任务是能支持产品全生命周期（设计、制造、装配、检验、销售和维修等）各相关过程的生产活动。对各相对独立发展起来、又相互关联的各单项计算机辅助系统（一般称为 CAX，如 CAD、CAE、CAP、CAPP、NCP、MRPⅡ、…）进行有效的集成，是 CAD/CAM 技术发展的必然要求。以下介绍 CAD/CAM 集成技术中相对较成熟的一些概念、理论和方法。

5.4.1　CAD/CAM 集成的概念

集成（Integration）是近 30 年来使用频率很高的一个词。电路设计讲集成，软件系统开发讲集成，制造系统的规划设计也讲集成。由于应用领域的差异，集成的意义有所不同。即便是在同一领域，不同的阶段、不同的层面，其意义也有差别。1992 年英国拉夫堡大学的 Wenston 教授给出了一个定义：集成是指将基于信息技术的资源及应用（计算机软硬件、接口及机器）聚集成一个协同工作的整体，集成包含功能交互、信息共享以及数据通信三个方面的管理与控制，如图 5.22 所示。

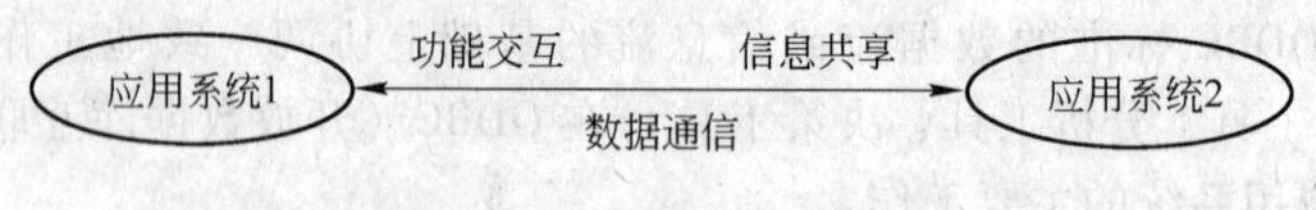

图 5.22　集成的基本概念

上述定义揭示了集成的内涵，即集成应包括信息资源与应用两方面的集成。对于集成系统来说，应具备三个基本特征：

（1）数据共享。系统各部分的输入可一次性完成，每一部分不必重新初始化，各子系统产生的输出可为其他有关的子系统直接接收使用，不必人工干预。

（2）系统集成化。系统中功能不同的软件系统，如设计、制造、有限元分析、工艺规划及信息管理等系统，按不同的用途有机地结合起来，用统一的执行控制程序来组织各种信息的传递，保证系统内信息流畅通，并协调各子系统有效地运行。

（3）开放性。系统采用开放式体系结构和通用接口标准。在系统内部各个组成部分之间易于数据交换、易于扩充；在系统外部，一个系统能有效地嵌入另一个系统作为其组成部分，或者通过外部接口，有效地连接以实现数据交换。

一般认为，CAD/CAM 系统集成就是把各种功能不同的软件系统如 CAD、CAP、NCP、PDM、MRPⅡ、ERP 等按不同的用途有机地结合起来，用统一的执行控制程序组织各种信息的提取、传递、共享和处理，保证系统内信息流畅通，并协调各子系统有效地运行。

CAD/CAM 是 CIMS 的重要组成部分，正确理解 CAD/CAM 系统集成的概念，应将 CAD/CAM 放到整个 CIMS 系统中来分析。

CIMS 系统是由管理决策系统、产品设计与工程设计系统、制造自动化系统、质量保证系统等功能子系统以及计算机网络和数据库等支撑子系统有机地集成起来的。图 5.23 表示了 CIMS 中各子系统及其与外部信息的联系。

CAD/CAM 是产品设计与工程设计系统的核心。CAD/CAM 系统的集成主要包括两个方面的含义：一方面是产品设计与工程设计子系统内部的集成；另一方面是 CAD/CAM 系统与制造系统中其他子系统的集成。

CAD/CAPP/CAM 系统是使产品设计、工艺规程设计和制造成为一体化的设计制造系统，是实现设计、制造数字化的主要支持工具。CAD 系统提供二维绘图、三维造型、有限元模拟仿真、三维零部件组装、装配仿真及碰撞干涉检查等功能，同时向 CAPP 和 CAM 系统提供所需信息。CAPP 系统提供基于计算机的工艺过程设计能力，CAPP 系统需要从 CAD 系统获取零件的有关信息，从资源库中获取有关的资源信息；CAM 系统提供基于计算机的数控自动编程及加工仿真两方面的功能，它接受 CAD 系统提供的零件模型及 CAPP 系统提供的工艺信息，经 CAM 系统处理，输出刀位文件，再经后置处理，产生数控加工代码。

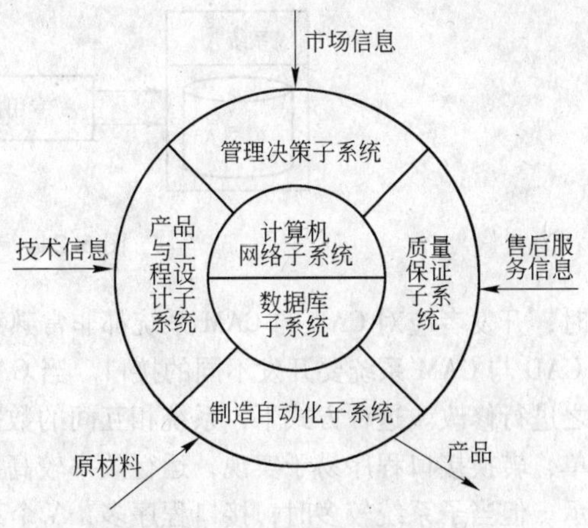

图 5.23 集成化制造系统的组成

CAD/CAM 集成包括数据信息与物理设备两方面的集成。从信息集成的角度上看，CAD、CAP、NCP 之间信息的提取、交换、共享和处理的集成就构成了一个基本的 CAD/CAM 一体化系统。实现这种集成需具备两个基本要素：一是提供完备一致并符合某种标准的产品信息模型；二是数据传递与交换符合某种规范的文件格式。

企业中的 CAD/CAM 系统及其计算机硬件一般分布在企业的各个部门，并通过网络联系在一起。由于各部门所采用的应用软件、操作系统及硬件平台不同，产生大量的分布式异构数据，同时企业中对这些数据缺乏有效的管理和控制机制，造成数据十分混乱。如何使数据共享、数据交换畅通地进行、完备地表达信息等一系列的问题，是 CAD/CAM 集成技术中要解决的主要问题。

5.4.2 CAD/CAM 系统集成的目标

CAD/CAM 系统集成的基本目标是：在总体设计方案的指导下，以工程数据库为核心，以图形系统和网络软件为支撑，遵循产品数据接口标准和图形接口标准，把各个 CAX 应用软件连接成为一个有机的整体，实现功能互用、数据共享，达到单项应用软件无法实现的整体效益。系统集成的具体原则是：（1）适当选择企业需要的先进网络支撑硬件环境和软件平台；（2）各子系统信息通信畅通，数据共享方便、安全；（3）用户熟悉的软硬操作平台尽量使用当前的新技术；（4）宜用统一的用户界面和产品信息模型；（5）集成应符合工程化和实用化的要求；（6）按系统工程原理和软件工程的方法，总体规划，分步实施，效益驱动。

5.4.3 CAD/CAM 系统的集成方式

CAD/CAM 系统集成的关键是通过有效的手段和方法，解决产品设计和制造信息的共享。以下讨论现有的 CAD/CAM 系统的主要集成方式。

（1）通过专用数据接口程序交换产品信息。通过专用数据接口程序交换产品信息的基本原理如图 5.24 所示。假定系统 A 代表某个 CAD 系统，系统 B 代表某个 CAM 系统，在系统 A 与系统 B 之间需设置一专用的接口程序，其作用是：一方面接收来自 CAD 系统的几何信息和技术要求（前处理），另一方面将这些信息经过重新组织，转换成 CAM 系统所能接受的形式（后处理），输入到 CAM 系统。

CAD/CAPP/CAM 集成系统发展初期较多地采用了这种集成方式。显然，采用这种方式连

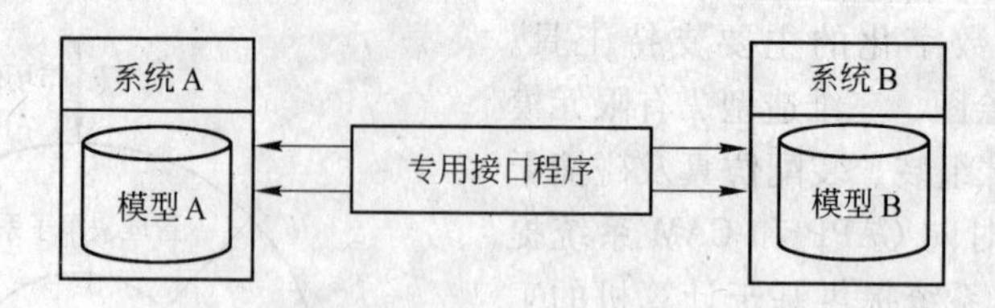

图 5.24　专用数据接口

接时，开发者应对 CAD 与 CAM 系统都非常熟悉，且所开发的专用数据接口无通用性，对不同的 CAD 与 CAM 系统要开发不同的接口。当 CAD 系统或 CAM 系统发生变化时，接口程序也要随之进行修改。这种方式下，系统相互间的数据交换需要存在于两个系统之间。其特点是原理简单，转换接口程序易于实现，运行效率较高。这种方式又称点对点数据交换方式，如图 5.25 所示。但当子系统较多时，接口程序多，N 个系统需要 $N\times(N-1)$ 个处理程序。程序之间会有大量重复的数据，冗余度大，数据独立性差，不能共享，而且编写接口时需要了解的数据结构也较多，当一个系统的数据结构发生变化时，引起的修改量也较大。

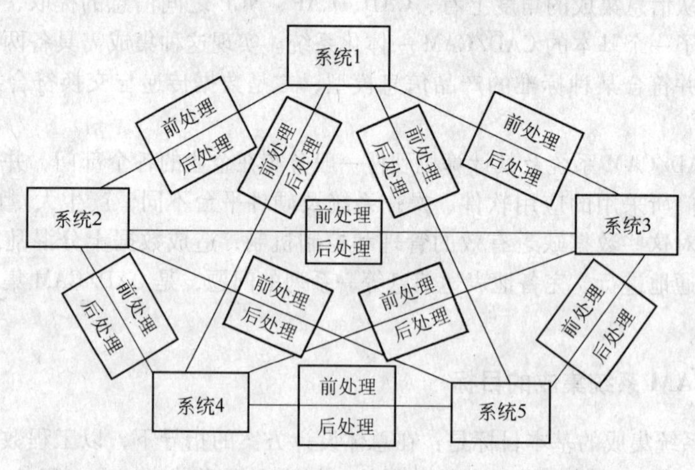

图 5.25　点对点数据交换方式

（2）通过标准数据格式文件交换产品信息。采用该方式时，CAD/CAM 系统是借助于一个标准数据格式文件来进行数据的间接交换，其基本原理见图 5.26。该方式要求在 CAD 和 CAM 之间设置前置处理器（程序）和后置处理器（程序），两者通过具有标准数据交换格式的文件（如 IGES、STEP）联系，即 CAD 系统产生的数据由前置处理转换成为标准数据交换格式的文件，再由后置处理对标准数据交换文件进行分析、提取和变换，形成 CAM 所需的数据格式。

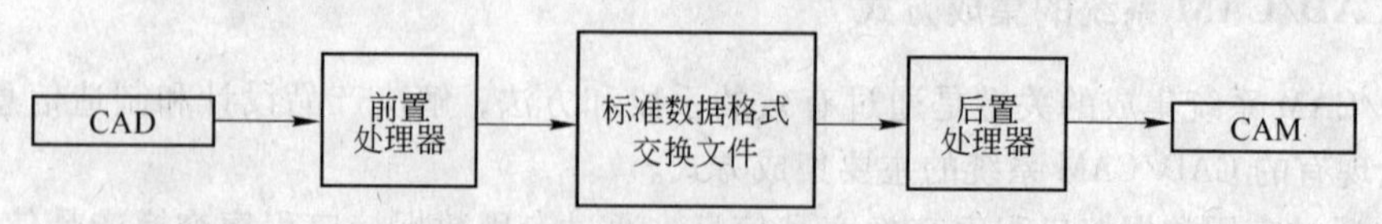

图 5.26　采用标准数据格式的数据转换

由于 CAD/CAM 集成系统中存在一个与各子系统无关的标准格式文件，各子系统也可以通过后置处理，将标准格式文件转化为本系统所需的数据。这种集成方式，每个子系统只与标准格式文件打交道，无须知道别的细节，降低了接口维护难度，为系统的开发者和使用者提供了较大的方便，这种方式又称星形数据交换方式，如图 5.27 所示。这种方式可以减少集成系统内的接口数，*N* 个系统需要 2*N* 个处理程序。显然，星形交换模式更适合 CAD/CAM 集成的分布式、开放式要求。作为中间数据交换格式的通用数据交换标准一直非常重要而令人瞩目，目前应用最为广泛的是 IGES 和 STEP，大多数商品化的 CAD 系统都能输出 IGES 格式的图形文件。

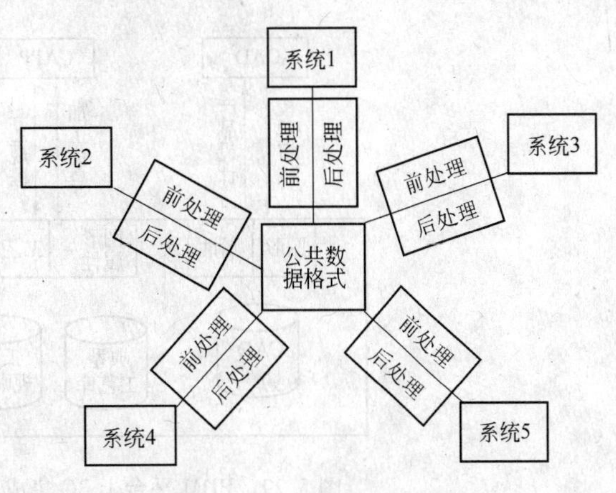

图 5.27 星形数据交换模式

（3）通过统一的产品模型交换产品信息。传统的 CAD 系统的计算机内部模型主要致力于对几何体的整体描述，但它不能被 CAPP 和 CAM 系统自动地理解，近年来人们开始研究面向制造的特征造型技术，以求能建立一种既能有效地进行 CAD，又能为 CAPP 系统、CAM 系统所完全理解的计算机内部模型。目前较普遍接受的方法是建立基于特征的、完整的、语义一致的产品信息模型，以满足产品生命周期各阶段对产品信息的不同需求和保证对产品信息理解的一致性，使 CAD、CAE、CAPP 及 CAM 等系统可以直接从该模型读取所需信息。

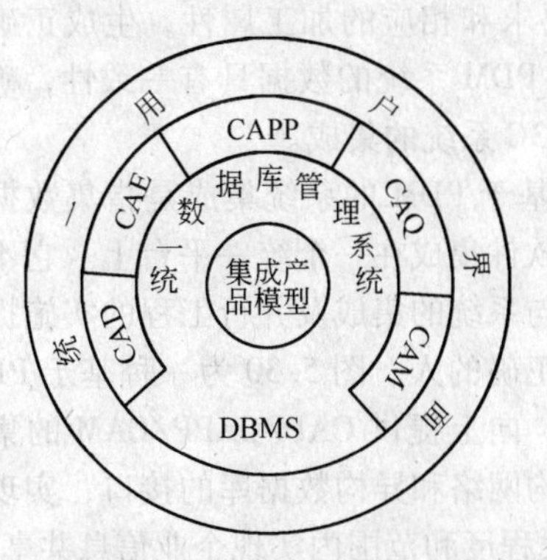

图 5.28 基于统一产品模型和数据库集成

如图 5.28 所示，这种方式采用统一的集成产品数据模型，并采用统一的工程数据库及数据库管理系统来管理产品数据。各子系统之间可直接进行信息交换，而不是将产品信息转换成数据，再通过文件来交换。在这种方式中，集成产品模型是实现集成的核心，统一工程数据库是实现集成的基础。各功能模块通过公共数据库及统一的数据库管理系统（DBMS）实现数据的交换与共享，从而避免了数据文件格式的转化，消除了数据冗余，保证了数据的一致性、安全性和可靠性，大大地提高了系统的集成性。

（4）产品数据管理的集成方式。

1）基于 PDM 的 CAD/CAM 集成系统信息流动过程。产品数据管理（Product Data Management，PDM）技术是以产品数据的管理为核心，通过计算机网络和数据库技术把企业生产过程中所有与产品相关的信息和过程进行集成管理的技术。可通过 PDM 管理的信息包括产品开发计划、产品模型、工程图纸、技术规范、工艺文件、数控代码等；可通过 PDM 管理的过程包括设计、加工制造、计划调度、装配、检测等工作流程及过程处理程序。

通过 PDM 系统可以统一管理与产品有关的全部信息，因此 CAD、CAPP、CAM 之间不必直接传递信息，3C（CAD、CAPP、CAM）系统之间的信息传递都变成了分别和 PDM 之间的信息传递，CAD、CAPP、CAM 都从 PDM 系统中提取各自所需要的信息，各自应用的结果也放回 PDM 中去，从而真正实现了 3C 的集成。图 5.29 描述了 PDM 平台上 3C 集成系统中的信息流动过程。

从图 5.29 中可以看出，PDM 系统管理来自 CAD 系统的信息，包括图形文件和属性信息。

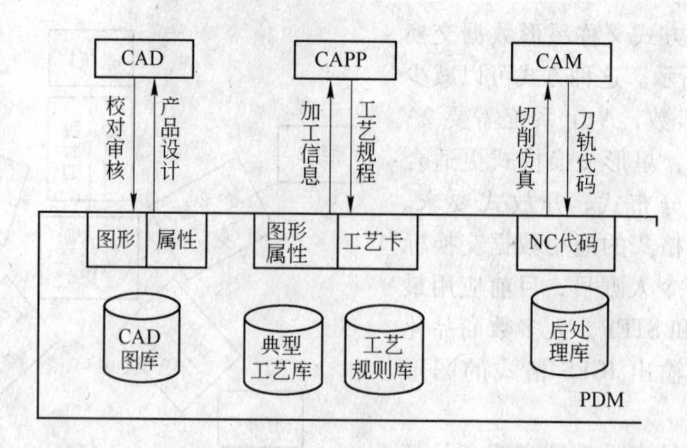

图 5.29　PDM 平台上 3C 集成系统中的信息流动过程

图形文件既可以是零部件的三维模型，也可以是二维工程视图；零部件的属性信息包括材料、加工、装配、采购、成本等多种与设计、生产和经营有关的信息。在 PDM 系统中建立了企业的基本信息库，如材料、刀具、工艺等与产品有关的基本数据。因此在 PDM 环境下 CAPP 系统无须直接从 CAD 系统中获取零部件的几何信息，而是从 PDM 系统中获取正确的几何信息和相关的加工信息；根据零部件的相似信息流动过程，从标准工艺库中获取相近的标准工艺，快速生成该零部件的工艺文件，从而实现 CAD 系统与 CAPP 系统的集成。同样 CAM 系统也通过 PDM 系统，及时准确地获得零部件的几何形状、工艺要求和相应的加工属性，生成正确的刀具轨迹和 NC 代码，并安全地保存在 PDM 系统中。由于 PDM 系统的数据具有一致性，确保了 CAD、CAPP 和 CAM 数据得到有效的管理，真正实现了 3C 系统的集成。

2）基于 PDM 的 CAD/CAM 集成系统的体系结构。基于 PDM 的系统集成是指集数据库管理、网络通信能力和过程控制能力于一体，将多种功能软件集成在一个统一平台上。它不仅能实现分布式环境中产品数据的统一管理，同时还能为人与系统的集成及并行工程的实施提供支持环境。它可以保证正确的信息，在正确的时刻传递给正确的人。图 5.30 为一种基于 PDM 的集成系统体系结构。其中系统集成层，即 PDM 核心层，向上提供 CAD/CAPP/CAM 的集成平台，把与产品有关的信息集成管理起来；向下提供对异构网络和异构数据库的接口，实现数据跨平台传输与分布处理。由图 5.30 可见，PDM 可在更大程度和范围内实现企业信息共享。

3）基于 PDM 的 CAD/CAM 系统集成模式。当前采用 PDM 系统实现 CAD/CAM 的集成一般认为有如下三种模式：

①封装模式。“封装”意味着操作可见而将数据和操作的实现都隐藏在对象中，即把对象的属性和操作方法同时封装在定义对象中，用操作集来描述可见的模块外部接口，用户“看不到”对象的内部结构和对象的操作方法，但可以通过调用操作即程序部分来使用对象，充分体现了信息隐蔽原则。“封装”使数据和操作有了统一的模型界面，提供了逻辑独立性能力。

为了使不同的应用系统之间能够共享信息以及对应用系统所产生的数据进行统一的管理，只要把外部应用系统进行“封装”，即将产生这些数据的应用程序进行集成，则 PDM 就可以对分别放在数据库中的特征数据和文件柜中的数据文件进行有效的管理。

“封装”还提供从一种应用转到另一种应用的功能，使 PDM 系统能够识别 CAD 应用文件，并能对 CAD 程序发出指令，在 CAD 上工作的同时，也可以启动 PDM 程序，无须退出原来的系统，重新进入另一个系统。当 PDM 系统封装了 CAD/CAM，在 PDM 系统中就可以直接从图形文件中激活相应的 CAD/CAM 系统，并在该系统中，将相应的图形文件显示为相应的图形，反

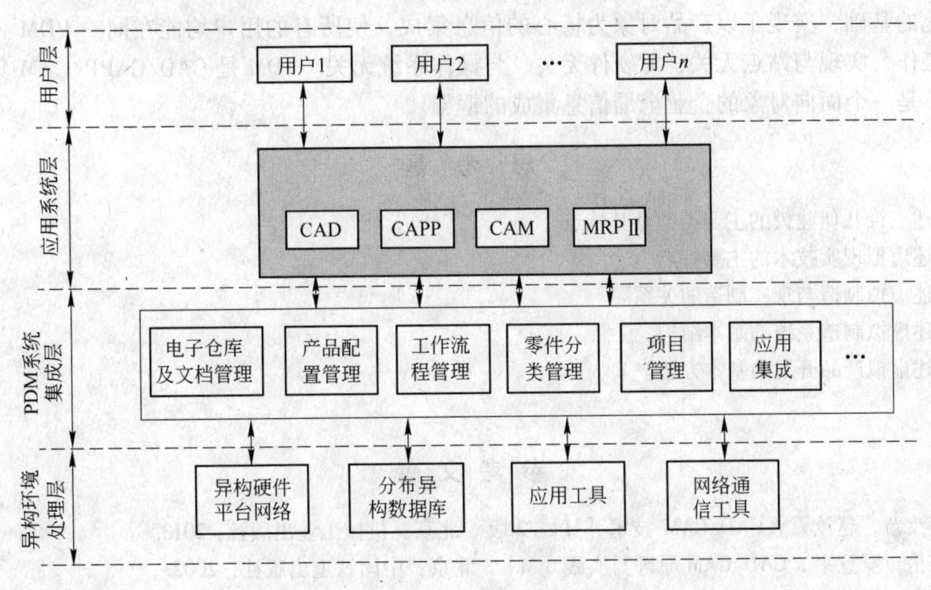

图5.30 基于PDM集成系统的体系结构

之，在CAD/CAM系统中，也可以直接进入PDM系统，进行相应的数据管理操作。PDM系统不仅可以封装CAD/CAM系统，还可以封装其他的应用系统，如文字处理、表格处理等。这样CAD/CAPP/CAM、CAQ等应用软件均可以封装在PDM系统内，实现信息透明、过程透明。对产品的电子仓库的任何操作必须通过PDM的数据接口进行，不允许通过其他前端工具直接对ORACLE数据库进行数据操作。

封装系统可以满足以文件形式生成的所有数据的应用系统的需求，但不允许PDM系统管理文件内部的数据，如特征参数和装配数据等。因此，"封装"不能了解文件内部具体的数据，而对于包含产品结构信息的数据还有其特殊性。PDM的产品结构配置模块必须掌握产品内部的结构关系，所以对产品结构信息就不能采用封装的方式。PDM集成这类数据有接口和集成两种不同层次的模式。

②接口模式。可以把PDM看作是面向多种CAD软件的通用管理环境，采用标准数据接口来建立PDM的产品配置与多种CAD软件的装配结构之间的联系，在同一PDM的管理下，使多种CAD软件共享同一产品结构。

接口是比封装更加紧密的集成，自动化的程度更高，不需用户参与，PDM和CAD就能交换文件内部的数据。在CAD菜单中具有某些PDM功能，在PDM菜单中也具有某些CAD功能，如零部件号和材料信息等CAD数据可以单向传送到PDM上。

③集成模式。在集成模式中，PDM对所有类型的信息都提供了全自动的双向相关交换，这些信息包括产品数据、特征数据和面向应用的数据。在CAD上能使用所有的PDM功能，使用户在前后一致的环境里工作。

通过对CAD/CAM的图形数据和PDM的产品结构数据的详细分析，采用集成模式制订统一的产品数据之间的结构关系，只要其中之一的结构关系发生了变化，则另一个自动随之改变，始终保持CAD/CAM的装配关系和PDM的产品结构树的同步一致。

集成模式的实施要花费很长的时间，要与各分系统的系统经销商紧密配合，要掌握有关数据结构方面的详尽知识，还要投入大量精力去开发用户界面。

综上所述，PDM系统提供了一整套结构化的面向产品对象的公共服务集合环境，构成了集成化的基础，实现了以产品对象为核心的信息集成，使所有的用户均能在同一 PDM 工作环境下工作，实现与站点无关、与硬件无关、与操作系统无关。PDM 是 CAD/CAPP/CAM 集成的平台，是一个面向对象的企业全局信息集成的框架。

思 考 题

5-1 简述三维几何建模的主要类型及其特点。

5-2 简述虚拟现实技术的主要特点。

5-3 简述虚拟制造与现实制造的关系。

5-4 简述虚拟制造系统的基本结构。

5-5 概述虚拟产品开发的基本方法。

参 考 文 献

[1] 宁汝新，赵汝嘉. CAD/CAM 技术 [M]. 2 版. 北京：机械工业出版社，2013.

[2] 杨岳，罗意平. CAD/CAM 原理与实践 [M]. 北京：中国铁道出版社，2002.

[3] 史翔. 模具 CAD/CAM 技术及应用 [M]. 北京：机械工业出版社，2000.

[4] 姚英学，蔡颖. 计算机辅助设计与制造 [M]. 北京：高等教育出版社，2002.

6 CAE在材料成形技术中的应用举例

6.1 计算机辅助孔型设计

6.1.1 计算机辅助孔型设计（CARD）的意义

建立新的或改进现有的生产工艺过程以提高生产效益是工程技术工作者的迫切任务。在棒、线、型材等轧制工艺制度的制订中，首要任务之一是进行科学的轧辊孔型设计（Roll Pass Design）。带孔型的轧辊用在初轧机和开坯机上可生产初轧钢坯，用在轨梁轧机、大型型钢轧机、中型型钢轧机、小型型钢轧机以及线材轧机上可生产型材。现代轧机的特点是产量大、轧速高，例如，初轧机和连续式开坯机的年生产能力可达五六百万吨以上，新型线材轧机的轧速已提高到了80~100m/s以上。在这种条件下，经济效益可通过提高轧辊孔型设计的计算精度和制订最佳轧制速度来获得。

孔型设计是棒、线、型材等轧制工艺制度的重要内容，其合理与否直接影响轧机生产的产量、质量、消耗和工人的操作条件等。早期孔型设计基本是一种手艺，依靠设计者的经验和技巧。随着轧制理论特别是塑性加工力学的发展，人们逐步试图建立有科学依据的孔型设计方法，使孔型设计成为一门建立在可靠科学基础上的工程技术，因此出现了计算在孔型中轧制的金属变形、力能参数、温度等各种重要参数的理论公式。但由于金属在孔型中轧制变形的复杂性，在推导这些理论公式时不得不对研究的情况做大量简化处理，从而影响了计算精度。长期以来主要采用简单的经验公式进行计算，但经验公式只适用于特定的条件，条件变化时计算精度降低。为了简化计算工作，往往只计算个别参数和验算个别限制条件，使设计结果的可靠性大受影响。由此设计出的孔型往往要经过试轧、修正甚至多次试轧和修正才能成功地轧出产品。可见传统的孔型设计是典型的试错（凑）（Trial and Error）过程，研发周期长、成本大，即使可行，也不一定最优，在使用中还会不断出现新问题。

随着CAD技术的飞速发展，给孔型设计的新发展提供了可能。将CAD技术引入孔型设计，出现了计算机辅助孔型设计（Computer-aided Roll Pass Design，CARD）。采用CARD技术，可借助计算机强大的计算和图形处理能力，在孔型设计中使用考虑各种影响因素的精确数学模型，可计算一切必要的参数和检验一切必要的限制条件，把孔型设计看成是满足咬入条件、在孔型中的稳定条件及设备和电动机负荷条件等一系列限制条件下的，既达到产品几何形状、尺寸、表面质量、组织性能等要求，又达到高生产率和低消耗的系统工程，采用优化技术获得最优化方案。还可以将设计结果进行计算机模拟，根据模拟结果再对设计方案进行必要的修改，用计算机模拟代替和减少试轧过程，大大减小试轧对正常生产的影响，缩短设计周期，提高设计的可靠性，不仅降低了设计工作过程中的经济损失，而且提高了长期生产中的经济效益，同时把设计人员从繁琐的计算、画图等重复性工作中解放出来，将精力集中于方案合理性研究等创造性的工作中。

6.1.2 CARD的发展概况

CARD研究在国外始于20世纪60年代，早期的CARD系统从功能上看只能完成设计工作的个别环节（某些计算或画图工作）或在一定生产条件下特定孔型系统某几道孔型的设计。1973年U. Suppo等研发了圆钢计算机辅助孔型设计，在孔型设计中将全部变量用数学方程来确定，这是CARD的一个重要发展。但这个方法是以经验-统计方法为基础的。1978年H. Kozono研发了孔型设计CAD/CAM系统，把设计数据与NC编程结合。1981年J. Metzdorf研发了工字钢等孔型计算机辅助设计。1983年P. J. Mauk在R. Kopp教授指导下完成的CARD博士论文，系统地开发了简单断面和异型断面CARD，包括确定孔型和轧件尺寸、计算全部变形和力能参数及轧件温度并具有绘图功能。

值得一提的是，在1982年，苏联B. K. Смирнов和B. A. Шилов等学者发表了其多年研究开发的简单断面最优化孔型设计自动计算系统，其变形模型是基于全功率极小化变分原理对孔型轧制过程的研究结果。该系统可计算多种孔型系统轧制时金属变形、力能参数、允许咬入角和轧件轴比及孔型延伸能力利用程度等，还有选择孔型系统和制订轧制方案的模块以及验算轧制工艺和设备等限制条件的模块，采用动态规划法优化孔型设计，目标函数可选择能耗最低或坯料横截面积最大，还可进行综合优化（能耗和道次数最少且轧速最大）。

将过程优化与计算机模拟技术引入CARD系统并实现CARD/CAM系统一体化是CARD功能的重要发展，而加入人工智能（AI）特别是专家系统（Expert System）形成智能型CARD，则是CARD功能的又一大发展。因为在孔型设计中有一些所谓非结构化或半结构化的重要决策，属于经验知识性问题，难以用数学方程表达。这部分决策在CARD程序系统中以往是依靠人机对话、由设计者凭经验决定的，导致孔型设计在一定程度上仍依赖于设计者的经验，难以获得最优结果。采用专家系统，将有关决策的专家知识和经验做成相应规则，既使经验客观化，又使CARD具有智能性。德国亚琛工业大学金属塑性成形研究所（IBF）建立的CAPS系统，可用设计模块设计孔型，用模拟模块对设计结果进行有限元模拟，用诊断模块对模拟结果进行诊断，用修正模块按诊断结果对原设计提出修改意见，再返回设计模块修改设计，然后又重复模拟、诊断、修正、设计，直到诊断结果满意为止。

我国在CARD方面的研究和应用也有很大发展，开发了各类CARD系统。其中北京科技大学金属压力加工系计算机应用研究室自1985年开始研究简单断面CARD方法库和复杂断面CARD程序系统，还开发了孔型设计优化及CAD/CAM一体化系统等。

随着轧制理论及计算机技术的发展，CARD的发展方向为：（1）数学模型更精确、齐全。轧制理论的进一步发展，为新型的CARD系统奠定了坚实的理论基础。（2）孔型设计的智能化、可视化。利用智能技术、模糊理论及模糊控制方法来处理CARD中难以量化的问题，建立通用及专用的CARD知识库和数据库；利用虚拟现实技术，让孔型设计及轧制过程模拟可视化，使设计过程具有直观性和形象性。（3）CARD成为轧钢企业CIMS中轧钢技术决策支持系统的组成部分。CARD与CIMS中的其他子系统互相配合，根据订货要求设计孔型，并与轧辊计算机辅助加工一体化，根据CARD结果，通过CIMS系统指挥加工轧辊。（4）具有很强的通用性、可扩充性及易维护性。通过建立行业标准，利用面向对象技术建立CARD基本的模型库、算法类库，并通过二次开发工具，摆脱低水平上的重复劳动，避免针对具体任务开发程序的做法，使CARD软件通用化。

6.1.3 CARD系统的总体结构

轧辊孔型设计的主要任务是获得尺寸、精度、质量及机械物理性能均合乎要求的型材。同时，合理的轧辊孔型设计应当保证轧机生产力最高、设备和工作机座的传动电动机负荷均匀、能耗最小、轧辊磨损最小、轧辊咬入金属可靠、轧件在孔型中保持稳定、由一种坯料轧出多种规格型材以及孔型在轧辊上配置方便等。

制订符合上述要求的轧辊孔型设计是涉及多方面因素的复杂过程，其中，必须考虑金属在孔型中的流动规律、轧制力学条件、轧辊咬入能力、变形温度制度、设备强度、轧机传动功率以及其他因素。因此，在进行合理的轧辊孔型设计时，利用系统工程方法是适合的。目前，这种方法广泛应用在分析科学、技术和社会关系等不同领域的复杂过程中。

根据系统工程原理可将轧辊孔型设计看做是一个具有输入、过程、输出、限制、反馈的信息系统（图 6.1）。

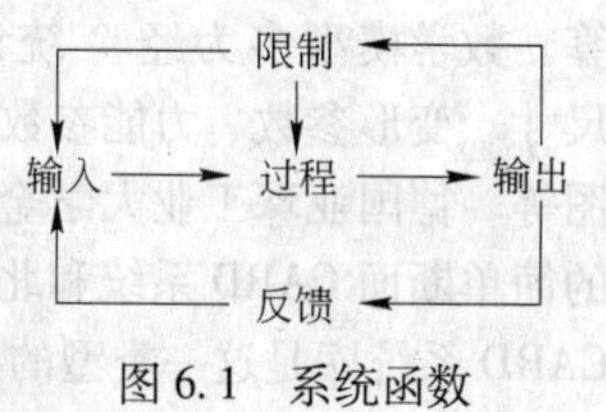

图 6.1 系统函数

系统的输入是孔型设计计算的原始信息：成品断面的形状和尺寸、轧机形式和技术特性、轧件的钢号、终轧速度等。在这个信息的基础上，实现确定孔型形状和在孔型中轧制的轧件形状及尺寸的过程。过程的结果，也就是所计算出的轧辊孔型设计数据是系统的输出。这个结果应当与所要求的系统状态相符合，该系统状态是按专门选定的轧辊孔型设计合理性准则确定的。轧辊孔型设计合理性准则可以是轧机生产力最高、轧制能耗最小、轧制道次数最少等。

输出端的反馈是用来保证计算的与所要求的系统状态相吻合，在要求得不到满足时，它就以适当方式作用给输入端（图 6.1），改变原始信息中的某些参数，以便在下一次计算过程中，使输出满足所用准则。例如，为使连轧机生产力最高，需尽量增大轧速。

限制是系统必不可少的单元，它是保证满足限制过程进行的条件。在进行轧辊孔型设计时，作为限制的因素有：咬入条件、轧件在孔型中的稳定性、轧机主机列的设备强度、工作机座的传动电动机功率、轧辊转速、金属质量、轧辊磨损及其他参数。当不满足某一限制时，就对系统输入的某个相应作用进行启动并重复整个计算过程。

根据系统分析的研究方法，任何系统都可分成带有自己的输入和输出的子系统，并且前一个子系统的输出就是后一个子系统的输入，这就保证了所有子系统的互相联系和完成过程的某种顺序性。根据轧辊孔型设计系统，可分为许多顺序工作的子系统（图 6.2）：系统 A 道次分配延伸（或压下）系数和选择孔型系统；系统 B 计算在孔型中轧制时的金属变形；系统 C 计算轧件温度；系统 D 确定轧制力能参数；系统 E 在轧辊上配置孔型。

轧辊孔型设计的原始信息是系统 A 的输入，而轧辊孔型设计方案，即选定的孔型系统是系统 A 的输出（过程结果）。系统 B 对于所得出的孔型设计方案进行金属变形计算，最后在输出端得到了每道次的轧件尺寸和孔型尺寸。这一信息又用作进行轧制温度制度计算的系统 C 的输入，并用作确定轧制力和轧制力矩的系统 D（考虑到轧制温度制度）以及用作在轧辊上配置孔型的系统 E 的输入，因而也就确定了作用在轧辊辊颈上的反力及检验了整个限制系统所需的其他参数。

在每个系统的计算过程中都有自己的限制。全部限制应在孔型设计最后阶段之后进行检验。当限制系统的任何单元得不到满足时，相应的子系统或整个系统的输入参数就会改变。

图 6.2 所示的系统模型能计算出各种轧机的合理轧辊孔型设计。同时，根据轧机形式和轧材种类，完成每一个计算阶段（即上述每一系统中的结构都有其特点）。在此系统模型的基础上才能建立轧辊孔型设计的具体算法。

6.1.4 CARD 的主要类型

6.1.4.1 单一功能型 CARD

单一功能型 CARD 特点是采用传统的孔型设计方法，参数计算需人工输入，只能设计个别环节，因此实际上只是用计算机代替人工计算和绘图。早期的 CARD 系统由于受计算机技术和轧制理论水平的限制，多属于这一类型。

6.1.4.2　多功能型 CARD

多功能型 CARD 特点是全部或大部分变量用数学模型计算。数学模型多为经验-统计模型，可计算孔型尺寸、轧件尺寸、变形参数、力能参数和轧制温度及绘制孔型图、配辊图等。德国亚琛工业大学金属塑性成形研究所（IBF）开发的简单断面 CARD 系统和北京科技大学开发的简单断面型钢 CARD 系统库是这一类型的典型例子。

6.1.4.3　多功能优化型 CARD

多功能优化型 CARD 具有多功能型的全部特点，并在此基础上引入优化技术，根据不同需要，按不同目标进行优化。优化目标可以是产量最高、轧制节奏最短、能耗最低、设备负荷均匀、连轧张力最小等。通常以轧制能耗最低为目标，有时还对能耗最低、道次最少、轧制速度最高、产量最高等多目标进行综合优化。

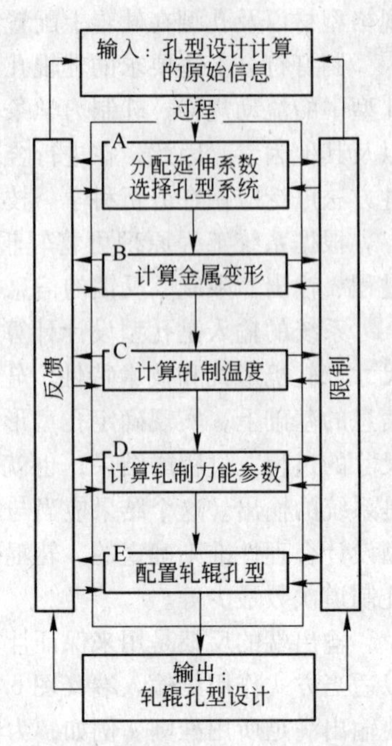

图 6.2　轧辊孔型设计系统模型

6.1.4.4　专家系统型 CARD

专家系统是人工智能技术的重要内容。目前，CARD 专家系统正处于发展时期。多功能优化型 CARD 综合考虑了影响轧制过程的各种因素，并使其量化，根据一定的优化目标用数学方法寻求最优解。但是，型材生产是一个复杂的过程，并不是所有的信息都适于数模化，尤其是对复杂断面型钢，按一定优化目标得到的最优解可能并不符合实际。只有建立专家系统，让计算机能够模拟人脑的思维过程，才能真正达到 CARD 系统的优化目标。

专家系统在 CARD 系统方面可以起到两方面的作用：一是为设计和模拟提供初始条件；二是对设计和模拟结果给以评价诊断和提出改进建议。

图 6.3 是德国亚琛工业大学金属塑性成形研究所（IBF）开发的 CARD 专家系统。此系统中各个规则的关系如图 6.4 所示。

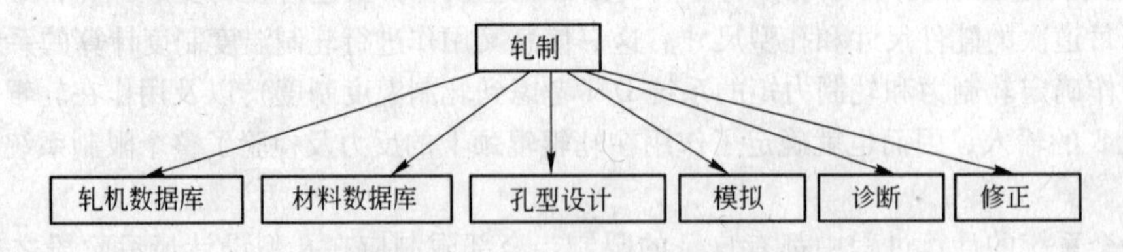

图 6.3　CARD 系统的组成模块

图 6.4 表明在这个系统中首先形成了“设计规则”，它们与“模拟”相联系，根据设计结果实现过程的模拟，然后再经过“诊断规则”对模拟结果提出评价，指出存在的问题，最后再通过“修正规则”对设计进行修改，这样来实现专家系统的工作方式。

在孔型设计部分中存储了有关孔型设计的知识，可以根据成品断面、轧制的材料、产量等由系统中的规则选定孔型种类（如圆-椭圆），其他规则则确定各道次延伸系数或提出一定的工艺要求（如椭圆的一定的侧边高“*s*”值，以便在圆中有足够的接触），这样便可以计算各道

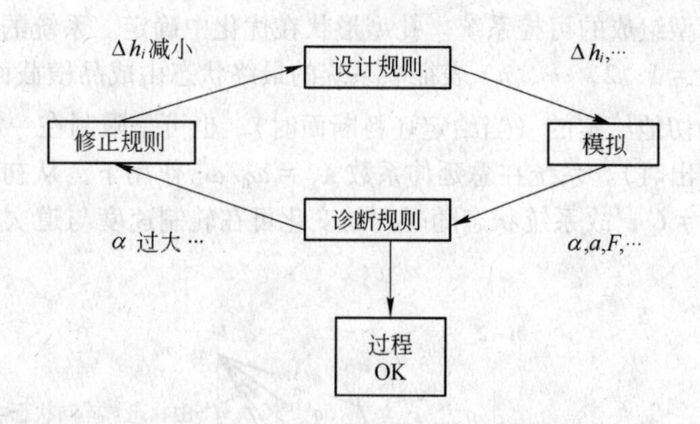

图 6.4 CARD 专家系统与各模块间的关系

孔型尺寸。在计算中用乌萨托夫斯基（Z. Wusatowski）宽展公式，而专家系统则把重要的经验数据给予程序，以便控制算法。

由专家系统得出的设计数据传给模拟系统，模拟结果通过接口又提供给专家系统。诊断系统的目的是使模拟结果能在专家系统中进行评价，模拟后专家系统从工艺量（如充满度、延伸系数分配、力能参数变化等）方面审查结果，通过与可行的范围比较，找出孔型设计不当的部分。

修正系统则根据评价结果改变设计特征量，包括改变延伸系数、椭圆轴比等，以获得均匀的延伸系数分配、力和力矩分布，或改变孔型充满度或椭圆“s”值，得出另外的中间孔等。

6.1.5 CARD 优化设计方案

6.1.5.1 合理轧辊孔型设计的准则

在考虑工艺与设备等的限制条件下，可用如下的工艺特性指标作为轧辊孔型设计合理性的准则：

轧机生产率：
$$\Pi = \frac{3600}{T_m} G \cdot k_u \rightarrow \max \tag{6.1}$$

钢坯断面：
$$\omega_0 = \omega_n \lambda_{\Sigma cm} \rightarrow \max \tag{6.2}$$

轧制给定断面的道次数：
$$n_{np} = \lg\lambda_{\Sigma cm} / \lg\lambda_{cp} \rightarrow \min \tag{6.3}$$

轧制电能消耗：
$$Q = \sum_{i=1}^{n_{np}} 2M_{npi} \cdot v_i \cdot \tau_i / D_{Ki} \rightarrow \min \tag{6.4}$$

轧辊消耗（磨损）：
$$B = \sum_{i=1}^{n_{np}} b_i \rightarrow \min \tag{6.5}$$

所用孔型的延伸能力：
$$C_e \rightarrow \max \tag{6.6}$$

式中，T_m 为轧制节奏；G 为轧件重量；k_u 为轧机利用系数；ω_n 为成品横截面面积；$\lambda_{\Sigma cm}$ 为轧机总延伸系数；λ_{cp} 为平均延伸系数；τ_i 为第 i 道纯轧时间；D_{Ki} 为第 i 个孔型中的工作辊径；b_i 为第 i 架轧机单位辊耗；M_{npi} 为轧制力矩；v_i 为轧制速度。

在进行轧辊孔型设计时无法达到在同等程度上满足上述每一个标准。因此，在用数学规划进行计算机优化孔型设计时，通常列出某一个标准，而将其他标准附加地列入限制系统，或者由上面列出的标准组成综合标准。

6.1.5.2 CARD 优化设计方案

在 CARD 系统中，可采用动态规划法对孔型系统方案进行优化设计。把孔型设计视为由顺序配置在轧辊上的孔型组成的可控系统。孔型形状在优化中确定。系统的状态由每个孔型中轧件的横截面面积 $\omega_i(i=1,\ 2,\ \cdots,\ n)$ 表征。系统的最终状态由成品横截面面积 ω_n 给定。系统的初始状态可以是确切地给定的（当给定坯料断面时），也可是限制在一定范围 $\omega_0 \in \tilde{\omega}_0$（当坯料断面需在计算中求出时）。系统在总延伸系数 $\lambda_\Sigma = \omega_0/\omega_n$ 作用下，从初始状态变化到最终状态。在连轧中因 $\omega_i v_i = C$，故系统状态随时间的变化可在轧制速度与道次号的坐标中表示（图6.5）。

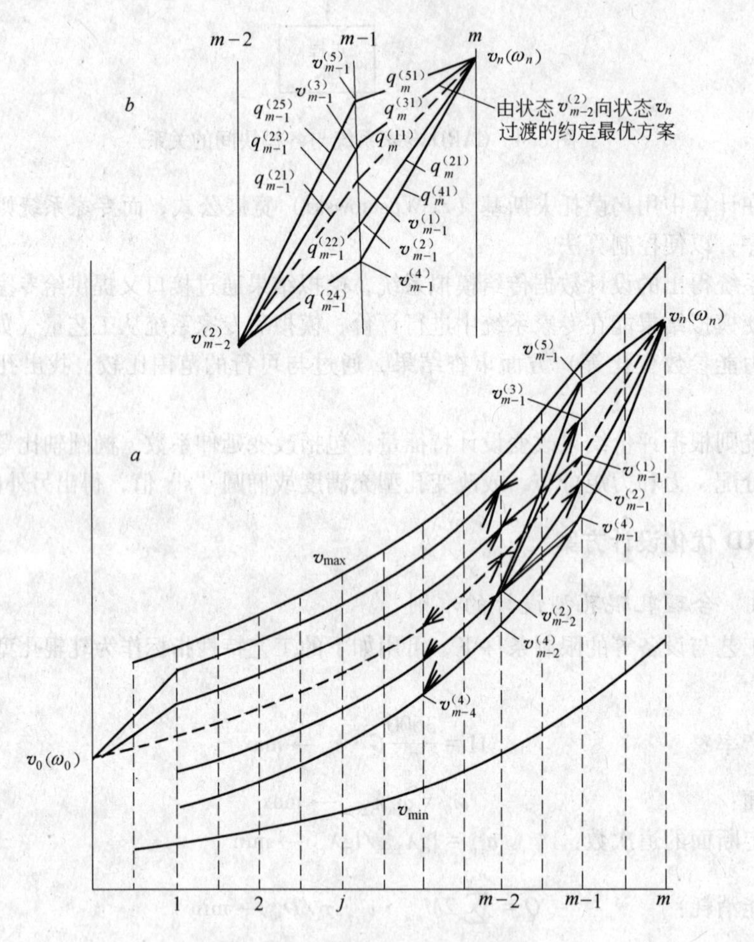

图6.5 孔型优化设计算法图解

从原始状态 $v_0(\omega_0)$ 到最终状态 $v_n(\omega_n)$ 可通过许多路径实现。这些路径由不同的 $\lambda_{\Sigma M}(\lambda_i)$ 矢量组合（即目标函数 W 具有不同的值）表征。需求出最优路径，找出最优解 $\lambda_{\Sigma M}^*(\lambda_1^*,\ \lambda_2^*,\ \cdots,\ \lambda_i^*,\ \cdots,\ \lambda_n^*)$，使得 $W(\lambda_{\Sigma M})$ 为极小或极大。为解此问题，将优化过程分为 m 步。从一个等轴断面到下一个等轴断面视为一步。在每一步上系统的状态由等轴断面横截面面积 ω_j 表征，而控制变量是一步上（一对孔型中）的总延伸系数 $\lambda_{\Sigma j}$。每一步上系统的状态与前一步的状态和本步的控制变量有关：$\omega_j = \omega_j(\omega_{j-1},\ \lambda_{\Sigma j})$。

孔型优化设计的限制条件为：

$$\lambda_{\Sigma j\min} < \lambda_{\Sigma j} < \lambda_{\Sigma j\max} \quad (\lambda_i > 1)$$

$$v_{i\min} < v_i < v_{i\max}$$

$$\alpha_i < [\alpha]_i ; \quad [a]_{i\min} < a_i < [a]_{i\max}$$

$$P_i < [P]_i ; \quad M_i < [M]_i ; \quad K_{Mi} < 1$$

式中，λ 为延伸系数；v 为轧制速度；α、$[\alpha]$ 为咬入角、允许咬入角；a、$[a]$ 为轧件轴比、允许轴比；P、$[P]$ 为轧制力、允许轧制力；M、$[M]$ 为轧制力矩、允许轧制力矩；K_M 为电动机过载系数。

目标函数和算法的选择与原始资料有关，可有下列若干优化方案：

方案 6.1 给定成品和坯料断面的形状、尺寸和横截面面积（C_n，ω_n，H_0，B_0，ω_0）、道次数 n、终轧速度 v_n 和轧机技术性能，要求计算能耗最小的轧制制度。

优化目标为轧制能耗：

$$Q = \sum_{j=1}^{m} q_j = \sum_{j=1}^{m} \left(\sum_{i=1}^{2} M_{ri} \cdot v_i \cdot \tau_i / D_{ki} \right) \rightarrow \min \tag{6.7}$$

式中，q_j 为每步上的轧制能耗；M_{ri} 为第 i 道次轧制力矩；v_i 为第 i 道次轧制速度；D_k 为轧辊工作直径；τ_i 为每道轧制（纯轧）时间；i 为各对相邻孔型中的道次号，$i = 1，2$。

方案 6.1 优化孔型设计算法的图示和程序框图分别示于图 6.5 和图 6.6。计算逆轧向进行

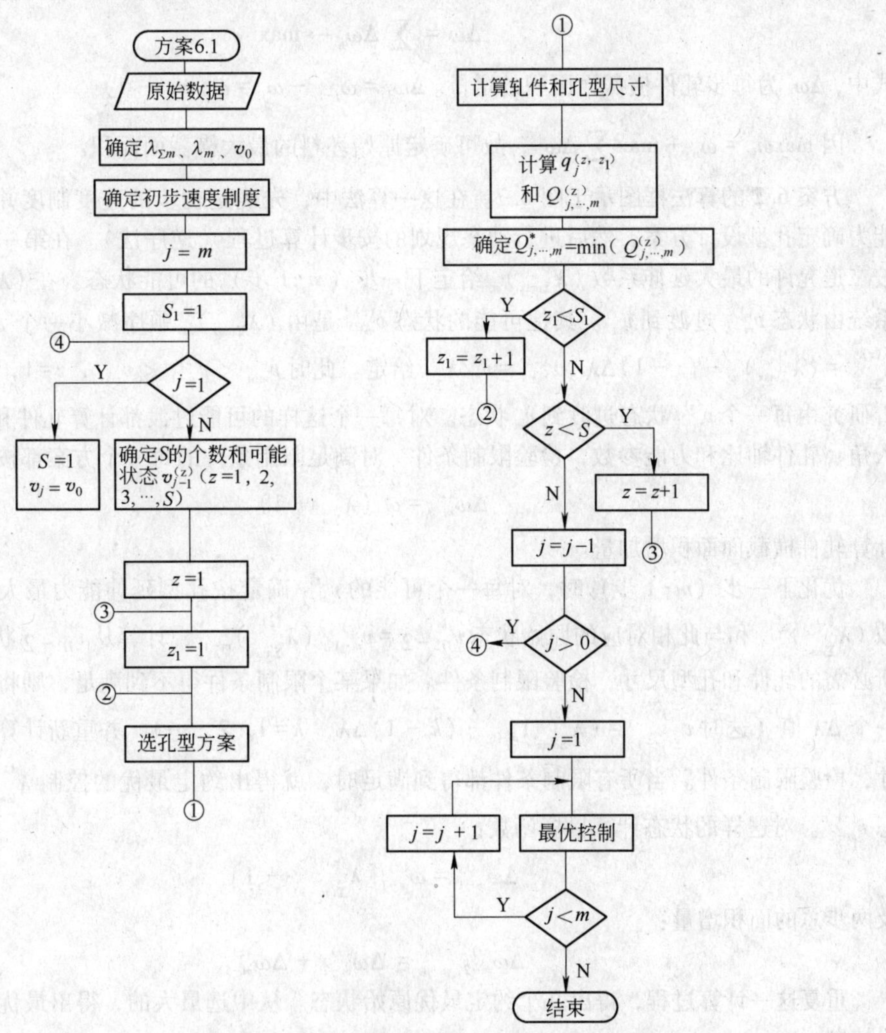

图 6.6 方案 6.1 的孔型优化设计框图

（动态规划逆序法）。在每一步（$j=m$，$m-1$，$m-2$，…，2，1）上，根据初步速度制度给定系统的 S_1 个可能状态 $v_j^{(z_1)}$（$z_1=1$，2，…，S_1）和下一步（$j-1$ 步）上 S 个可能状态 $v_{j-1}^{(z)}$（$z=1$，2，…，S）。在 $\lambda_{\Sigma j}^{(zz_1)}$ 作用下，系统由每一个可能状态 $v_{j-1}^{(z)}$ 向每下一个可能状态 $v_j^{(z_1)}$ 过渡。这时需要选择孔型设计方案、计算轧件和孔型尺寸、计算力能参数及其他工艺参数、检验限制条件。如果满足限制条件，即过渡是可能的，则计算 j 步上的能耗 $q_j^{(zz_1)}$ 和已计算过的各步的总能耗 $Q_{j,\cdots,m}^{(z)}=\sum_j^m q_j^{(zz_1)}$，按能耗最小的确定约定最优方案 $Q_{j,\cdots,m}^*=\min(Q_{j,\cdots,m}^{(z)})$ 及相应的 $\lambda_{\Sigma j}$，并把它们在计算机中存储起来。

按上述过程逐步计算，所有各步计算完后，确定目标函数的最小值 $Q_{1,2,\cdots,m}^*$，然后从存储中得出最优 $\lambda_{\Sigma M}^*(\lambda_{\Sigma j}^*)$ 及相应的轧件和孔型尺寸以及工艺参数（$\lambda_{\Sigma M}$ 为轧机总延伸系数；$\lambda_{\Sigma j}$ 为每一步上相邻两道的总延伸系数）。

方案 6.2　给定成品断面尺寸 C_n 和横截面面积 ω_n、道次数 n、终轧速度 v_n 和轧机技术性能，要求在最优孔型设计中确定坯料最大尺寸。

目标函数选择轧件横截面面积相对于成品横截面面积的增量：

$$\Delta\omega=\sum_{j=1}^{m}\Delta\omega_j\rightarrow\max \tag{6.8}$$

式中，$\Delta\omega_j$ 为每步轧件横截面面积的增量。$\Delta\omega_j=\omega_{j-1}-\omega_j=\omega_j(\lambda_{\Sigma j}-1)$。

因 $\max\omega_0=\omega_n+\max\sum_{j=1}^{m}\Delta\omega_j$，故可确定原始坯料的最大横截面面积。

方案 6.2 的算法框图示于图 6.7。在这一算法中，先确定初步的速度制度并根据孔型延伸能力确定孔型设计方案，然后进行动态规划的按步计算过程（逆序法）。在第一步（m 步）上按二道允许的最大延伸系数 $(\lambda_{\Sigma\max})_m$ 给定下一步（$m-1$ 步）的可能状态。在 $(\lambda_{\Sigma\max})_m$ 控制下，系统由状态 $v_{m-1}^{(1)}$ 过渡到 v_m。其他可能的状态 $v_{m-1}^{(z)}$ 是由 $(\lambda_{\Sigma\max})_m$ 顺序减小一个 $\Delta\lambda$ 给定，即由 $\lambda_{\Sigma\max}^{(z)}=(\lambda_{\Sigma\max})_m-(z-1)\Delta\lambda$，$v_{m-1}^{(z)}=v_n/\lambda_{\Sigma m}^{(z)}$ 给定。此时 $v_{\min}<v_{m-1}^{(z)}<v_{\max}$，$z=1$，2，…，$S'$，接着研究由每一个 $v_{m-1}^{(z)}$ 状态过渡到 v_m 状态。对每一个这样的可能过渡都计算轧件和孔型尺寸、咬入角、轧件轴比和力能参数，检验限制条件。对满足限制条件的每一个方案都按

$$\Delta\omega_m^{(z)}=\omega_m(\lambda_{\Sigma m}^{(z)}-1)$$

计算轧件横截面面积增加量。

优化下一步（$m-1$ 步）时，对每一个可能的 $v_{m-1}^{(z)}$ 确定按孔型延伸能力最大可能的延伸系数 $(\lambda_{\Sigma\max}^{(z)})_{m-1}$ 和与此相对应的原始状态 $v_{m-2}^{zk}=v_{m-1}^{(z)}/(\lambda_{\Sigma\max}^{(z)})_{m-1}$，计算从 v_{m-2}^{zk} 状态到 $v_{m-1}^{(z)}$ 状态所必需的轧件和孔型尺寸，检验限制条件。如果某个限制条件得不到满足，则将延伸系数减小一个 $\Delta\lambda$ 值（这时 $v_{\Sigma(m-1)}^{(z)}=(\lambda_{\Sigma\max}^{(z)})_{m-1}-(k-1)\Delta\lambda$，$k=1$，2，…），并重新计算轧件和孔型尺寸，检验限制条件。当所有限制条件都得到满足时，就得出约定最优的控制 $\lambda_{\Sigma m-1}^{(z)}$ 和相应的状态 $v_{m-2}^{(z)}$。对这样的状态计算目标函数：

$$\Delta\omega_{m-1}^{(z)}=\omega_{m-1}^{(z)}[\lambda_{\Sigma(m-1)}^{(z)}-1]$$

及两步总的面积增量：

$$\Delta\omega_{m-2,\,m-1}^{(z)^*}=\Delta\omega_{m-2}^{(z)}+\Delta\omega_{m-1}^{(z)}$$

重复这一计算过程，得出几个约定最优原始状态。从中选最大的，得出最优原始状态和最优控制 $\lambda_{\Sigma M}^*(\lambda_1^*,\lambda_2^*,\cdots,\lambda_m^*)$。

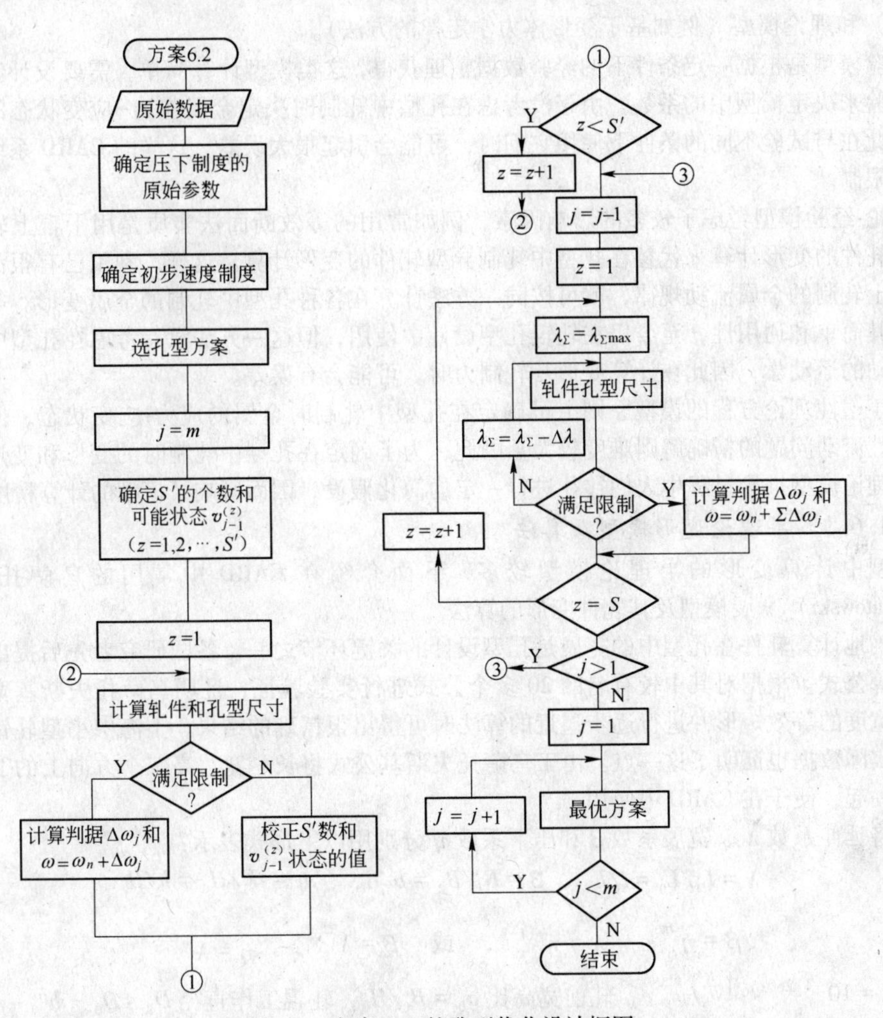

图 6.7 方案 6.2 的孔型优化设计框图

方案 6.3 给定了成品断面和坯料横截面形状及尺寸 C_n 、ω_n 、H_0、B_0、ω_0 以及轧机技术特性，要求在最优孔型设计中确定轧制道次数 n 、终轧速度 v_n 。

目标函数选为：

$$W = a \cdot \frac{\lg\lambda_{\Sigma M}}{\lg\lambda_{\mathrm{m}}} + b \cdot \left(1 - \frac{v_n}{v_{\max,\ n}}\right) + c \cdot \sum_{j=1}^{m} q_j \rightarrow \min \tag{6.9}$$

式中，a、b、c 为加权系数；$v_{\max,\ n}$ 为成品轧机最大可能速度；λ_{m} 为平均延伸系数。

按这一目标函数（6.9）可在能耗最小（第 3 项）时保证最少道次数（第 1 项）和最大轧制速度即最大产量（第 2 项）。

对这一问题采用逐步动态规划法寻优，在固定的道次数 n 和比值 $v_n/v_{\max,\ n}$ 下，按方案 6.1 求解。为了确定 n 的初值，需先按类似轧机确定平均延伸系数，其他 n 值可在限制条件允许范围内逐步以步长为 1 改变 n 的初值得出。对每一 n 值，在 $v_{\min} < v_n < v_{\max}$ 范围内取数个固定的 $v_n/v_{\max}$ 比值，形成数个方案，结果得出 z 个约定优化解，从中按目标函数选出最优解。

6.1.6 CARD 中的变形模型及算法

在 CARD 系统中，金属变形参数计算模型主要有：经验模型、理论-经验模型（例如等效断面法）和理论模型（例如基于变形体力学定律的方法）。

经验模型是根据一定条件下的经验数据整理获得，这类模型计算简单，需要设计者多年积累的经验来决定模型中的系数。由于没考虑在孔型中轧制时决定金属应力-应变状态的全部因素，因此在与试验不同的条件下使用它们时，可能会引起很大误差。这样的 CARD 系统的通用性受到限制。

理论-经验模型考虑了较多的影响因素，例如常用的等效断面法实质是用平辊上轧制等效的矩形轧件的变形计算来代替在孔型中轧制异型轧件的变形计算。这样，利用已有很深研究的在平辊上轧制的金属流动规律，就可按同一方法计算在各种孔型中轧制的金属变形。等效断面法由于其简单和通用性，至今仍在轧辊孔型设计中使用，但这一方法没有考虑在孔型中轧制时金属流动的运动学，因此在计算变形及轧制力时，可能会有误差。

基于塑性理论方程的模型原则上可确定在孔型中轧制时金属的应力-应变状态，但要获得三维塑性流动问题的精确解则难度较大。因此，为了确定在孔型中轧制时的变形和变形力，在对这些理论模型推导过程中人们往往进行一定的简化假设，因而影响了模型的计算精度。

6.1.6.1　半理论变形模型及算法

孔型中计算变形的半理论模型较多，下面介绍在 CARD 中常用的乌萨托夫斯基（Z. Wusatowski）宽展模型及其轧件变形的算法。

准确地计算轧件在孔型中的宽展是孔型设计的关键环节之一。各国研究者先后提出了许多宽展计算公式。根据对其中较有名的 20 多个公式进行实验验证，证明乌萨托夫斯基宽展公式在用等宽度的等效矩形并进行逐步逼近的算法时可得出很精确的结果，上海中小型轧钢厂轧制型钢的实际数据也证明了这一点。由于乌萨托夫斯基公式将长、宽、高三个方向上的变形系数联系在一起，便于在 CARD 中使用。

若将延伸系数 λ、宽展系数 β 和压下系数 η 分别用以下形式表示：

$$\lambda = L_1/L_0 = l/L, \quad \beta = B_1/B_0 = b/B, \quad \eta = H_1/H_0 = h/H \tag{6.10}$$

则

$$\beta = \eta^{-W}, \quad \lambda = \eta^{-(1-W)} \quad 或 \quad \beta = \lambda^{\frac{W}{1-W}}, \quad \eta = \lambda^{-\frac{1}{1-W}} \tag{6.11}$$

式中，$W = 10^{-1.269 \cdot a_0 \cdot \left(\frac{H}{D_K}\right)^{0.556}}$，轧前宽高比 $a_0 = B_0/H_0$，轧辊工作直径 $D_K = D_0 - h$。

轧制温度、轧制速度、轧件钢种、轧辊材质及其表面加工情况等对宽展的影响，可用上述公式中相应的影响系数考虑。

用乌萨托夫斯基宽展公式计算孔型中的变形时，应将孔型和其中轧件断面换算成等宽度的等效矩形，即把不同形状的孔型和轧件换算成宽度和横截面面积都与之分别相等的矩形，再按矩形轧件在平辊上轧制的情况进行计算。显然在这样换算之后得到的等效矩形的高度 H_c 或 h_c 小于原孔型和轧件高度 H 或 h。等效矩形的高度 H_c 或 h_c 也称为平均高度。对于各种形状，可按几何关系导出其平均高度与高度的比值 m，称为平均高度系数，即：

$$m = h_c/h \tag{6.12}$$

在设计延伸孔型系统时，通常在选择孔型系统之后，先按等轴断面成对地分配延伸系数，即分配从一个等轴断面到另一个等轴断面两道的延伸系数 λ_{Qj}。这样各个等轴断面的面积和相应的尺寸便很容易确定。然后再分配从大等轴断面到小等轴断面两道之间的延伸系数，确定两个等轴断面之间的非等轴断面的面积和尺寸，这时必须满足：

$$\lambda_{Qj} = \lambda_i \cdot \lambda_{i+1}, \beta_i = \lambda_i^{\frac{W_i}{1-W_i}}, \beta_{i+1} = \lambda_{i+1}^{\frac{W_{i+1}}{1-W_{i+1}}} \tag{6.13}$$

根据式（6.13）考虑到翻钢和不翻钢时轧件尺寸的关系，可导出两道的 W_i、λ_i、m_i、a_i、W_{i+1}、λ_{i+1}、m_{i+1}、a_{i+1} 之间的关系，这样就可以确定中间非等轴断面的尺寸，然后根据计算出的中间非等轴断面，验算小等轴断面孔型的充满度。若不合要求，适当改变中间非等轴断面尺寸或 λ_i 与 λ_{i+1}，重新计算。

算法 6.1 已知坯料和孔型尺寸 H_0、B_0、ω_0 和 H_K、B_K、ω_K，轧件钢种和轧机技术特性，求在该孔型中轧后轧件宽度 B_1。

计算步骤如下：

(1) 将孔型换算成等效矩形，并计算等效矩形高 $H_{c1} = \omega_K / B_K$；

(2) 计算孔型中压下系数 $\eta_c = H_{c1}/H_0$，坯料宽高比 $a_{i-1} = B_0/H_0$，轧辊工作直径 $D_{Kc} = D_0 - H_{c1}$ 及 H_0/D_{Kc}；

(3) 计算 W, β（式（6.11））及 $B_1 = B_0 \cdot \beta$。

算法 6.1 程序设计框图见图 6.8。

算例 6.1 已知方坯尺寸 $H_0 = 17.7\text{mm}$、$B_0 = 17.7\text{mm}$、$\omega_0 = 314\text{mm}^2$，椭圆孔型尺寸 $B_k = 30\text{mm}$、$S = 1.5\text{mm}$、$H_k = 10\text{mm}$、轧辊原始直径 $D_0 = 300\text{mm}$，求轧后轧件宽度 B_1。

(1) 计算椭圆孔平均高度 H_{c1}：

$$\omega_K = \frac{B_K H_K}{3}\left(2 + \frac{S}{H_k}\right) = \frac{30 \times 10}{3}\left(2 + \frac{1.5}{10}\right) = 215\text{mm}^2$$

$$H_{c1} = \frac{\omega_K}{B_K} = \frac{215}{30} = 7.17\text{mm}, \quad m = \frac{H_{c1}}{H_K} = \frac{7.17}{10} = 0.717$$

(2) 计算 $\eta_c = \dfrac{H_{c1}}{H_0} = \dfrac{7.17}{17.7} = 0.4051$, $a_0 = \dfrac{B_0}{H_0} = \dfrac{17.7}{17.7} = 1$,

$$D_{Kc} = 300 - 7.17 = 292.83\text{mm}, \frac{H_0}{D_{kc}} = \frac{17.7}{292.83} = 0.0604$$

(3) 计算 $W = 10^{-1.269 \times 1 \times 0.0604^{0.556}} = 0.5426$, $\beta = \eta^{-W} = 0.4051^{-0.5426} = 1.6328$

$B_1 = 17.7 \times 1.6328 = 28.9\text{mm}$（实测值 30mm，误差 3.67%）

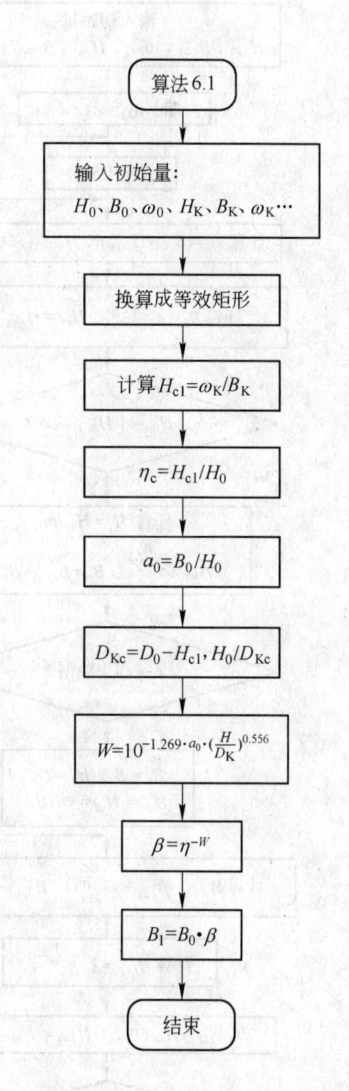

图 6.8 算法 6.1 的程序设计框图

算法 6.2 已知孔型系统的大小等轴断面尺寸 H_{i-1}、B_{i-1}、ω_{i-1} 和 H_{i+1}、B_{i+1}、ω_{i+1}、轧件钢种和轧机技术特性，求中间非等轴断面尺寸 H_i、B_i。

(1) 将大、小等轴断面之间的总延伸系数 λ_{Qj} 在两道间分配，使 $\lambda_{Qj} = \lambda_i \cdot \lambda_{i+1}$；

(2) 根据大、小等轴断面尺寸和设定的 $[H_{ci}]$，计算 $a_i = B_{i-1}/H_{c(i-1)}$，$H_{c(i-1)}/D_{Ki}$，W_i；

(3) 计算 $\eta_i = \lambda_i^{-\frac{1}{1-W_i}}$，$H_{ci} = H_{i-1} \cdot \eta_i$，将 H_{ci} 计算值与设定值 $[H_{ci}]$ 比较，若不满足 $|H_{ci} - [H_{ci}]| \leqslant \delta$，则用计算值 H_{ci} 代替设定值 $[H_{ci}]$，重复第（2）步重新算 W_i，直至 $|H_{ci} - [H_{ci}]| \leqslant \delta$ 为止；

(4) 计算 $H_i = H_{ci}/m_i$；

(5) 计算 $\beta_i = \lambda_i^{\frac{W_i}{1-W_i}}$，$B_i = B_{i-1} \cdot \beta_i$；

(6) 计算 W_{i+1}（附表 1）；

（7）计算 $\beta_{i+1}=\lambda_{i+1}^{\frac{W_{i+1}}{1-W_{i+1}}}$ 和 $B_{i+1}=B'_i\cdot\beta_{i+1}$（若从 $i\to i+1$ 道次不翻钢，则 $B'_i=B_i$，$H'_i=H_i$，$H'_{ci}=H_{ci}=\omega_i/B_i$；若翻钢，则 $B'_i=H_i$，$H'_i=B_i$，$H'_{ci}=\omega_i/B'_i$）；

（8）计算 $\eta_{i+1}=\lambda_{i+1}^{-\frac{1}{1-W_{i+1}}}$ 和 $H_{c(i+1)}=H'_{ci}\cdot\eta_{i+1}$，$H_{i+1}=H_{c(i+1)}/m_{i+1}$；

（9）将计算值 B_{i+1} 和 H_{i+1} 与小等轴断面的给定尺寸比较，若不合要求，则适当修改 H_i、B_i 或 λ_i、λ_{i+1}，再重算。

算法 6.2 程序设计框图见图 6.9。

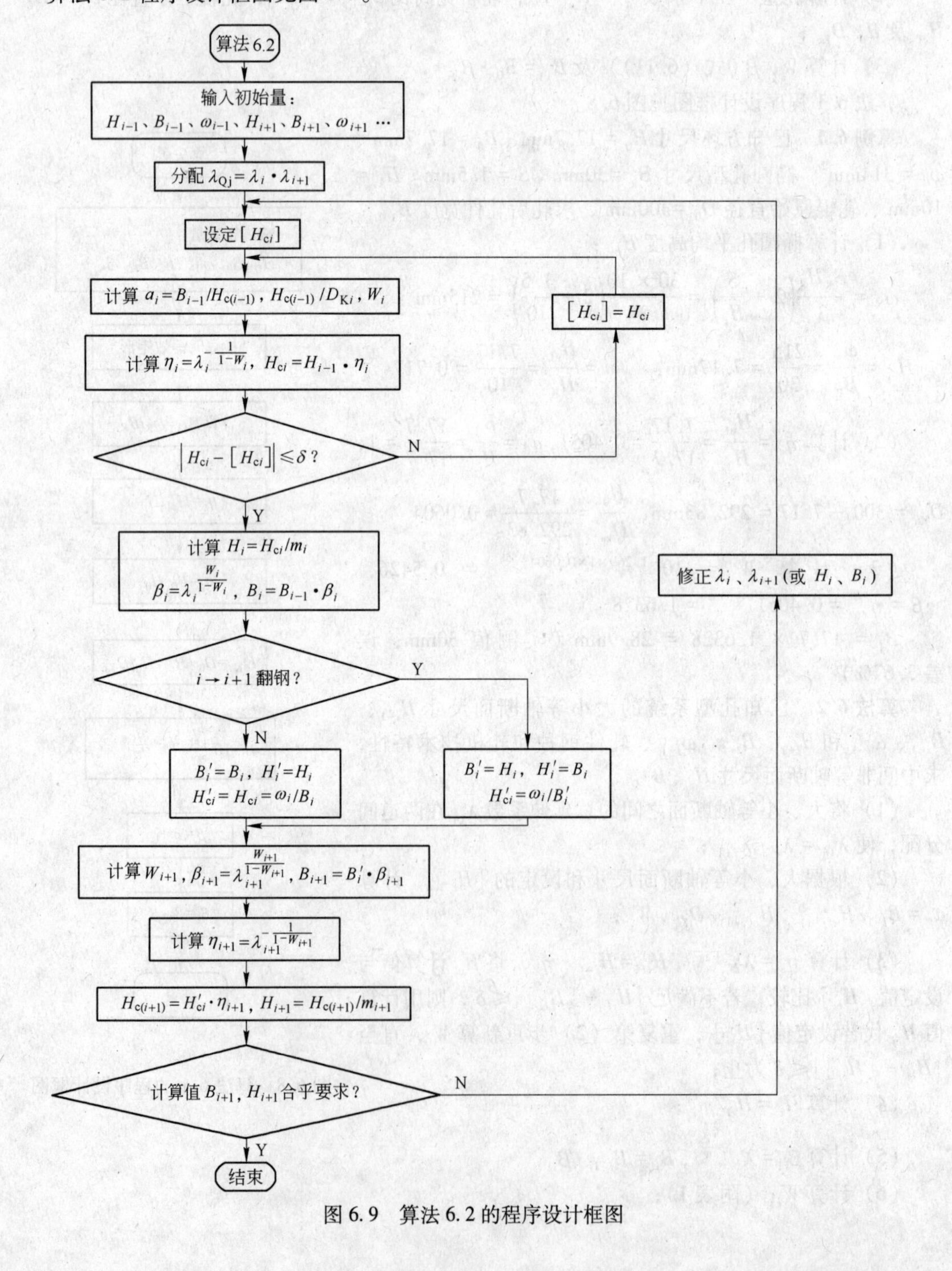

图 6.9　算法 6.2 的程序设计框图

算例 6.2 在 ϕ410mm 轧机上箱形孔型中轧制，大小等轴断面尺寸如图 6.10 所示，开轧温度 1100℃，轧制速度 1~1.3m/s。试设计中间矩形孔。

(1) 假定 $\lambda_i = 1.38$，则 $\lambda_{i+1} = \dfrac{5652/2990}{1.38} = \dfrac{1.89}{1.38} = 1.37$

(2) $H_{c(i-1)} = \dfrac{5652}{76} = 74.4\text{mm}$，$a_{i-1} = \dfrac{76}{74.4} = 1.02$

设定 $[H_{ci}] = 47\text{mm}$，则 $\dfrac{H_{c(i-1)}}{D_{Ki}} = \dfrac{74.4}{410-47} = 0.205$，$W_i = 10^{-1.269\times1.02\times0.205^{0.556}} = 0.2909$

(3) $\eta_i = 1.38^{-\frac{1}{1-0.2909}} = 0.6349$，$H_{ci} = 74.4 \times 0.6349 = 47.24\text{mm}$

(4) 设 $m = 0.96$，$H_i = \dfrac{47.24}{0.96} = 49.2\text{mm}$

(5) $\beta_i = 1.38^{\frac{0.2909}{1-0.2909}} = 1.1413$，$B_i = 76 \times 1.1413 = 86.7\text{mm}$

(6) 由附表 I 得 $\lambda_i^{\frac{1+W_i}{1-W_i}} = \lambda_{i+1}^{\frac{1+W_{i+1}}{1-W_{i+1}}}$，$1.37^{\frac{1+W_{i+1}}{1-W_{i+1}}} = 1.38^{\frac{1+0.2909}{1-0.2909}} \Rightarrow \dfrac{1+W_{i+1}}{1-W_{i+1}} = \dfrac{1.8205\times\ln 1.38}{\ln 1.37} = 1.8631 \Rightarrow W_{i+1} = 0.3015$

(7) $\beta_{i+1} = 1.37^{\frac{0.3015}{1-0.3015}} = 1.1456$

因 $i \rightarrow i+1$ 需翻钢，故 $B_{i+1} = \beta_{i+1} \cdot B_i' = \beta_{i+1} \cdot H_i = 1.1456 \times 49.2 = 56.36\text{mm}$（小等轴断面实际宽度 57mm，误差 1.12%）。

(8) $\eta_{i+1} = 1.37^{-\frac{1}{1-0.3015}} = 0.6372$，$H_{c(i+1)} = \eta_{i+1} \cdot H'_{ci} = 0.6372 \times (86.7 \times 0.96) = 53.04\text{mm}$

(9) $H_{i+1} = \dfrac{53.04}{0.96} = 55.25\text{mm}$（小等轴断面实际宽度 55mm，误差 0.45%）。

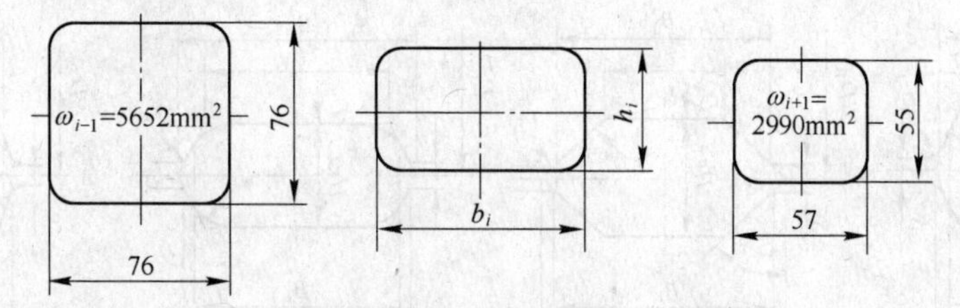

图 6.10 箱形孔型中的轧件尺寸（单位：mm）

6.1.6.2 基于全功率极小化变分原理的变形模型及算法

A 孔型的几何关系及宽展系数计算公式

简单断面孔型的尺寸主要有（图 6.11）：孔型高（未考虑圆角）$H_{KT}(H_1)$、孔型高（考虑圆角）$H_K(H_1')$、轧槽深 h_K、孔型宽（辊缝中间处）B_{KT}、孔型槽口宽 B_K、箱孔槽底宽 b_K、槽底圆角半径 r、辊环圆角半径 r_1、辊缝 S、椭孔半径 R 和孔型周边长度 Π 等。简单断面孔型的几何关系参见附表 2。

比值 $a_j = B_0/b_K$ 称作轧件在孔型中夹持程度。当 $a_j \geq 1$ 时，坯料进入轧辊时产生孔型侧壁对坯料的扶持和侧压（夹持），由此改善了咬入条件和轧件在孔型中的稳定性。通常取 $a_j = 1.0 \sim 1.05$，在某些情况下 $a_j = 1.3$。

孔型轴比 $a_K = B_{KT}/H_{KT}$ 和在其中轧制的轧件轴比 $a_1 = B_1/H_1$ 是所有非等轴孔型的重要特征参数，其中 B_1 为孔型中轧件宽（图 6.11b）。孔型的延伸能力在很大程度上与 a_K 有关。在其他条件相同时，延伸系数随着 a_K 的增大而增大。但是，随着 a_1 增大，轧件在随后的等轴孔型中轧制时稳定条件变坏，这就限制了 a_K 值，即每一种孔型 a_K 有其变化范围（附表 2）。

轧件充满孔型的程度可由 $\delta_1 = B_1/B_{KT}$ 表征。虽然 δ_1 极限值为 1，但对大多数孔型来说，过充满实际上开始于 $B_1 > B_K$（对圆和立椭孔型，由于轧件侧表面的曲率，B_1 可以等于 B_{KT}）。因此，在实际中允许的最大值 $\delta_{1max} = B_K/B_{KT} < 1$。孔型充满度推荐值为：椭孔、六角孔、菱孔和方孔取 0.8~0.9；圆孔和立椭孔取 0.9~1.0；箱孔取 0.85~0.95。箱孔的充满度有时用孔型侧壁充满程度 $\delta_B = (B_1 - b_K)/(B_{KT} - b_K)$ 来表示更方便，它在上述 δ_1 值时为 0.35~0.80。轧件轴比 a_1 可由孔型轴比 a_K 和孔型充满度 δ_1 确定：

$$a_1 = B_1/H_1 = B_{KT}\delta_1/H_1 = a_K\delta_1 \tag{6.14}$$

在设计各类孔型系统时，变形区的形状与尺寸（图 6.11）可由相关的独立无量纲参数单值地表征：轧辊折算直径 $A = D_*/H_{KT}$；孔型轴比 $a_K = B_{KT}/H_{KT}$；箱孔侧壁斜度 $\tan\varphi$；轧前轧件轴比 $a_0 = H_0/B_0$；压下系数 $1/\eta = H_0/H_1$；顺轧向前一道孔型充满度 $\delta_0 = H_0/H_0'$（H_0' 为顺轧向前一道孔型理想充满情况下轧件的最大可能高度）。轧件与轧辊接触面的摩擦条件可由摩擦指数 ψ 表征。

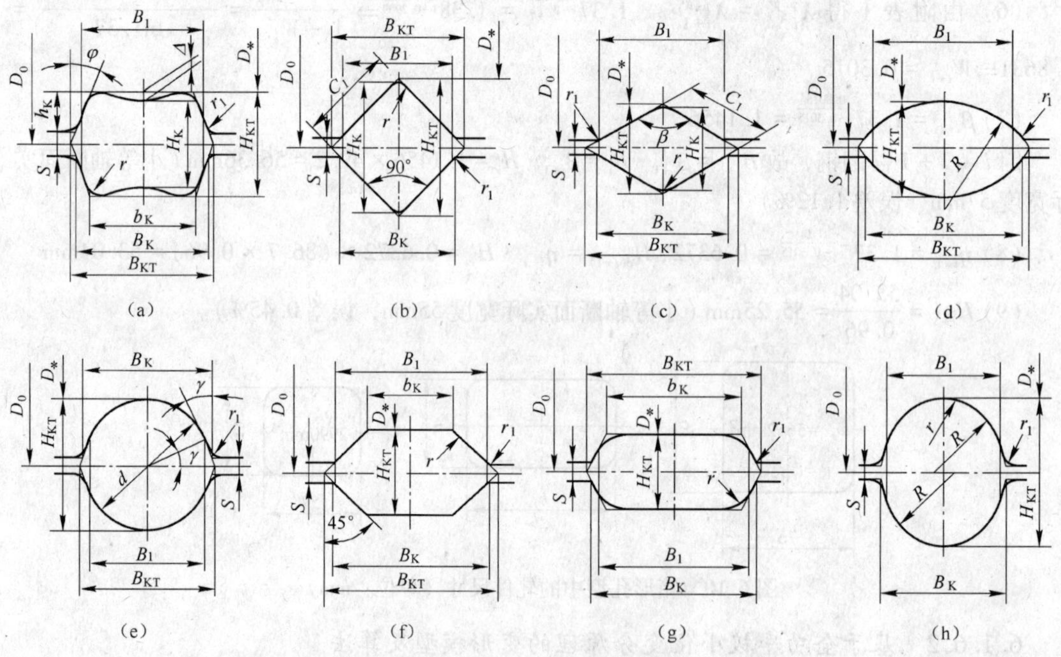

图 6.11　若干简单断面孔型图

(a) 箱形孔；(b) 方形孔；(c) 菱形孔；(d) 单半径椭孔；(e) 圆孔；(f) 六角孔；(g) 平椭孔；(h) 立椭孔

当用各类孔型系统轧制时金属宽展系数由以下关系式描述：

$$\beta = 1 + c_0 \cdot \left(\frac{1}{\eta} - 1\right)^{c_1} \cdot A^{c_2} \cdot a_0^{c_3} \cdot a_k^{c_4} \cdot \delta_0^{c_5} \cdot \psi^{c_6} \cdot \tan\varphi^{c_7} \tag{6.15}$$

式中，c_0，c_1，…，c_7 为系数，依据轧制方案取值。除箱孔系数 $c_7 = 0.362$ 外，其他所有孔型系数 $c_7 = 0$。

B　孔型设计的限制条件

在设计合理的轧辊孔型时，必须考虑在孔型中轧制的限制条件。

a　咬入条件和稳定性条件

咬入条件和轧件在孔型中的稳定性条件可用以下不等式表示：

$$\alpha \leqslant [\alpha] \tag{6.16}$$

$$[a]_{min} \leqslant a \leqslant [a]_{max} \tag{6.17}$$

式中，α 和 $[\alpha]$ 分别为实际咬入角和最大允许咬入角；a、$[a]_{min}$ 和 $[a]_{max}$ 分别为非等轴断面轧件实际轴比及最小和最大允许轴比。

a 在不等式（6.17）中右端的限制是表示不等轴轧件在等轴孔型（方、圆）中轧制时的稳定条件，而左端的限制是表示方轧件在不等轴孔型（六角、平椭圆、箱、椭圆）中轧制时的稳定条件。

咬入角按轧件和孔型已知尺寸计算：

$$\alpha = 2\arcsin\sqrt{\Delta H/2D_*} = 2\arcsin\sqrt{(1/\eta - 1)/2A} \tag{6.18}$$

最大允许咬入角和轧件轴比可按下式计算：

$$[\alpha] = K_\alpha \cdot \bar{\alpha} \tag{6.19}$$

$$[a]_{max} = K_a \cdot \bar{a}$$

式中，$\bar{\alpha}$ 和 $\bar{a}$ 分别为允许咬入角和允许轴比的统计平均值；K_α 和 K_a 分别为咬入角 α 和轴比 a 增大到最大允许值的系数。

在计算 $\bar{\alpha}$ 和 $\bar{a}$ 时先要确定与其对应的参数，这包括：孔型槽底处轧辊圆周速度、轧辊表面状态、轧件钢号、轧件温度以及表征孔型形状及孔型中轧件形状的参数。

孔型槽底处轧辊圆周速度 v_* 可按下式计算：

$$v_* = \pi D_* n/60$$

可用系数 μ 和 M 分别表征轧辊表面状态和轧件钢号：铸铁轧辊 $\mu = 1.0$，不带刻痕的钢辊 $\mu = 1.25$，带刻痕的钢辊 $\mu = 1.45$；低碳钢和中碳钢 $M = 1.0$，合金钢和高碳钢（工具钢）$M = 1.4$。

孔型形状及在其中轧制的轧件形状借助于独立无量纲参数和以下附加几何参数（图 6.11）进行考虑：

a_j —— $a_j = B_0/b_k$，为在箱形、六角和平椭圆孔型中轧制时孔型的夹持程度；

R/B_0 ——进入孔型的椭圆轧件侧表面的相对曲率；

$\tan\varphi_0$ ——顺轧向前一箱形孔的侧壁斜度；

r/H_{KT} ——孔型顶角的圆角折算半径；

B_0/B_{KT} ——进入孔型的轧件的相对宽度；

δ_{B_0} ——顺轧向前一箱形孔侧壁充满度，$\delta_{B_0} = 1 - \dfrac{a_{0K}}{\tan\varphi_0}(1-\delta_0)$。

参数 a_j 可用独立无量纲参数表示：箱形孔 $a_j = (1/\eta)/[a_0(a_K - \tan\varphi)]$，六角孔和平椭圆孔 $a_j = (1/\eta)/(a_K - 1)$。

为了确定在平辊上轧制矩形和圆轧件时的允许咬入角，建议用下式计算：

$$[\alpha] = \arctan[K_1 K_2 K_3 (1.05 - 0.0005t)] \tag{6.20}$$

式中，K_1，K_2，K_3 分别为考虑轧辊材质、轧制的钢号和轧制速度的系数。

对铸铁辊 $K_1 = 0.8$，不带刻痕的钢辊 $K_1 = 1.0$，带刻痕的钢辊 $K_1 = 1.2$；碳钢 $K_2 = 1.0$，高碳钢（工具钢）、合金钢 $K_2 = 0.8 \sim 0.9$；轧制速度 $v \leqslant 2\text{m/s}$ 取 $K_3 = 1.0$，$v > 2\text{m/s}$，K_3 值按公式 $K_3 = 0.4 + 0.6e^{-0.2(v-2)}$ 确定。

在平辊上轧制的矩形轧件最大允许轴比可取 2.0~2.2。

按稳定性条件计算轧件最小允许轴比的公式可从分析非等轴孔型轧制方轧件咬入瞬间的几何关系而得出：

六角和平椭圆孔型：

$$[a]_{\min} = \left(1 + \frac{1}{\eta}/[a_j]\right)\delta_1 \tag{6.21}$$

箱形孔型：

$$[a]_{\min} = \left(\tan\varphi + \frac{1}{\eta}/[a_j]\right)\delta_1 \tag{6.22}$$

椭圆孔型：

$$[a]_{\min} = \frac{1}{\eta}\delta_1/\left(\frac{B_0}{B_{KT}}\right) \tag{6.23}$$

咬入条件和稳定性条件的检验是在已知轧件和孔型尺寸时进行的。此外，还应给定轧辊转速 n、轧辊材质和表面状态、轧制的钢号和轧件的温度。开始先按公式（6.18）计算实际咬入角 α，当按非等轴断面—等轴断面方案轧制时，计算轧件轴比 $a_0 = H_0/B_0$，或者当方轧件在非等轴孔型中轧制时计算 $a_1 = B_1/H_1$，然后确定计算允许咬入角和轧件允许轴比所必需的参数，根据轧制方案以及允许咬入角和轧件最大允许轴比的计算公式，按公式（6.19）计算 $[\alpha]$、$[a]_{\max}$ 或者按公式（6.21）~式（6.23）计算 $[a]_{\min}$，最后根据条件（6.16）和（6.17）进行检验。

b　轧制速度的限制

在连续式轧机和顺列式轧机上，每一架的轧制速度可在以下范围内变化：

$$v_{\min i} = \frac{\pi D_{Ki}\, n_{\min i}(1+K)}{60}$$

$$v_{\max i} = \frac{\pi D_{Ki}\, n_{\max i}(1-K)}{60} \tag{6.24}$$

式中，D_{Ki} 为第 i 架轧辊工作直径，m；K 为考虑轧辊重车和轧机调整的轧制速度调整安全系数，$K = 0.05 \sim 0.12$；i 为轧机机座号（i=1、2、3，…）；$n_{\min i}$ 为第 i 道次轧辊最小转速；$n_{\max i}$ 为第 i 道次轧辊最大转速。

于是，在连续式轧机和顺列式轧机上各架轧机的轧制速度制度方面的限制可以写成不等式：

$$v_{\min i} \leqslant v_i \leqslant v_{\max i} \tag{6.25}$$

连续式轧机各架的轧制速度 v_i 由秒体积不变条件互相联系，由此得出：

$$v_i = v_{i-1}\lambda_i \quad 或 \quad \lambda_i = v_i/v_{i-1} \tag{6.26}$$

既然轧制速度 v_i 和 v_{i-1} 有限制（6.25），那么金属的变形制度也受轧辊转速限制。在顺列式轧机上轧制时，秒体积不变条件（6.26）近似满足即可，因为没有由轧件带来的各机架之间的固定联系。在有共同传动的连续式和顺列式机组中，由条件（6.26）得出一个机组各架上严格固定的延伸系数，并由此而得出机组各架上轧件严格固定的横截面面积。

c　轧机主设备强度的限制

在孔型设计计算时必须考虑工作机座的允许轧制力和由主机列的薄弱环节（减速机、齿轮座、连接轴、联轴节）决定的允许轧制力矩方面的限制，应满足不等式：

$$\left.\begin{aligned} &R_{\max} \leqslant [P]\ ;\ M_r \leqslant [M] \\ 或\quad &K_P = \frac{R_{\max}}{[P]} \leqslant 1\ ;\ K_M = \frac{M_r}{[M]} \leqslant 1 \end{aligned}\right\} \tag{6.27}$$

式中，R_{max} 为由轧制力 P 产生的对轧辊辊颈的最大反作用力；[P] 为轧辊辊颈最大允许作用力；M_r 为工作机座轧辊上的轧制力矩；K_P 和 K_M 分别为轧制力和轧制力矩的设备负荷系数；[M] 为工作机座轧辊上的最大允许轧制力矩。

d 主电动机能力的限制

在现代连续式和顺列式轧机上一般采用直流电机单独传动，电机常常在高于额定转速（$n_M > n_n$）下工作。作为轧制制度受电机负荷方面的限制可取条件：

$$\left.\begin{aligned} M_i &\leqslant M_M \quad (n_M > n_n) \\ M_i &\leqslant M_n \quad (n_M \leqslant n_n) \end{aligned}\right\} \tag{6.28}$$

式中，M_i 为换算到电动机轴上的轧制扭矩；M_M 为当 $n_M > n_n$ 时电机给出的扭矩；M_n 为当 $n_M \leqslant n_n$ 时电机的额定扭矩。

为了评价电机负荷程度，可计算出负荷系数：

$$K_M = M_i / M_M \leqslant 1 \quad 或 \quad K_M = M_i / M_n \leqslant 1 \tag{6.29}$$

在工作机座由直流电机成组传动的情况下，也应考虑限制（6.28）。此时应以其工作辊由同一个电机传动的所有机座的总换算力矩 $M_{\Sigma i}$ 来代替 M_i：

$$M_{\Sigma i} = \sum_{j=1}^{k} M_{ij} \tag{6.30}$$

式中，j 为由同一个电动机传动的机座序号，$j=1, 2, \cdots, k$。

在横列式轧机上轧制时，为了检验轧制制度受传动能力方面的限制，必须建立 $M_i = f(\tau)$ 载荷图，并计算均方力矩 M_{qm}。为了避免电动机发热和过载，必须满足下列条件：

$$M_{qm} \leqslant M_n, \ M_{max} / M_n \leqslant [K] \tag{6.31}$$

式中，M_{max} 为载荷图上最大力矩；[K] 为电动机允许过载系数，一般 [K] = 2.0~2.5。

对电动机能力方面的限制（6.28）、（6.29）、（6.31）的检验应在计算变形和力能参数之后进行。当不满足这些条件时，必须修正算出的压下制度。

在设计轧辊孔型的过程中，还必须考虑与获得整个产品方案、轧材表面质量、断面尺寸精度、轧辊磨损、机前机后长度相联系的其他限制。

C 典型算法及算例

a 单道次轧制的变形计算

算法 6.3 单道次轧制的变形计算。已知孔型和坯料尺寸、轧件温度、轧制钢号、轧辊表面状态，试确定轧件宽、孔型充满度和延伸系数。

（1）按给定的孔型和坯料断面尺寸确定表征变形区形状的独立无量钢参数（附表 5）；

（2）选取摩擦指数 ψ（附表 6）；

（3）按式（6.15）计算宽展系数 β；

（4）计算轧后轧件宽度 $B_1 = \beta \cdot B_0$；

（5）计算孔型充满度 $\delta_1 = B_1 / B_{KT}$；

（6）计算轧件在孔型中的横截面面积 ω_1（附表 3）；

（7）计算延伸系数 $\lambda = \omega_0 / \omega_1$。

算法 6.3 程序设计框图见图 6.12。

算例 6.3 计算尺寸为 $H_0 = B_0 = 36.0$mm、面积为 $\omega_0 = 1275.0\text{mm}^2$ 的方坯在尺寸为 $H_{KT} = 19.0$mm、$R = 76.3$mm、$D_0 = 373.5$mm 的椭圆孔型图（6.11d）中轧制时的 B_1、δ_1 和 λ，轧件材质 45 钢，轧件温度 $t = 1000℃$，轧辊表面光洁、未磨损。

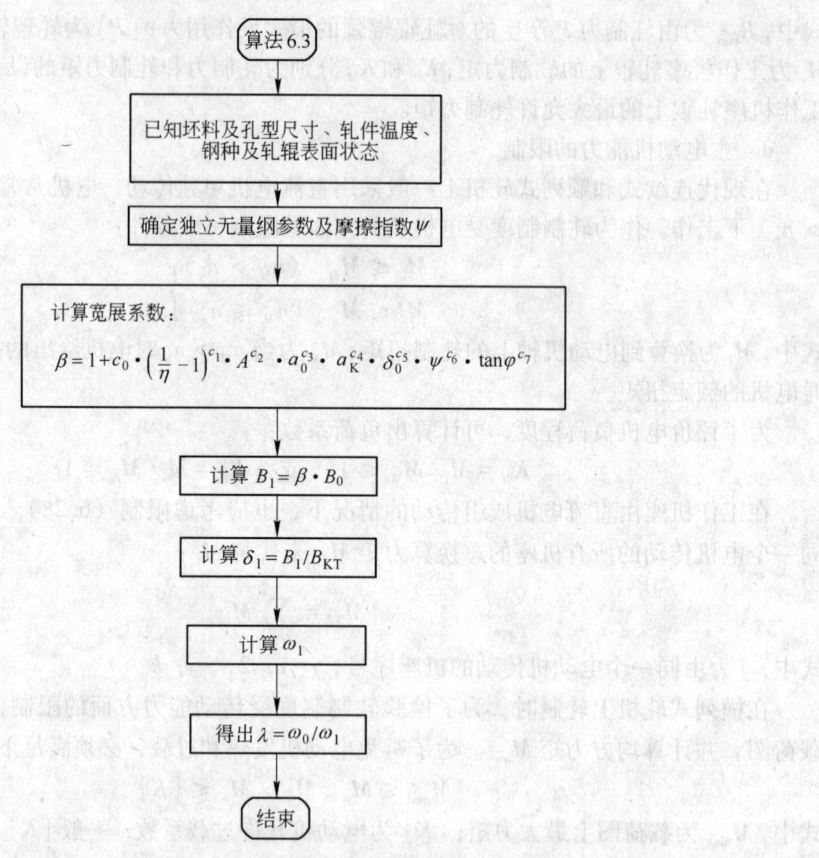

图6.12　算法6.3的程序设计框图

(1) 按方-椭孔型方案计算的无量纲参数（附表5）：

$1/\eta = H_0/H_1 = 36.0/19.0 = 1.895$，$A = (D_0 - H_{KT})/H_{KT} = (373.5 - 19.0)/19.0 = 18.7$

椭圆孔的理论宽度（附表2）$B_{KT} = H_{KT}\sqrt{\dfrac{4R}{H_{KT}} - 1} = 19.0\sqrt{\dfrac{4\times 76.3}{19.0} - 1} = 73.7\text{mm}$

椭圆孔的轴比 $a_K = B_{KT}/H_{KT} = 73.7/19.0 = 3.88$

(2) 选取摩擦指数ψ（附表6）：当$t = 1000℃$且为光洁的轧辊表面时，可取$\psi = 0.9$。

(3) 用“方-椭”方案的系数c_i（附表9）按式（6.15）计算宽展系数β：

$$\beta = 1 + 0.377\cdot\left(\frac{1}{\eta} - 1\right)^{0.507}\cdot A^{0.316}\cdot a_K^{-0.405}\cdot\psi^{1.136}$$

$$\beta = 1 + 0.377\times(1.895 - 1)^{0.507}\times 18.7^{0.316}\times 3.88^{-0.405}\times 0.9^{1.136} = 1.461$$

(4) 计算轧件轧后宽度 $B_1 = \beta\cdot B_0 = 1.461\times 36.0 = 52.6\text{mm}$。

(5) 计算孔型充满度 $\delta_1 = B_1/B_{KT} = 52.6/73.7 = 0.713$。

(6) 计算轧后轧件的横截面面积（附表3）：

$$\omega_1 = 0.6\times(2.07 - \delta_1)\cdot(a_K\delta_1 + 0.66\delta_1 - 0.43)\cdot H_1^2$$
$$= 0.6\times(2.07 - 0.713)\times(3.88\times 0.713 + 0.66\times 0.713 - 0.43)\times 19.0^2$$
$$= 824.9\text{mm}^2$$

(7) 计算延伸系数 $\lambda = \omega_0/\omega_1 = 1275.0/824.9 = 1.546$。

算法6.4　按已知孔型尺寸和其中轧制的轧件尺寸确定坯料尺寸。已给定轧制方案、孔型尺寸（H_{KT}、B_{KT}、r/H_{KT} 等）、轧制宽度 B_1、轧件横截面面积 ω_1、轧辊直径 D_*、轧件温度 t、钢号、轧辊表面状态。

计算用迭代法按以下顺序完成：

（1）参考 a_{0K} 和 δ_0 经验值（附表2），设定坯料轴比 a_0 和顺轧向前一孔型的充满度 δ_0，由此也就设定了该孔的轴比 $a_{0K}=a_0/\delta_0$；

（2）设定与该方案轧制条件相容的宽展系数的初步值 β_a，并计算坯料的初步值：

$$B_0=B_1/\beta_a,\ H_0=B_0\,a_0$$

（3）计算表征该轧制方案的独立无量纲参数（附表5）；

（4）按轧制条件选取摩擦指数 ψ 值（附表6）；

（5）按公式（6.15）确定该轧制方案宽展系数的计算值 β（第一次逼近）；

（6）将计算的 β 值与设定的 β_a 比较，按式 $\Delta\bar{\beta}=|\beta-\beta_a|/(\beta-1)\leqslant 0.03$ 判别这些系数的重合性；如果 $\Delta\bar{\beta}$ 大于0.03，则重新设定 $\beta_a=\beta$（等轴-非等轴方案）或 $\beta_a=0.5(\beta_a+\beta)$（非等轴-等轴方案）并重复(2)～(6)步骤（第二次逼近），为获得精确到3%的 β 值，常常做2～3次逼近就足够了；

（7）按最后一次逼近的结果确定坯料的最终尺寸和顺轧向前一孔型的尺寸，根据按孔型充满度 δ_1 计算轧件横截面面积 ω_1 公式以确定坯料的横截面面积 ω_0（在横截面面积 ω_1 计算公式中必须将 ω_1 换成 ω_0，H_1 换成 H_0，δ_1 换成 δ_0，附表3）；

（8）计算该孔型中的延伸系数 $\lambda=\omega_0/\omega_1$；

（9）按得出的变形方案验算金属咬入条件和轧制在孔型中的稳定性。

算法6.4的程序设计框图见图6.13。

算例6.4 确定椭圆-方轧制方案的坯料和前一孔型尺寸以及延伸系数。已给定的条件为方孔型和在其中轧制的轧件尺寸（图6.11b）：$H_1=30.0\text{mm}$，$B_1=30.0\text{mm}$，$\omega_1=580.0\text{mm}^2$；轧辊直径 $D_*=342.2\text{mm}$；轧制温度 $t=1000$℃；轧件钢号45钢；轧辊表面光洁、未磨损。

计算用迭代法按以下顺序完成：

（1）设定 $a_0=2.8$，$\delta_0=0.85$，得出 $a_{0K}=a_0/\delta_0=2.8/0.85=3.29$。椭圆孔型轴比 $a_K=1.5\sim4.5$(附表2)，因此对该轧制方案取 $a_{0K}=3.29$ 是可能的。

（2）设定初步值 $\beta_a=1.45$，并计算 $B_0=B_1/\beta_a=30/1.45=20.7\text{mm}$，$H_0=B_0\,a_0=20.7\times2.8=57.96\text{mm}$。

（3）计算无量纲参数（附表5）：$A=D_*/H_{KT}=342.2/30.0=11.4$，$1/\eta=H_0/H_1=57.96/30.0=1.932$，$a_0=2.8$，$\delta_0=0.85$。

（4）按轧制条件（附表6），即 $t=1000$℃和光洁的轧辊表面，可取 $\psi=0.9$。

（5）按公式（6.15）确定 β 的计算值：

$$\beta=1+2.242\times\left(\frac{1}{\eta}-1\right)^{1.151}\times\frac{A^{0.352}\ \psi^{1.137}}{a_0^{\ 2.234}\ \ \delta_0^{\ 1.647}}$$

$$=1+2.242\times(1.932-1)^{1.151}\times\frac{11.4^{0.352}\times0.9^{1.137}}{2.8^{2.234}\times0.85^{1.647}}=1.564$$

为方便进行宽展迭代计算，可先计算下面的因子并代入宽展计算公式（式（6.15））：

$$2.242\times\frac{A^{0.352}\ \psi^{1.137}}{a_0^{\ 2.234}\ \ \delta_0^{\ 1.647}}=2.242\times\frac{11.4^{0.352}\times0.9^{1.137}}{2.8^{2.234}\times0.85^{1.647}}=0.6137$$

于是，$\beta=1+0.6137\times\left(\dfrac{1}{\eta}-1\right)^{1.151}$。

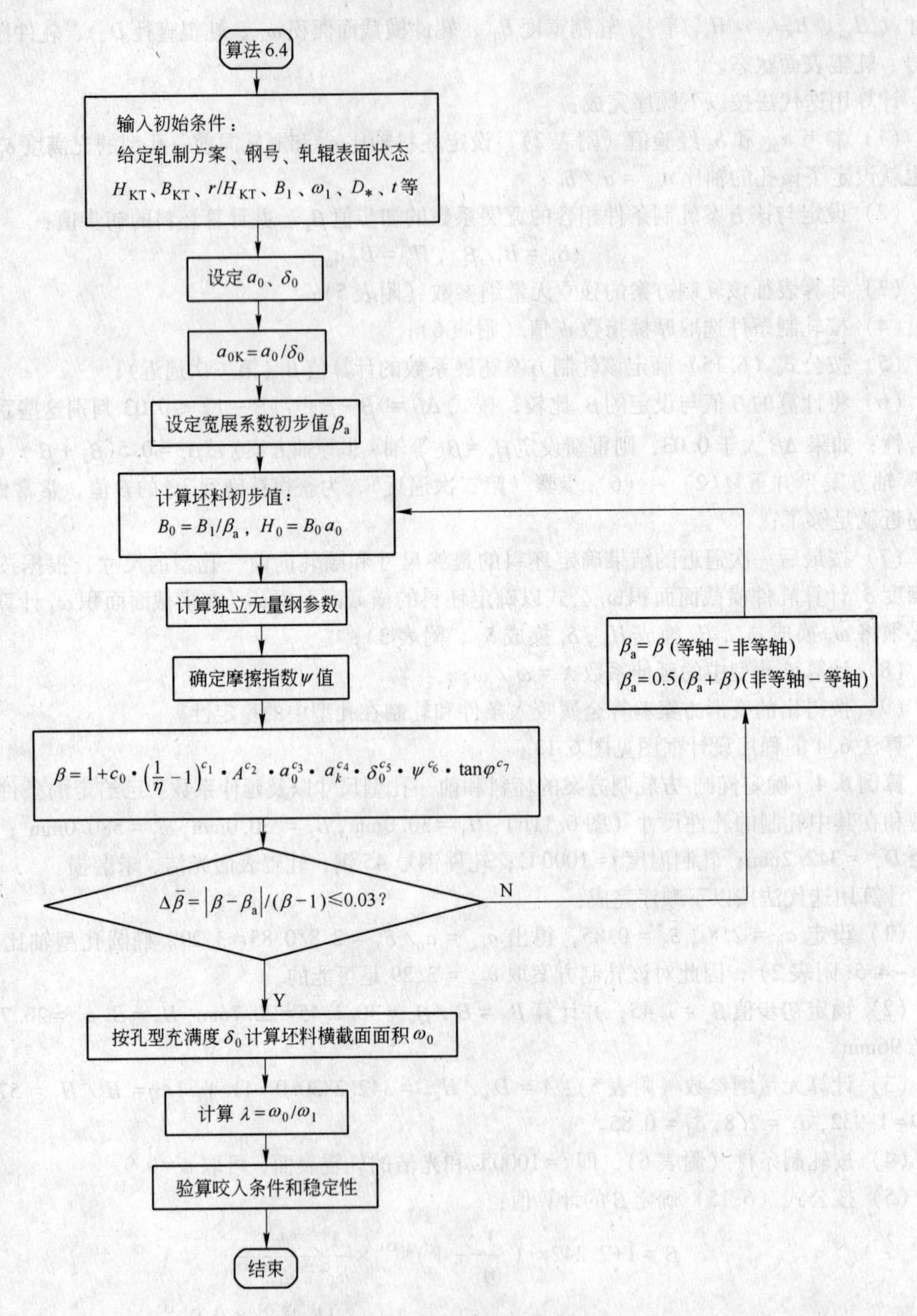

图 6.13　算法 6.4 的程序设计框图

（6）比较 β 和 β_a，判别这些系数的重合性，$\Delta\bar{\beta}=|\beta-\beta_a|/(\beta-1)=|1.564-1.45|/(1.564-1)=0.202$。

既然 $\Delta\bar{\beta}>0.03$，则取新值 $\beta_a=0.5\times(1.564+1.45)=1.507$，并重复（2）~（6）项的计算，此时，参数 A、ψ、a_0、δ_0 不变；$B_0=30/1.507=19.9\text{mm}$；$H_0=19.9\times2.8=55.7\text{mm}$；$1/\eta=$

55.7/30.0=1.857；$\beta=1+0.6137\times(1.857-1)^{1.151}=1.514$；$\Delta\bar{\beta}=|1.514-1.507|/(1.514-1)=0.0136$。

得到的值 $\Delta\bar{\beta}<0.03$，因此迭代计算过程可终止，最终取 $\beta=1.514$。

（7）确定椭圆坯料的最终尺寸 $B_0=30/1.514=19.8\text{mm}$，$H_0=19.8\times2.8=55.4\text{mm}$；轧件横截面面积按孔型充满度进行计算（附表3），考虑轧件翻钢90°（即 $H_1=B_0$，$\delta_1=\delta_0$）：$\omega_0/B_0{}^2=0.6\times(2.07-\delta_0)\times(a_{0K}\delta_0+0.66\delta_0-0.43)=0.6\times(2.07-0.85)\times(3.29\times0.85+0.66\times0.85-0.43)=2.143$；$\omega_0=2.143\times19.8^2=840.1\text{ mm}^2$。

顺轧向前一道椭圆孔型的高和宽分别为 $H_{KT}=B_0=19.8\text{mm}$，$B_{KT}=H'_0=H_0/\delta_0=55.4/0.85=65.2\text{mm}$。

（8）延伸系数 $\lambda=\omega_0/\omega_1=840.1/580.0=1.448$。

（9）咬入条件及稳定性校核在此从略。

b 等轴断面-非等轴断面-等轴断面轧制方案的变形计算

在逆轧向孔型1和2中（图6.14）的延伸系数 λ_1 和 λ_2 以及两道总延伸系数 λ_Σ，可以通过坯料断面面积 ω_0、中间断面面积 ω 和最终断面面积 ω_1 表示：

$$\lambda_1=\omega/\omega_1,\ \lambda_2=\omega_0/\omega,\ \lambda_\Sigma=\omega_0/\omega_1 \tag{6.32}$$

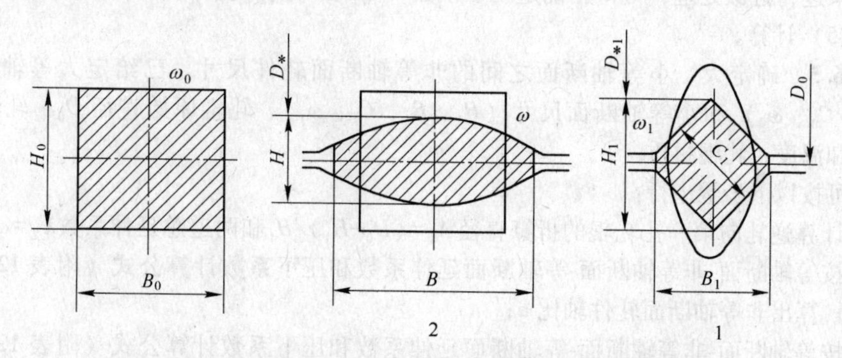

图6.14 按等轴断面-非等轴断面-等轴断面方案的孔型设计

计算按等轴断面-非等轴断面-等轴断面方案轧制时的变形可以在设定的孔型充满度 δ_1、孔型侧壁斜度 $\tan\varphi$ 和孔型折算圆角半径 r/H_{KT} 的固定值下进行。这时将各种孔型中轧件横截面面积相应的计算公式（附表11）代入（6.32）中各种孔型系统的 ω_0、ω 和 ω_1，得出单道次延伸系数（λ_1、λ_2）和总延伸系数（λ_Σ）的以下函数式：

$$\lambda_1=k_1\frac{1}{\eta_1{}^2}f(a) \tag{6.33}$$

$$\lambda_2=k_2\frac{1}{\eta_2{}^2}\varphi(a) \tag{6.34}$$

$$\lambda_\Sigma=\lambda_1\lambda_2=k_\Sigma\left(\frac{1}{\eta_1}\frac{1}{\eta_2}\frac{1}{a}\right)^2 \tag{6.35}$$

式中，$1/\eta_1$、$1/\eta_2$ 为在逆轧向第一孔型和第二孔型中的压下系数，$\frac{1}{\eta_1}=\frac{B}{H_1}$，$\frac{1}{\eta_2}=\frac{H_0}{H}$；$f(a)$ 和 $\varphi(a)$ 为中间非等轴断面轴比 $a=B/H$ 的函数，它对每一孔型系统有自己的表达式（附表12）；k_1、k_2 和 $k_\Sigma(k_\Sigma=k_1k_2)$ 为对每种轧制方案有一定值的系数。

表达式（6.33）~式（6.35）考虑了孔型中的几何关系。与在孔型中金属流动规律相对应，则延伸系数的公式可表示为以下形式的函数关系（附表 10）：

对等轴孔型　$\lambda_1 = 1 + f(1/\eta_1,\ A_1,\ a_0,\ \delta_0,\ \psi_1)$　(6.36)

对非等轴孔型　$\lambda_2 = 1 + \varphi(1/\eta_2,\ A_2,\ a_K,\ \psi_2)$　(6.37)

这样一来，关于确定按等轴断面-非等轴断面-等轴断面方案轧制时金属变形的任务就变为在给定的轧件轴比 $a = B/H$ 或者孔型轴比 $a_K = a/\delta_1$ 和轧辊折算直径 A_1 和 A_2 的情况下，对压下系数 $1/\eta_1$ 和 $1/\eta_2$ 联解方程（6.33）和（6.36）、（6.34）和（6.37）。在给定 δ_1 值下使表达式（6.33）和（6.36）以及（6.34）和（6.37）右端相等，得出方程：

$$k_1(1/\eta_1^{\ 2})f(a) = 1 + f(1/\eta_1,\ A_1,\ a_1,\ \psi_1) \tag{6.38}$$

$$k_2(1/\eta_2^{\ 2})\varphi(a) = 1 + \varphi(1/\eta_2,\ A_2,\ a_2,\ \psi_2) \tag{6.39}$$

在轧辊原始直径相等情况下，第一孔型和第二孔型的折算辊径有以下关系：

$$A_2 = \frac{(A_1 + 1)\cdot a}{1/\eta_1} - 1 \tag{6.40}$$

方程（6.38）和（6.39）在考虑公式（6.40）的条件下，用数值法在计算机上对每一孔型系统求解。求解时设定 $\psi = 0.8$ 的固定值，这相应于金属平均温度为 1000~1100℃ 的轧制条件。对结果进行近似处理，可得出确定压下系数 $1/\eta_1$ 和 $1/\eta_2$ 的公式。所有孔型总延伸系数按公式（6.35）计算。

算法 6.5　确定大、小等轴断面之间的非等轴断面轧件尺寸。已给定大等轴断面尺寸（H_0、B_0、C_0、ω_0）和小等轴断面尺寸（H_1、B_1、C_1、ω_1）、轧辊原始直径 D_0、轧辊转数 n、轧件钢号和温度、轧辊材质。

计算可按以下步骤进行：

（1）计算逆轧向第一孔轧辊的折算直径 $A_1 = (D_0 - H_1)/H_1$ 和两道总延伸系数 $\lambda_\Sigma = \omega_0/\omega_1$；

（2）按等轴断面-非等轴断面-等轴断面延伸系数和压下系数计算公式（附表 12）并考虑式（6.35）算出非等轴断面轧件轴比 a；

（3）按等轴断面-非等轴断面-等轴断面延伸系数和压下系数计算公式（附表 12）计算逆轧向第一孔型中压下系数 $1/\eta_1$ 和延伸系数 λ_1；

（4）按设定的孔型充满度 δ_1（附表 11）计算非等轴断面轧件尺寸和孔型尺寸 $B = H_1 \times (1/\eta_1)$，$H = B/a$，$B_{KT} = B/\delta_1$；

（5）计算逆轧向第二孔型中的延伸系数 $\lambda_2 = \lambda_\Sigma/\lambda_1$ 和压下系数 $1/\eta_2 = H_0/H$；

（6）计算咬入角 $\alpha = 2\arcsin\sqrt{\left(\frac{1}{\eta} - 1\right)/(2A)}$；

（7）按轧件允许咬入角（附表 7）和最大允许轴比（附表 8）计算公式，并考虑式（6.19）计算限制该孔型系统中压下量的最大允许咬入角 [α_1] 或 [α_2] 和轧件最大允许轴比 $[a]_{max}$，按公式（6.21）~（6.23）计算轧件最小允许轴比 $[a]_{min}$；

（8）检验咬入条件式（6.16）和轧件在孔型中稳定性条件式（6.17），当这些条件得不到满足时，必须改变一个给定的等轴断面的尺寸。

算法 6.5 的程序设计框图见图 6.15。

算例 6.5　确定在连续式开坯机上按“方—菱—方”方案轧制时的菱形轧件尺寸和孔型尺寸。方的尺寸为：$C_0 = 100$mm，$H_0 = 127.3$mm（考虑圆角半径）。$C_1 = 80$mm，$H_1 = 113.1$mm，$B_1 = 101.8$mm（$\delta_1 = 0.9$），$\omega_0 = 9900\text{mm}^2$，$\omega_1 = 6336\text{mm}^2$，$D_0 = 550$mm，钢轧辊，轧辊转数 $n = 260$r/min，钢号为 45 钢，轧件温度 $t = 1100$℃。

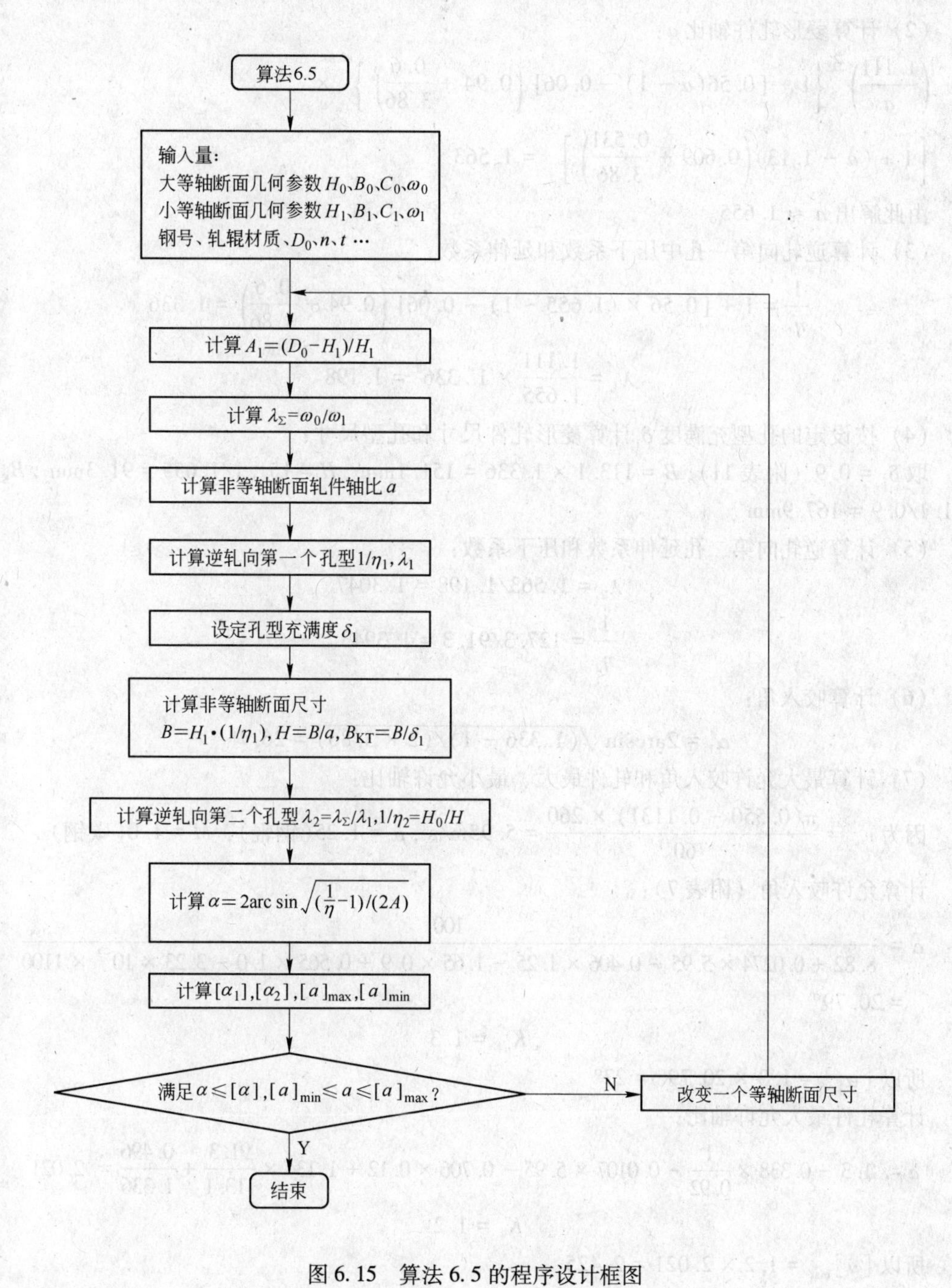

图 6.15 算法 6.5 的程序设计框图

计算顺序如下：

（1）计算逆轧向第一孔轧辊折算直径和总延伸系数：

$$A_1=\frac{550-113.1}{113.1}=3.86$$

$$\lambda_\Sigma=\frac{9900}{6336}=1.563$$

（2）计算菱形轧件轴比 a：

$$\left(\frac{1.111}{a}\right)^2 \left\{1 + [0.56(a-1) - 0.06]\left(0.94 + \frac{0.6}{3.86}\right)\right\}^2 \times$$

$$\left[1 + (a - 1.13)\left(0.609 + \frac{0.531}{3.86}\right)\right]^2 = 1.563$$

由此解出 $a \approx 1.655$。

（3）计算逆轧向第一孔中压下系数和延伸系数：

$$\frac{1}{\eta_1} = 1 + [0.56 \times (1.655 - 1) - 0.06]\left(0.94 + \frac{0.6}{3.86}\right) = 1.336$$

$$\lambda_1 = \frac{1.111}{1.655} \times 1.336^2 = 1.198$$

（4）按设定的孔型充满度 δ_1 计算菱形轧件尺寸和孔型尺寸：

取 $\delta_1 = 0.9$（附表 11），$B = 113.1 \times 1.336 = 151.1\text{mm}$，$H = 151.1/1.655 = 91.3\text{mm}$，$B_{KT} = 151.1/0.9 = 167.9\text{mm}$。

（5）计算逆轧向第二孔延伸系数和压下系数：

$$\lambda_2 = 1.563/1.198 = 1.3047$$

$$\frac{1}{\eta_2} = 127.3/91.3 = 1.3943$$

（6）计算咬入角：

$$\alpha_1 = 2\arcsin\sqrt{(1.336 - 1)/(2 \times 3.86)} = 26.7°$$

（7）计算最大允许咬入角和轧件最大、最小允许轴比：

因为 $v_* = \dfrac{\pi(0.550 - 0.1131) \times 260}{60} = 5.95\text{m/s}$；$\mu = 1.25$(钢辊)；$M = 1.0$(碳钢)

计算允许咬入角（附表 7）：

$$\bar{\alpha} = \frac{100}{8.82 + 0.0274 \times 5.95 - 0.406 \times 1.25 - 1.65 \times 0.9 + 0.565 \times 1.0 - 3.23 \times 10^{-3} \times 1100}$$
$$= 20.79°$$

$$K_{\alpha 1} = 1.3$$

所以 $[\alpha_1] = 1.3 \times 20.79° = 27°$

计算轧件最大允许轴比：

$$\bar{a} = 1.3 - 0.338 \times \frac{1}{0.92} - 0.0107 \times 5.95 - 0.706 \times 0.12 + 1.134 \times \frac{91.3}{113.1} + \frac{0.496}{1.336} = 2.021$$

$$K_a = 1.2$$

所以 $[a]_{max} = 1.2 \times 2.021 = 2.425$

（8）检验条件（6.16）和（6.17）：

$$\alpha_1 = 26.7° < [\alpha_1] = 27°$$

$$a = 1.655 < [a]_{max} = 2.425$$

算法 6.6 中间非等轴断面轧件尺寸的修正计算。已给定大等轴断面尺寸和面积（C_0、H_0、B_0、H_0'、ω_0）及小等轴断面尺寸和面积（C_1、H_1、B_1、H_1'、ω_1）（图 6.11b）、轧辊原始直径 D_0、轧辊转速 n、轧辊材质、轧制的钢号及金属温度。非等轴断面轧件的近似尺寸（H、B、a）按算法 6.5 计算。非等轴孔型的充满度 $\delta = B/B_{KT}$ 可给定或计算时取定。

计算用迭代法按以下步骤完成：

（1）按公式（6.15）计算逆轧向第一道中的宽展系数β_1，这时取轧件原始高度初步值$H_{01}=B$和轧件轴比初步值$a_{01}=a$，然后计算轧前轧件宽（非等轴孔型的高H_Y）的修正值：$B_{01}=H_Y=B_1/\beta_1$。

（2）按算法6.3计算第二道中宽展系数β_2和非等轴孔型中轧件的修正宽度$B_Y=B_0\beta_2$，此时非等轴孔型的轴比初步取$a_K=a_{01}/\delta=B/(H_Y\delta)$，然后计算非等轴轧件的修正轴比$a_Y=B_Y/H_Y$（第一次逼近）。

（3）按下式确定修正的B_Y和非等轴轧件宽度的初步值B的重合性：

$$\delta_B=\left|\frac{B_Y-B}{B_Y}\right|\leqslant 0.005\sim 0.01 \tag{6.41}$$

其中0.005用于计算大断面，而0.01用于计算中、小断面。

（4）如条件（6.41）得不到满足，则按第一次逼近（H_Y、B_Y和a_Y）取新值H'、B'和a'，并重复（1）～（3）步骤计算。通常二次逼近就足够以0.5%～1%的精度确定中间非等轴断面的轧件尺寸。

（5）按求得的非等轴断面轧件尺寸根据简单断面孔型几何关系确定孔型尺寸B_{KT}、a_K、H_{KT}、B_K等（图6.11、附表2），并按轧件横截面面积ω_1计算公式（给定孔型充满度δ_1条件下）确定轧件横截面面积（附表3）。按公式（6.32）计算延伸系数λ_1和λ_2。

算法6.6的程序设计框图见图6.16。

算例6.6 按算例6.5中的条件对“方—菱—方”方案轧制时的变形进行修正计算。与上述条件不同之处是方坯的尺寸（图6.11b）：$C_0=100.0$mm；$B_0'=H_0'=141.4$mm（未考虑圆角半径），$r=12$mm，$H_0=B_0=128.9$mm，$\omega_0=9806\text{mm}^2$；$C_1=80.0$mm；$H_1=113.1$mm；$r=12$mm；$B_1=H_1'=103.1$mm；$\omega_1=6276\text{mm}^2$。由此可见方孔型的充满度为$\delta_0=H_0/H_0'=128.9/141.4=0.912$和$\delta_1=B_1/B_{KT}=103.1/113.1=0.912$。此外，在$t=1000$℃时摩擦系数$\psi=0.6$（取值依赖于具体钢种和轧制方案，见附表6），$r/H$、$\delta$和$\psi$值不同于算法6.5中的取值（$r/H=0$，$\delta=0.9$，$\psi=0.8$），这需要修正计算。

计算用迭代法按以下步骤完成：

按算法6.5的计算结果，得出菱形轧件初步尺寸：$H=91.3$mm，$B=151.1$mm，$a=1.655$。

取菱形孔型充满度$\delta=0.9$。

（1）初步取$H_{01}=B=151.1$mm，$a_{01}=a=1.655$，$\delta_{01}=\delta=0.9$，计算第一道中宽展系数β_1。

轧辊折算直径和压下系数：

$$A=(D_0-H_{KT})/H_{KT}=(550-113.1)/113.1=3.863$$

$$1/\eta=H_{01}/H_{KT}=151.1/113.1=1.336$$

按公式（6.15）并采用“菱—方”轧制方案对应的系数c_i（附表9）得到：

$$\begin{aligned}\beta_1&=1+0.972(1/\eta-1)^{2.01}\times A^{0.665}\times a^{-2.458}\times\delta_0^{-1.3}\times\psi^{0.7}\\&=1+0.972\times(1.336-1)^{2.01}\times 3.863^{0.665}\times 0.6^{0.7}/(1.655^{2.458}\times 0.9^{1.3})\\&=1.062\end{aligned}$$

按算出的宽展系数β_1计算菱孔宽度修正值（菱孔型高）$B_{01}=H_Y=B_1/\beta_1=103.1/1.062=97.1$mm。

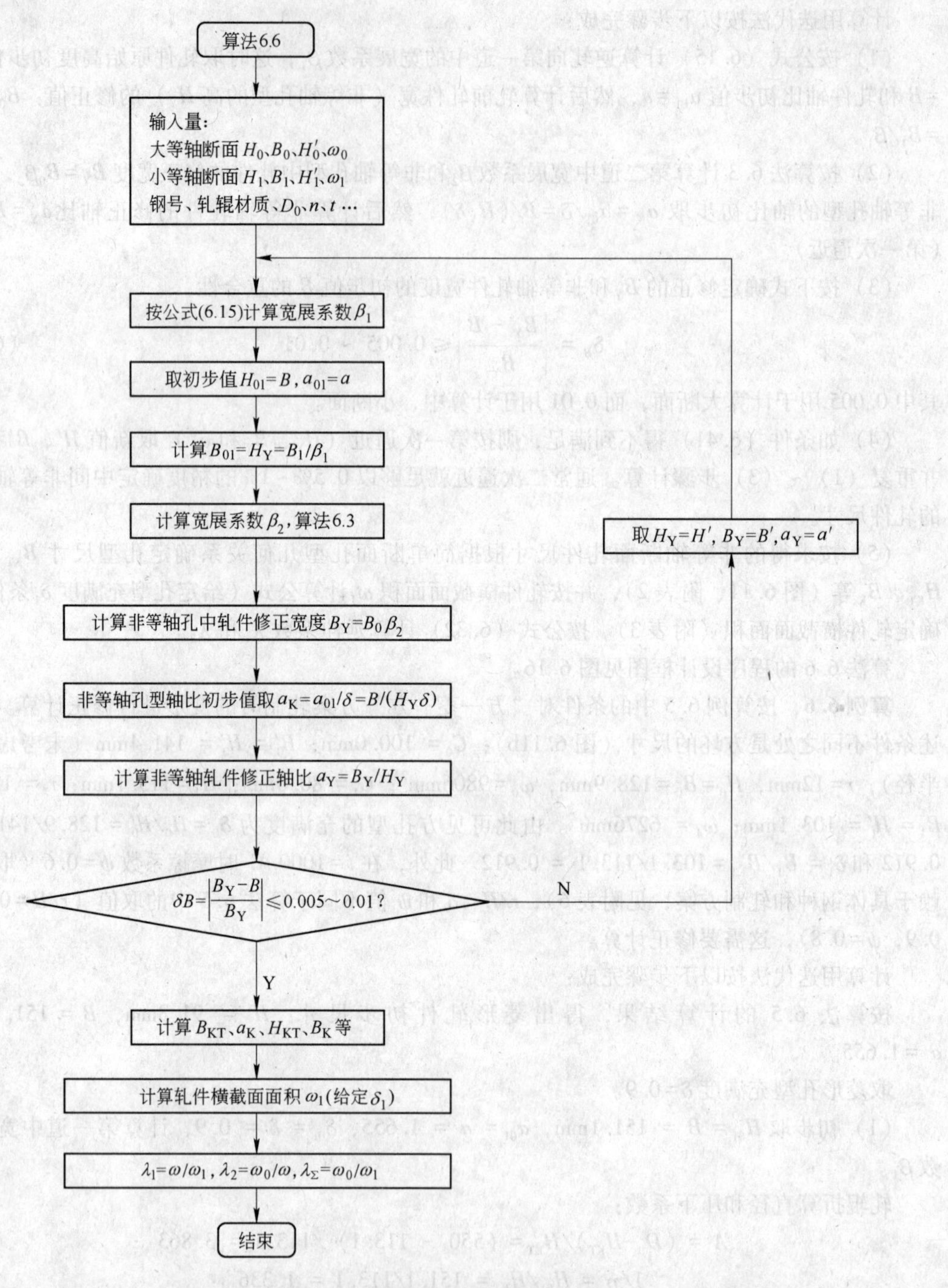

图 6.16 算法 6.6 的程序设计框图

(2) 按算法 6.3 计算边长 C_0 = 100mm 的方坯在高度修正为 H_Y = 97.1mm 和初步轴比为 $a_K=B/(H_Y\cdot\delta)$ = 151.1/(97.1×0.9) = 1.729 的菱形孔中轧制的宽展系数 β_2和轧件宽 B_Y。确定“方—菱—方”轧制方案的无量纲参数（附表 5）:

$$A = D_*/H_Y = (D_0 - H_Y)/H_Y = (550 - 97.1)/97.1 = 4.664$$

$$1/\eta = H_0/H_Y = 128.9/97.1 = 1.328$$

参数 $\delta_0 = 0.912$；$a_K = 1.729$ 和 $\psi = 0.6$ 已在前面求出。

按公式（6.15）并用“方—菱”轧制方案的系数 c_i（附表 9）得到：

$$\beta_2 = 1 + 3.09(1/\eta - 1)^{2.07} \times A^{0.5} \times a_K^{-4.85} \times \delta_0^{-4.865} \times \psi^{1.543}$$
$$= 1 + 3.09 \times (1.328 - 1)^{2.07} \times 4.664^{0.5} \times 1.729^{-4.85} \times 0.912^{-4.865} \times 0.6^{1.543}$$
$$= 1.033$$

菱形孔型中轧件宽度修正值为 $B_Y = \beta_2 \times B'_0 = 1.033 \times 141.4 = 146.1\text{mm}$，而轧件轴比修正值为 $a_Y = 146.1 / 97.1 = 1.505$（第一次逼近）。

（3）比较菱形轧件宽度的修正值 B_Y 和初步值 B，计算它们的重合性（式 6.41）：

$$\delta B = |(146.1 - 151.1) / 146.1| = 0.034$$

（4）因 $\delta B > 0.005$，故按第一次逼近取 H、B 和 a 的新值，即 $H' = H_Y = 97.1\text{mm}$，$B' = B_Y = 146.1\text{mm}$，$a' = a_Y = 1.505$，并按（1）~（3）步骤重新计算。

1）在新值 $a_0 = 1.505$ 和 $1/\eta = B'/H_1 = 146.1/113.1 = 1.293$（其他参数不变）时计算 β_1：

$$\beta_1 = 1 + 0.972 \times 0.293^{2.01} \times 3.863^{0.665} \times 0.6^{0.7} / (1.505^{2.458} \times 0.9^{1.3})$$
$$= 1.06$$

$$B'_0 = H'_Y = 103.1 / 1.06 = 97.3\text{mm}$$

2）用新值 $H'_Y = 97.3\text{mm}$、$a_K = B'/(H'_Y\delta) = 146.1/(97.3 \times 0.9) = 1.668$、$A = (550 - 97.3)/97.3 = 4.653$，$1/\eta = 128.9/97.3 = 1.325$ 计算 β_2：

$$\beta_2 = 1 + 3.09 \times (1.325 - 1)^{2.07} \times 4.653^{0.5} \times 1.668^{-4.85} \times 0.912^{-4.865} \times 0.6^{1.543}$$
$$= 1.038$$

$$B'_Y = 1.038 \times 141.4 = 146.7\text{mm}$$
$$a'_Y = 146.7 / 97.3 = 1.507 \text{（第二次逼近）}$$

3）按公式（6.41）比较 B'_Y 和 B'：

$$\delta B = |(146.7 - 146.1) / 146.7| = 0.0041 < 0.005$$

4）因 $\delta B < 0.005$，故取菱形轧件最终尺寸 $H = 97.3\text{mm}$，$B = 146.7\text{mm}$（图 6.17），迭代计算过程可以结束。

（5）利用简单断面孔型的几何关系（图 6.11c，附表 2）确定菱形孔型尺寸：宽度 $B_{KT} = B/\delta = 146.7 / 0.9 = 163.0\text{mm}$，轴比 $a_K = B_{KT}/H_{KT} = 163 / 97.3 = 1.675$；考虑到顶角圆角半径 $r = 0.15 \times H_{KT} = 0.15 \times 97.3 \approx 15\text{mm}$；孔型高 $H_K = H_{KT} - 2r(\sqrt{1 + 1/a_K^2} - 1) = 97.3 - 2 \times 15 \times (\sqrt{1 + 1/1.675^2} - 1) = 92.4\text{mm}$；辊缝 $S = (0.008 \sim 0.12)D_0 = (0.008 \sim 0.12) \times 550 = 4.4 \sim 6.6\text{mm}$，取 $S = 6\text{mm}$；槽口宽 $B_K = B_{KT} - Sa_K = 163 - 6 \times 1.675 = 153.0\text{mm}$；辊环圆角半径 $r_1 = 0.1H = 0.1 \times 97.3 \approx 10\text{mm}$。按轧件横截面面积 ω_1 计算公式（给定孔型充满度 δ_1 条件下，附表 3），得到菱形轧件横截面面积：

$$\omega = H^2[0.5a_K\delta(2 - \delta) - 0.43(r/H)^2]$$
$$= 97.3^2 \times [0.5 \times 1.675 \times 0.9 \times (2 - 0.9) - 0.43 \times 0.15^2]$$
$$= 7758.0\text{mm}^2$$

（6）计算第一道和第二道的延伸系数：

$$\lambda_1 = \omega/\omega_1 = 7758 / 6276 = 1.236$$
$$\lambda_2 = \omega_0/\omega = 9806 / 7758 = 1.264$$

按计算结果画出的孔型图示于图 6.17。

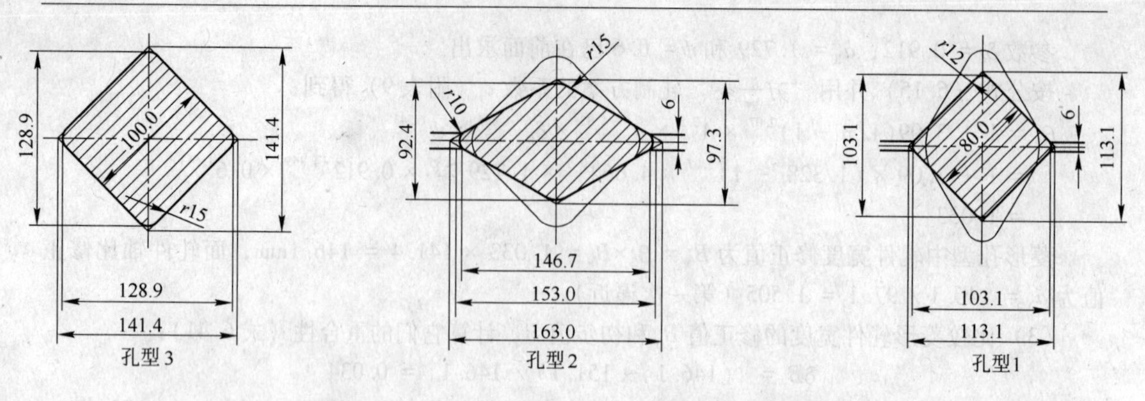

图 6.17　轧制 80mm×80mm 方坯的孔型设计结果

c　三道轧制时的变形计算

在轧辊孔型设计中，特别是用奇数道次时，常常按等轴断面—非等轴断面—非等轴断面—等轴断面，并在第二道后轧件翻钢 90°的方案轧制（图 6.18）。按这种方案轧制时金属变形可按下面介绍的算法 6.7 计算。

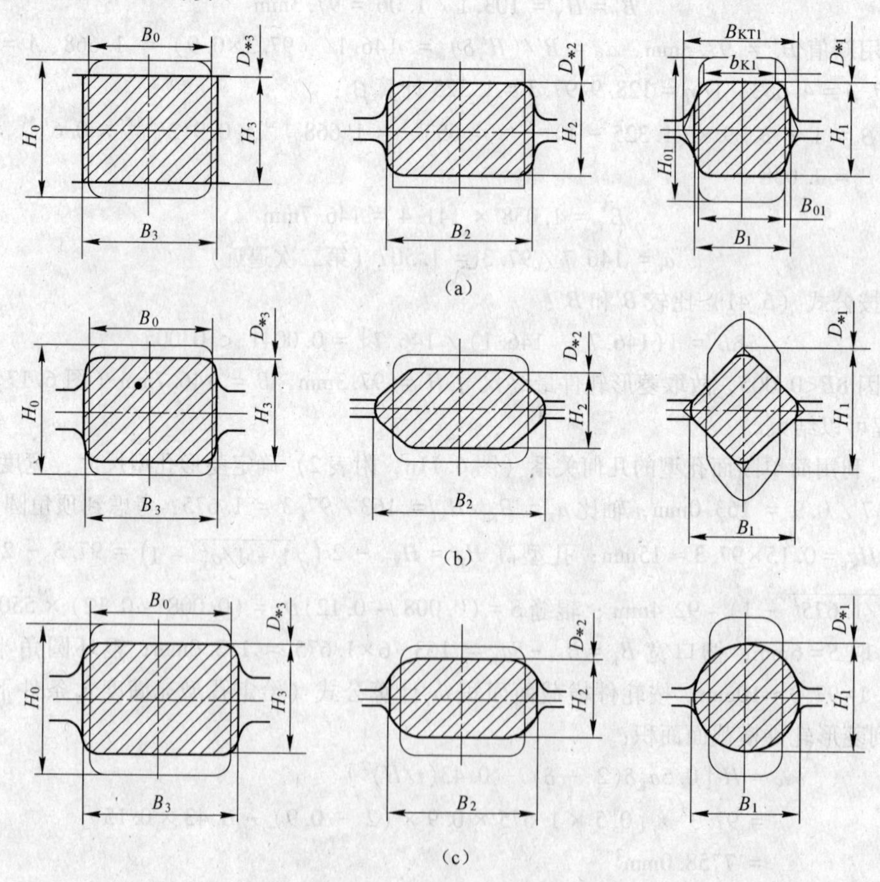

图 6.18　按等轴断面—非等轴断面—非等轴断面—等轴断面方案孔型设计举例

（a）方—矩形—矩形—箱方；（b）方—矩形—六角—方；（c）方—矩形—平椭—圆

算法 6.7　按等轴断面—非等轴断面—非等轴断面—等轴断面孔型方案轧制时，非等轴断面轧件尺寸和孔型尺寸的计算。已给定大等轴断面轧件尺寸和面积（H_0、B_0、ω_0 等）和小等轴断面轧件的尺寸和面积（H_1、B_1、ω_1 等）、小等轴孔型尺寸（B_{KT}、b_K 等）、轧辊原始直径 D_0、逆轧向第一孔型的轧辊转数 n_1、钢号、各道轧件温度和轧辊材质。

迭代算法如下：

（1）按算法6.4计算为了获得在逆轧向第一孔型中给定的小等轴断面所必需的轧件尺寸 H_{01}、B_{01}，因此，在逆轧向第二道中轧件尺寸为 $B_2 = H_{01}$ 和 $H_2 = B_{01}$。由于在箱型孔型中轧制时（图6.18a），送入的轧件宽 B_{01} 由槽底宽 b_{K1} 和夹持程度 $a_{j1} = 0.98 \sim 1.10$ 限制，因此可取 $B_{01} = b_{K1}\, a_{j1}$，并在给定的宽展系数 $\beta_{a1} = B_1 / B_{01}$ 下按公式（6.15）用逐步逼近法确定轧件轴比 a_{01} 和轧件高度 $H_{01} = B_2$。

（2）计算在逆轧向第二孔型和第三孔型中总压下系数 $1/\eta_\Sigma = H_0 / H_2$，然后将 $1/\eta_\Sigma$ 在两个孔型中分配。此时取在第三个孔型中的压下系数 $1/\eta_3 = 1.15 \sim 1.25$，并考虑 $1/\eta_\Sigma = (1/\eta_2)(1/\eta_3)$，然后计算在第三孔型中轧件高度 $H_3 = H_2 (1/\eta_2)$。

（3）按公式（6.15）确定在逆轧向第二孔型中和第三孔型中的宽展系数 β_2 和 β_3，并计算各个孔中的轧件宽度 $B_3' = B_0 \times \beta_3$，$B_2' = B_3' \times \beta_2$（第一次逼近）。此时先初步取独立参数 $\tan\varphi$（对于箱形孔型）和 a_K（对于六角和椭圆孔型）的值。

（4）将顺轧向计算出的第二孔型中轧件的宽度值 B_2' 和逆轧向算出的值 B_2（见第一项）进行比较，并按公式 $\delta B = |B' - B| / B' \leqslant 0.005 \sim 0.01$ 确定这些量的重合性 δB。

（5）如果不满足条件 $\delta B \leqslant 0.005 \sim 0.01$，则重新分配总压下系数 $1/\eta_\Sigma$。这时建议：如果 $B_2' < B_2$，则减小压下系数 $1/\eta_3$；如果 $B_2' > B_2$，则增大 $1/\eta_3$，然后确定新的 $H_3 = H_2 \times (1/\eta_2)$ 值，并按步骤（3）~（5）进行计算。这样一来，靠在第二孔型和第三孔型之间重新分配压下系数 $1/\eta_\Sigma$，达到 B_2' 和 B_2 的重合。如果用这种方法得不到第二孔型中需要的轧件宽度，则需相应地改变第二孔型和第三孔型中的 $\tan\varphi$ 或 a_K，宽展随着这些参数的增大而增加，然后按（3）~（5）步骤重复计算。

对箱形孔型轧件宽度值 B_2' 和 B_2 也可以靠改变轧件夹持程度 a_{j1} 来达到，参见第（1）步骤。于是随着 a_{j1} 的增加，第二孔型中轧件的 H_2 增大、B_2 减小。

通常为达到 B_2' 和 B_2 值的重合（精度到0.5%~1.0%），完成2~4次逼近计算就够了。

（6）利用简单断面孔型的几何关系计算孔型尺寸和轧件横截面面积（附表2和附表3）。

（7）计算各孔型中延伸系数：

$$\lambda_1 = \omega_2 / \omega_1 ;\ \lambda_2 = \omega_3 / \omega_2 ;\ \lambda_3 = \omega_0 / \omega_3$$

算法6.7的程序设计框图见图6.19。

算例6.7 确定在箱形孔型中按“方—矩形—矩形—方”方案轧制时的非等轴轧件尺寸和孔型尺寸。已给定大方断面尺寸和面积 $H_0 = B_0 = 81.1\text{mm}$，$\omega_0 = 6453.4\ \text{mm}^2$ 和小方断面的尺寸和面积 $H_1 = B_1 = 56.6\text{mm}$，$\omega_1 = 3004.2\ \text{mm}^2$，小等轴箱形孔型的尺寸（图6.11a）$B_{KT1} = 60.2\text{mm}$，$b_{K1} = 48.9\text{mm}$，$r = 8.0\text{mm}$ 等，各道轧辊原始直径 $D_0 = 430.0\text{mm}$，轧辊转速 $n_1 = 38.2\text{r/min}$，轧制钢号12CrNi3A，轧件温度 $t = 1100 \sim 1200$℃，轧辊材质为铸铁。

（1）确定在已给定尺寸的箱形孔型中得到小方断面56.6mm×56.6mm所必需的轧件尺寸 $H_{01} \times B_{01}$。

为此取 $a_{j1} = 1.0$，轧件宽 $B_{01} = b_{K1}\, a_{j1} = 48.9 \times 1.0 = 48.9\text{mm}$。由此可见，给定的宽展系数为 $\beta_{a1} = B_1 / B_{01} = 56.6/48.9 = 1.157$。在这一 β_{a1} 值下用逐步逼近法按公式（6.15）计算轧件轴比 a_{01} 和高度 H_{01}（见算法6.4第3~7及第9步骤）。

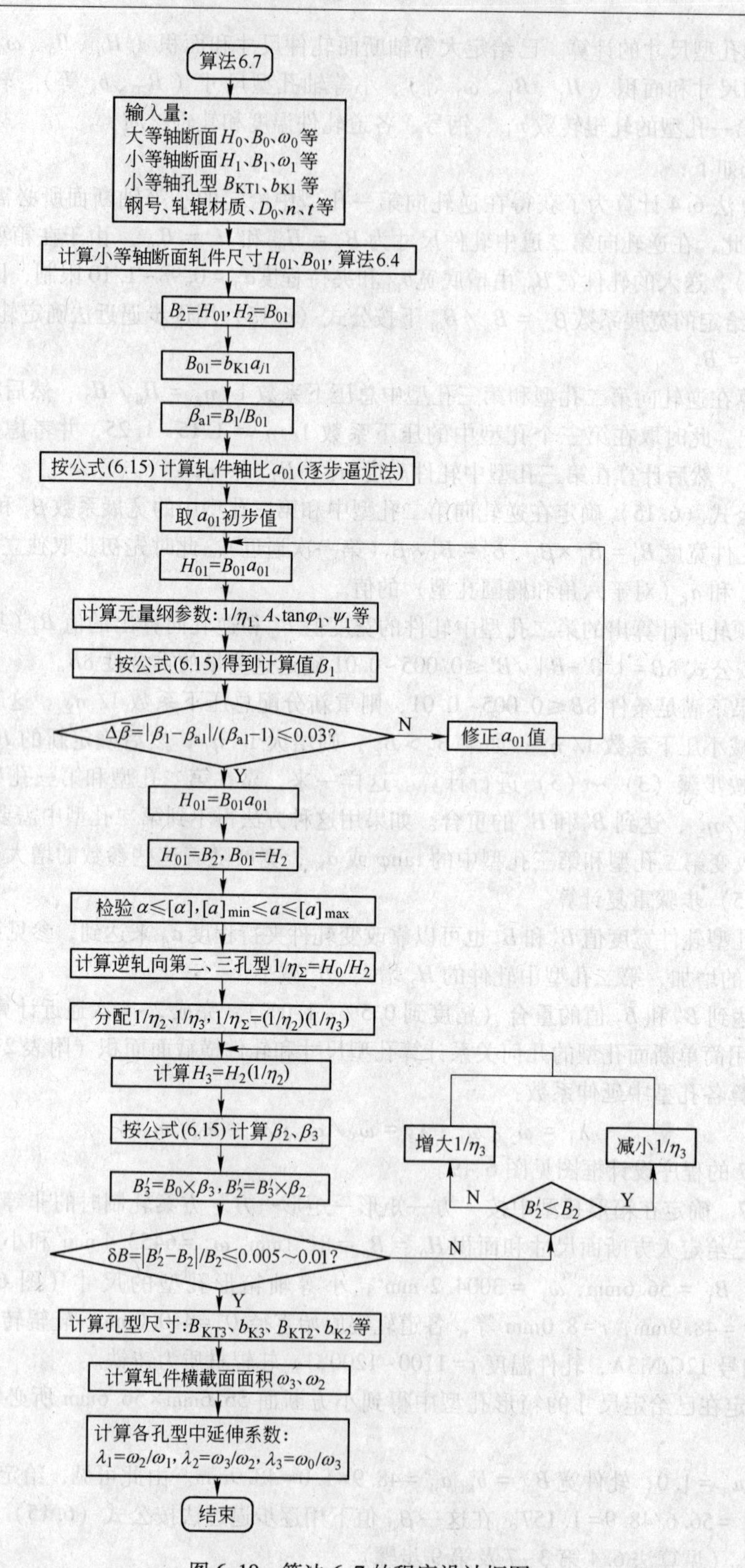

图 6.19 算法 6.7 的程序设计框图

初步取 $a_{01}=1.9$，那么 $H_{01}=B_{01}\times a_{01}=48.9\times1.9=92.9$mm，继而确定计算所必需的无量纲参数（附表5）：$1/\eta_1=H_{01}/H_1=92.9/56.6=1.641$，$A=(D_0-H_1)/H_1=(430.0-56.6)/56.6=6.60$；$\tan\varphi_1=(B_{KT1}-b_{K1})/H_1=(60.2-48.9)/56.6=0.20$；因为 $t_1=1100\sim1200$℃，所以可取 $\psi_1=0.6$（附表6）。

按公式（6.15）确定计算值 $\beta_1=1.170$，将其与给定值 β_{a1} 比较，按公式 $\Delta\bar{\beta}=|\beta_1-\beta_{a1}|/(\beta_{a1}-1)=|1.170-1.157|/(1.157-1)=0.083$ 来评价这些值的重合程度。

因为 $\Delta\bar{\beta}>0.03$，故取新值 $a_{01}=1.85$（向 β_1 减少的方向），并重复计算宽展系数：$H_{01}=48.9\times1.85=90.5$mm；$1/\eta_1=90.5/56.6=1.599$；其他参数不变；按公式（6.15）计算，$\beta_1=1.155$，这时宽展系数的计算值与给定值的重合性为 $\Delta\bar{\beta}=|1.155-1.157|/(1.157-1)\approx0.0127$，小于0.03；因此最终取 $a_{01}=1.85$，$H_{01}=B_2=90.5$mm，$B_{01}=H_2=48.9$mm，迭代计算可结束。

对得出的轧件检验咬入条件 $\alpha\leqslant[\alpha]$ 和稳定性条件 $[a]_{min}\leqslant a\leqslant[a]_{max}$，结果得到：实际咬入角 $\alpha=24.6°$，最大允许咬入角 $[\alpha]=29.3°$，轧件最大允许轴比 $[a]_{max}=2.04$。可见，轧件咬入条件和稳定性条件满足：$\alpha<[\alpha]$ 和 $a_{01}<[a]_{max}$。

（2）确定在第二孔型和第三孔型中总压下系数 $1/\eta_\Sigma=H_0/H_2=81.1/48.9=1.658$，将其按孔型分配，取 $1/\eta_3=1.15$，则 $1/\eta_2=(1/\eta_\Sigma)/(1/\eta_3)=1.658/1.15=1.442$。第三孔型中轧件高 $H_3=H_2(1/\eta_2)=48.9\times1.442=70.5$mm。

（3）按附表9用箱形孔型的系数 c_i($c_0=0.0714$，$c_1=0.862$，$c_2=0.746$，$c_3=0.763$，$c_4=0$，$c_5=0$，$c_6=0.16$，$c_7=0.362$）按公式（6.15）计算在第三孔型和第二孔型中宽展系数。这时两个箱孔型的侧壁斜度取为相等：$\tan\varphi_3=\tan\varphi_2=0.3$。

第三孔中独立无量纲参数：$A_3=(D_0-H_{KT3})/H_{KT3}=(430-70.5)/70.5=5.1$；$1/\eta_3=1.15$；$a_{03}=1.0$；$\psi_3=0.6$（附表6）。

第三孔型中的宽展系数：

$$\begin{aligned}\beta_3&=1+0.0714\left(\frac{1}{\eta_3}-1\right)^{0.862}\times A_3^{0.746}\times a_{03}^{0.763}\times\psi_3^{0.16}\times\tan\varphi_3^{0.362}\\&=1+0.0714\times(1.15-1)^{0.862}\times5.1^{0.746}\times1.0^{0.763}\times0.6^{0.16}\times0.3^{0.362}\\&=1.028\end{aligned}$$

第三孔型中轧件宽 $B_3'=B_0\beta_3=81.1\times1.028=83.4$mm。

第二孔型中独立无量纲参数 $A_2=(D_0-H_{KT2})/H_{KT2}=(430-48.9)/48.9=7.79$；$1/\eta_2=1.442$；$a_{02}=H_{02}/B_{02}=70.5/83.4=0.845$；$\psi_2=0.6$。

第二孔型中宽展系数 $\beta_2=1+0.0714\times(1.442-1)^{0.862}\times7.79^{0.746}\times0.845^{0.763}\times0.6^{0.16}\times0.3^{0.362}=1.086$。

第二孔型中轧件宽度 $B_2'=B_3'\times\beta_2=83.4\times1.086=90.6$mm。

（4）将得到的轧件宽度值 B_2' 与在第（1）步骤中求出的 B_2 比较，并按下式评价这些值的重合性：

$$\delta B=|B_2'-B_2|/B_2=|90.6-90.5|/90.5=0.001$$

（5）因 $\delta B=0.001<0.005$，故无须重新分配系数 $1/\eta_\Sigma$ 和重复计算。最终取第三孔型中轧件尺寸 $H_3=70.5$mm，$B_3=83.4$mm 和第二孔型中轧件尺寸 $H_2=48.9$mm，$B_2=90.6$mm（图6.20）。

（6）用简单断面几何关系公式（附表2）计算第二孔型和第三孔型的尺寸（图6.11a）。孔型槽底 $b_{K3}=0.98\times B_0=0.98\times81.1=79.5$mm，$b_{K2}=0.98B_3=0.98\times83.4=81.7$mm。孔型理论宽度：$B_{KT3}=b_{K3}+H_3\tan\varphi_3=79.5+70.5\times0.3=100.6$mm，$B_{KT2}=b_{K2}+H_2\tan\varphi_2=81.7+48.9\times0.3=96.4$mm。第二孔型的辊缝 $S_2=0.2H_2=0.2\times48.9\approx10$mm。第三孔型的辊缝根据辊缝与孔型高度及切槽深度的关系

式并考虑关于箱型孔型切槽深度的建议值确定：因孔型中轧件轴比 $a_3=83.4/70.5=1.183<1.2$，故取切槽深度 $h_{K3}=0.3H_3$。由此，$S_3=H_3-2h_{K3}=H_3-0.6H_3=0.4\times70.5\approx28\text{mm}$。

孔型槽口宽：$B_{K3}=b_{K3}+(H_3-S_3)\tan\varphi_3=79.5+(70.5-28)\times0.3=92.3\text{mm}$

$B_{K2}=b_{K2}+(H_2-S_2)\tan\varphi_2=81.7+(48.9-10)\times0.3=93.4\text{mm}$

圆角半径 r：$r_3=0.15H_3=0.15\times70.5\approx10.0\text{mm}$，$r_2=0.15\times48.9\approx7\text{mm}$

孔型轴比：$a_{K3}=B_{KT3}/H_3=100.6/70.5=1.427$，$a_{K2}=B_{KT2}/H_2=96.4/48.9=1.971$

孔型侧壁充满度：$\delta_{B3}=(B_3-b_{K3})/(B_{KT3}-b_{K3})=(83.4-79.5)/(100.6-79.5)=0.185$

$\delta_{B2}=(90.6-81.7)/(96.4-81.7)=0.605$

孔型充满度：$\delta_{13}=B_3/B_{KT3}=83.4/100.6=0.829$，$\delta_{12}=B_2/B_{KT2}=90.6/96.4=0.940$

第三孔型和第二孔型中轧件横截面面积按以下公式确定（附表 3）：

$$\omega=H^2\left[a_K\delta_1-\delta_B{}^2\frac{\tan\varphi}{2}-0.55(r/H)^2\right]$$

$$\omega_3=70.5^2\times[1.427\times0.829-0.185^2\times0.3/2-0.55\times(10/70.5)^2]=5799.2\text{mm}^2$$

$$\omega_2=48.9^2\times[1.971\times0.940-0.605^2\times0.3/2-0.55\times(7/48.9)^2]=4272.0\text{mm}^2$$

（7）计算每一孔型中的延伸系数：$\lambda_3=6453.4/5799.2=1.113$，$\lambda_2=5799.2/4272.0=1.357$，$\lambda_1=4272.0/3004.2=1.422$。

上述算法的孔型设计结果如图 6.20 所示。

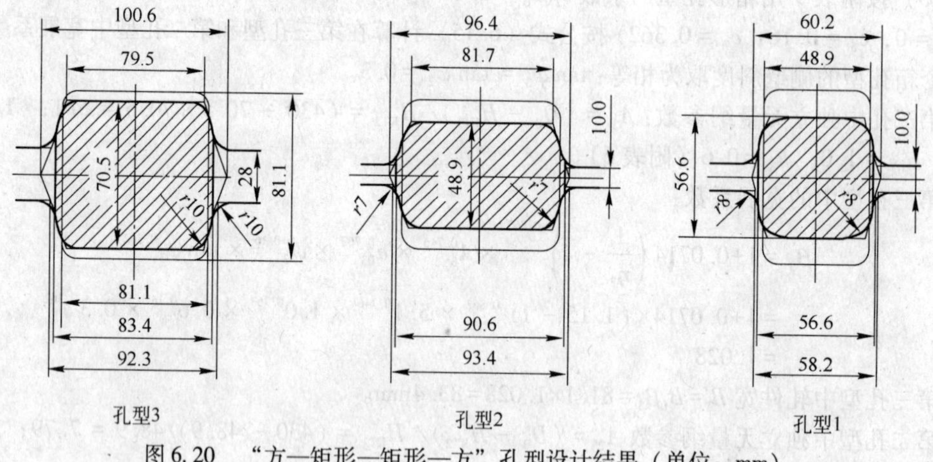

图 6.20　“方—矩形—矩形—方”孔型设计结果（单位：mm）

6.1.7　连续式轧机 CARD 算法及程序框图

CARD 算法的具体实现取决于原始资料的组成和合理孔型设计标准的选择。在已知轧机的技术特性和坯料及成品尺寸条件下开发 CARD 系统是较常见的情况。以下是其算法的主要内容。

6.1.7.1　原始资料的准备

（1）轧机技术特性：轧机布置类型、工作机座类型和机座数目 n_{st}；各机座的技术参数（轧辊原始直径 D_0、轧辊辊身长度 L_b、辊颈直径 d_n 及其长度 l_n、轴承类型、轧辊材质、轧辊辊颈允许作用力［P］、允许轧制力矩［M］）；机座传动类型（单独传动、成对传动、成组传动）、主电机功率 N_M 和轧辊转速调整范围 $n_{min}\sim n_{max}$；减速机速比 i_g；加热炉与第一架轧机的间距 L_T；各机座的间距 L_{st}。

（2）孔型设计原始参数：最终断面的横截面形状、尺寸和面积（C_n，d_n，ω_n）和原始坯料横截面形状、尺寸和面积（H_0，B_0，ω_0），坯料长度 L_0，轧制该最终断面的道次数 n。

（3）原始工艺数据：轧制钢号，坯料加热温度 t_0，对轧制断面的精度要求。

6.1.7.2 延伸系数的分配和初步轧制速度制度的计算

为满足轧机小时产量最大，初步轧制速度制度可根据平均延伸系数和最大允许终轧速度计算，其步骤如下：

（1）确定轧机的总延伸系数和平均延伸系数：$\lambda_{\Sigma M}=\omega_0/\omega_n$，$\ln\lambda_m=\ln\lambda_{\Sigma M}/n$。在现代轧机上平均延伸系数 $\lambda_m=1.25\sim1.38$。如果得出 $\lambda_m<1.2$，则原始信息中道次数多了或者坯料横截面面积小了，应修正原始数据。

（2）确定轧机各机组平均延伸系数：

1）由给定的中间断面计算轧制这些中间断面的机组的总延伸系数 $\lambda_{\Sigma\text{int}}$ 和平均延伸系数 $\lambda_{m\cdot\text{int}}$；

2）精轧机组平均延伸系数取值应比轧机平均延伸系数低 10%~20%：

$$\lambda_{mf}=1+(0.8\sim0.9)(\lambda_m-1)$$

粗轧、预轧机座按以下公式计算总延伸系数和平均延伸系数：

$$\lambda_{\Sigma r}=\frac{\lambda_{\Sigma M}}{(\lambda_{m\cdot\text{int}})^{n_{\text{int}}}\cdot(\lambda_{\text{mf}}^{n_f})},\ \ln\lambda_{mr}=\frac{\ln\lambda_{\Sigma r}}{n-n_{\text{int}}-n_f}$$

式中，n_{int} 为从一个给定中间断面轧成另一个中间（或最终）断面的机座数；n_f 为精轧机组中机座数。

对开始的二、三架粗轧机座，考虑到坯料断面尺寸可能的波动和去除氧化铁皮的必要性，建议取稍小于 λ_{mr} 的平均延伸系数。

轧机各机组平均延伸系数取定之后，检验等式：$\lambda_{\Sigma M}=(\lambda_{mf})^{n_{\text{f}}}\cdot(\lambda_{m\cdot\text{int}})^{n_{\text{int}}}\cdot(\lambda_{mr})^{n_r}$。当它不满足时，修正个别机座中的延伸系数。

3）考虑轧辊最大转速 10%~15%的余量，取最终轧速 $v_n=(0.85\sim0.90)\dfrac{\pi D_* n_{\text{nmax}}}{60}$，从精轧机开始逆轧向计算各道轧速：$v_{i-1}=v_i/\lambda_{mi}$，$\lambda_{mi}$ 为第 i 架平均延伸系数。

4）确定轧机各架轧辊工作直径近似值：$D_{Ki}=D_{0i}-\sqrt{\omega_i}=D_{0i}-\sqrt{\omega_{i+1}\lambda_{m(i+1)}}$。

5）检验速度限制条件（式 6.25），若不满足，则修正延伸系数和轧制速度制度。

上面初步轧制速度制度的算法适用于单独传动的轧机。

在此基础上，可按最小能耗和孔型延伸能力合理利用标准来选择各机组合理的孔型系统并制订孔型设计方案。

6.1.7.3 金属变形和轧制温度制度的计算

为每对孔型确定出总延伸系数 $\lambda_{\Sigma\cdot i}$，并在设定的孔型充满度和圆角半径下确定出大等轴断面轧件尺寸（H_0，B_0，C_0，ω_0）及小等轴断面轧件尺寸（H_1，B_1，C_1，ω_1），计算每对道次中非等轴断面轧件尺寸和孔型尺寸（算法 6.4），按算法 6.7 计算"等轴断面—非等轴断面—非等轴断面—等轴断面"方案三道轧制的变形和孔型尺寸。

为计算出的变形制度确定每个机座中的轧制速度修正值 $v_i=v_{i-1}\cdot\lambda_i$、轧辊工作直径修正值 $D_{\text{K}i}=D_{0i}-\omega_i/B_i$ 和极限轧速 $v_{\text{min}i}$ 和 $v_{\text{max}i}$ 的修正值（式 6.24），重新检验轧制速度制度的限制（式 6.25）。当在某机座中这些限制不满足时，需相应地改变终轧速度或在机组中重新分配延伸系数，并重新计算在这些机座中的金属变形。

顺轧向计算轧制温度。在轧制温度制度计算后，确定每道的摩擦指数 $\psi=f(t)$（附表 6）并将其值与设定值 $\psi=0.8$ 比较。若两者不同，则可不改变等轴轧件尺寸和孔型尺寸而进行金属变形修正计算（按算法 6.6）。

6.1.7.4　轧制力能参数的计算

在计算出变形制度、速度制度和温度制度条件下，顺轧向进行力能参数计算。计算轧制温度和轧制力能参数时应选择产品方案中最难变形的钢种，这可得出轧机的最大载荷。

6.1.7.5　限制条件的检验和孔型设计的修正

检验轧机每一机座的咬入、轧件稳定性、设备强度和机座传动电机功率等限制条件。

连续式轧机 CARD 程序框图如图 6.21 所示。该程序可用于计算机分析和模拟连续式开坯、大型、中型、小型和线材轧机轧辊孔型设计和型钢轧制工艺制度，可用于设计新的轧辊孔型设计或改进现有的轧制制度。

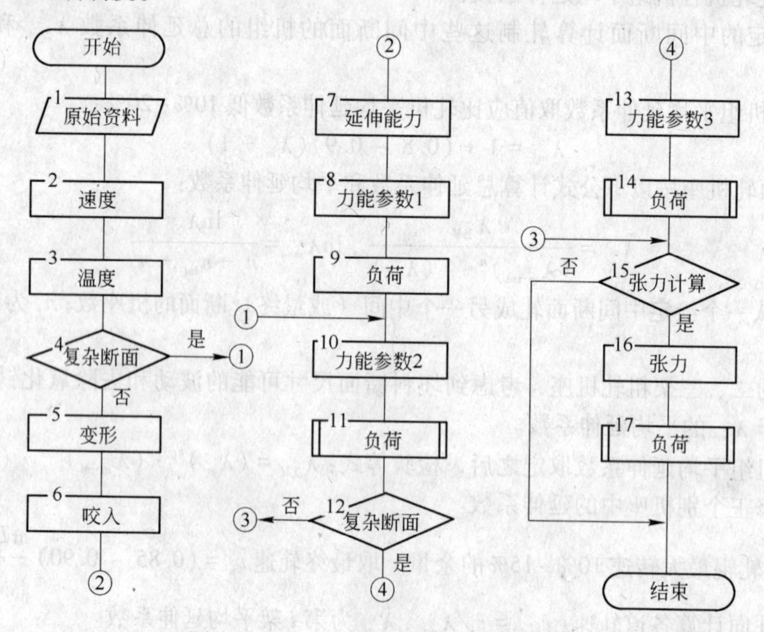

图 6.21　连续式轧机 CARD 程序框图

在图 6.21 中，原始资料模块用于输入和检验各道轧件尺寸和孔型尺寸、轧机技术特性、轧制钢号、坯料加热温度、终轧速度等。速度模块用于计算孔型设计的几何参数（轧件横截面周边长和面积、轧辊工作直径、轧制的无量纲参数等）、轧辊转速、金属变形速度等，并检验轧制速度的限制。温度模块用于计算轧制温度制度。变形模块用于计算金属宽展系数、轧件宽度和孔型充满度及延伸系数。咬入模块用于分析各道咬入条件和轧件稳定性，计算最大允许咬入角和轧件轴比。延伸能力模块用于确定孔型延伸能力利用程度 C_e 和潜力 R_e。

力能参数模块用于计算单线轧制时的轧制力、轧制力矩和能量消耗。力能参数 1 和力能参数 2 及力能参数 3 模块可按不同方法计算不同断面轧制的力能参数。

负荷模块用于确定同时轧制的轧件根数及轧辊辊颈上的反作用力和力矩、计算工作机座传动电机负荷系数及检验轧机主设备强度限制和电机能力限制。张力模块用于依据相邻道次轧辊转数的变化来计算机座间张力，并在计算轧制力和力矩时考虑该张力因素。

6.2　模具 CAD/CAM

6.2.1　概述

当前 CAD 在冲模设计与制造的应用，主要可归纳为以下几个方面：

(1) 利用几何造型技术完成复杂模具的几何设计。

(2) 完成工艺分析计算，辅助成形工艺的设计。

(3) 建立标准模具零件和结构的图形库，提高模具结构和模具零件设计的效率。

(4) 完成绘图工作，输出模具零件图与装配图。

6.2.2 冲模 CAD/CAM 系统的流程与功能

6.2.2.1 冲模 CAD/CAM 系统的基本流程

冲模 CAD/CAM 系统的工作流程如图 6.22 所示。

首先，将冲裁零件的形状和尺寸输入计算机，图形处理模块将其转换为机内模型，为后续设计提供必要的信息。工艺性判断模块以自动搜索和判断的方式分析冲裁件的工艺性，如零件不适合冲裁，则给出提示信息，要求修改零件图。毛坯排样模块以材料利用率为目标函数进行排样的优化设计。程序可完成单排、双排和对头双排等各种不同的排样方式，从大量排样方案中选出材料利用率最高的方案。

工艺方案的选择，即决定采用单冲模、复合模或级进模，可通过交互方式实现。程序先按照一定的设计准则自动确定工艺方案，然后用户再根据实际情况自己确定合适的工艺方案。这样，系统就可适应各种不同的情况。

单冲模和级进模的设计为一个分支，复合模的设计为另一个分支。在各个分支内，程序完成从工艺力学参数计算到模具零部件结构设计、模架选择的一系列工作。

模具设计完成后，绘图模块可根据设计结果自动生成模具零件图，将图形依次显示在屏幕上，可由操作者用交互方式对图形进行局部补充和修改，然后由绘图机输出。程序自动将各零件图拼接成模具装配图，并绘图输出。数控线切割自动编程模块可选择穿丝孔的位置和直径，确定起割点，计算出金属丝的运动轨迹，按照数控线切割机床控制程序的格式完成自动编程，并可由纸带穿孔机输出数控纸带。

6.2.2.2 冲模 CAD/CAM 系统的基本功能

冲模 CAD/CAM 系统一般采用模块结构形式。基本功能模块包括五个方面，如图 6.23 所示。

A 系统运行管理模块（总控模块）

总控模块主要执行模具 CAD/CAM 系统的运行

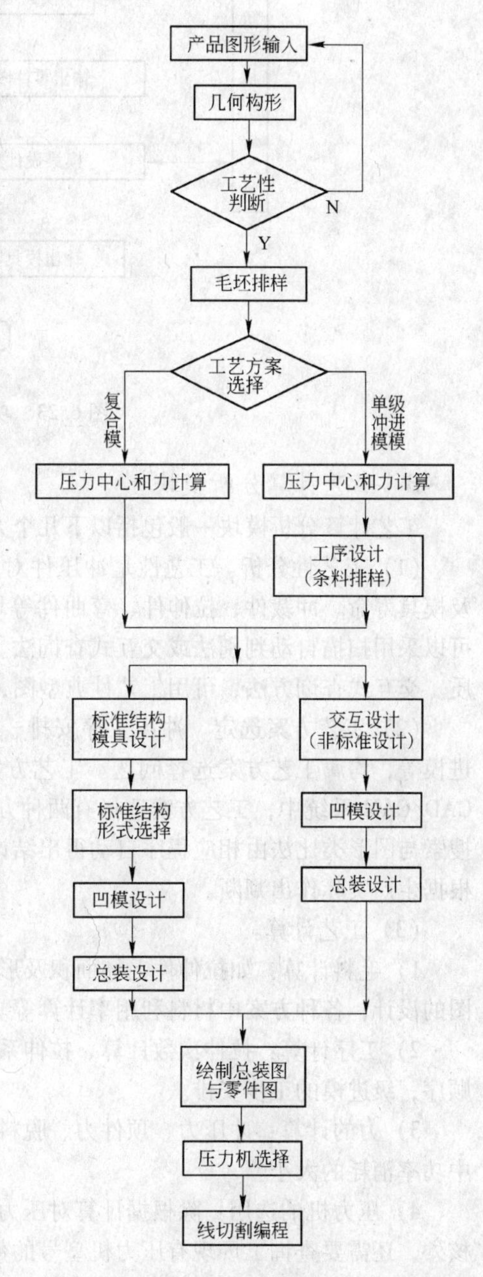

图 6.22 冲模 CAD/CAM 系统工作流程

管理。它随时可以调用操作系统命令及调度各功能模块执行相应的过程和作业，以满足模具设计的需要。在整个作业过程中，为配合设计、分析和图形生成，频繁地调用数据管理系统命令，方便地进行数据的存取和管理。

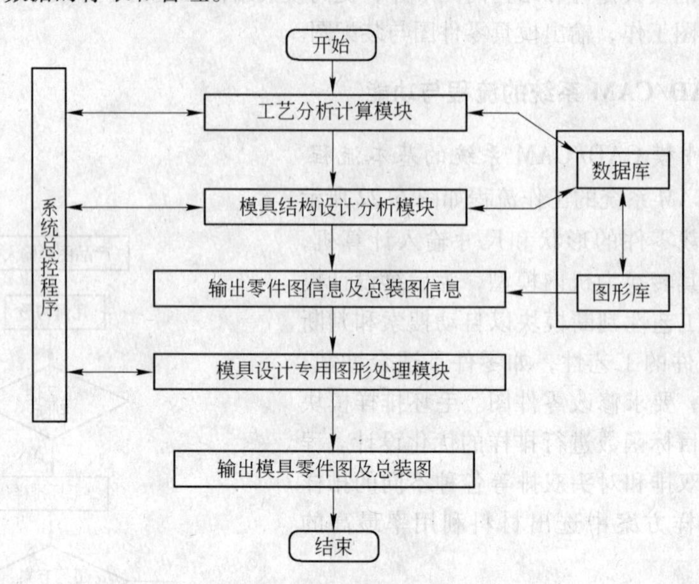

图 6.23 功能模块间的相互关系

B 工艺计算分析模块

工艺计算分析模块一般包括以下几个方面：

(1) 工艺性分析。工艺性是冲压件对冲压工艺的适应性。工艺性判断直接影响制件质量及模具寿命。冲裁件、拉伸件、弯曲件等均有不同的工艺可行性要求。在 CAD/CAM 系统中，可以采用扫描自动判别法或交互式查询法。自动判别法，需要由图形中搜索出判断对象及其性质。交互式查询方法，可用工艺性典型图，通过人机交互完成此项工作。

(2) 工艺方案选定。冲压工序安排、工序组合、冲裁落料工序中采用单冲、复冲还是级进模等，均属工艺方案选择问题。工艺方案关系到产品质量保证、生产率及成本等。在模具 CAD/CAM 系统中，工艺方案选择有两种方式。对于判据明确，可以用数学模型描述的，采用搜索与图形类比法由相应程序自动得出结论；但在更多情况下，可采用人机对话方式，由用户根据生产实际作出判断。

(3) 工艺计算。

1) 毛料计算：如拉伸件毛坯面积及形状的确定；弯曲件展开尺寸计算；冲裁件毛料排样图的设计；各种方案中材料利用率计算等。

2) 工序计算：拉伸次数计算、拉伸系数分配及过渡形状确定；弯曲件的先后弯曲、冲孔顺序；级进模的工步安排。

3) 力的计算：冲压力、顶件力、脱料力、压边力的计算；在某些情况下，尚需计算成形中功率消耗的大小。

4) 压力机的选用：除根据计算对压力机吨位、行程、闭合高度、台面大小等参数进行校核外，还需要查询工厂现有压力机型号的数据文件，然后根据工作任务确定。

5) 模具工作部分强度校核：模具工作部分强度校核一般根据需要及实际情况确定，包括凸模失稳、凹模模壁强度等。

C 模具结构设计分析模块

(1) 选定模具典型组合。根据国家标准或工厂实际选定模具典型组合结构。根据判据原则，对冲模的倒装与顺装；方形、圆形与厚薄型的判断；选择弹性卸料板与刚性卸料板等工作，由程序自动作出判定。

(2) 对于非典型组合模具由设计者选定相应标准模架和标准零件采用交互方式进行设计。对于半标准零件或非标准零件的设计，包括凸凹模、顶件板、卸料板及定位装置的设计，尽量做到通用化。

(3) 提供索引文件供绘图及加工时调用。

D 图形处理模块

图形处理模块有三种方案可供选择：第一种是在标准图形软件平台上自主开发，这种方法针对性强，模块结构紧凑，但必须具备较强的开发力量或组织协作；第二种方案是借助商品化的图形系统软件或计算机辅助设计绘图软件，如前面介绍过的用于工作站或小型机上的 CADDS 软件，或微机上的 AutoCAD 等，它们一般针对机械 CAD/CAM 产品；第三种方案是直接引进专为模具 CAD/CAM 设计的制模专用软件。它们一般均有很强的二维和三维造型功能，开放式的后置处理，可直接进行模具参数的计算分析，具有与数据库交互操作和连接高级语言的接口。

E 数据库和图形库处理模块

数据库和图形库是一个通用的、综合的、有组织的存储大量关联数据的集合体，包括工艺分析计算常用参数表（如冲裁模刃口间隙值、常用数表及线图、材料性能参数、压力机技术参数等）、模具典型结构参数表、标准模架参数表、其他标准件参数表及标准件图形关系式或标准件图形程序库。它能根据模具结构设计模块索引文件，检索所需标准件图形，送出该图形的基本描述文件。

6.2.3 模具结构设计软件系统

图 6.24 所示为一冲裁模 CAD/CAM 系统模具结构设计模块的结构图。该模块分为三个子模块，即系统初始化模块、模具总装及零件设计模块、图样生成模块。

初始化模块根据产品的工艺设计信息和用户要求，对系统参数进行初始化，显示系统的用户菜单。

模具总装及零件设计模块是模具结构设计模块的主要部分，它又分为基本结构设计、工作部件设计、杆件与板块拼合、板件与编辑等八个子模块。基本结构设计子模块可根据用户要求，完成模具标准结构的选择或非标准结构的设计。工作部件设计子模块，以交互方式进行凸凹模的设计，得到记录这些零件信息的零件描述表。板件设计与编辑子模块完成板件的设计、插入和删除。杆件与板件的拼合子模块可实现杆件与板件的拼合，自动处理内孔参数，处理拼合结果。其他子模块分别完成模架、卸料装置、紧固装置和辅助装置的设计。

模具结构设计模块中的图样生成子模块根据总装及零件设计子模块产生的总装图、零件图和零件描述表画剖面线，在总装图上添加指引线、明细表和标题栏，产生绘图文件，以便在绘图机上绘出图样。

6.2.4 模具结构设计的基本方法

目前，在模具 CAD 系统中，模具结构的具体设计方法有以下两种：

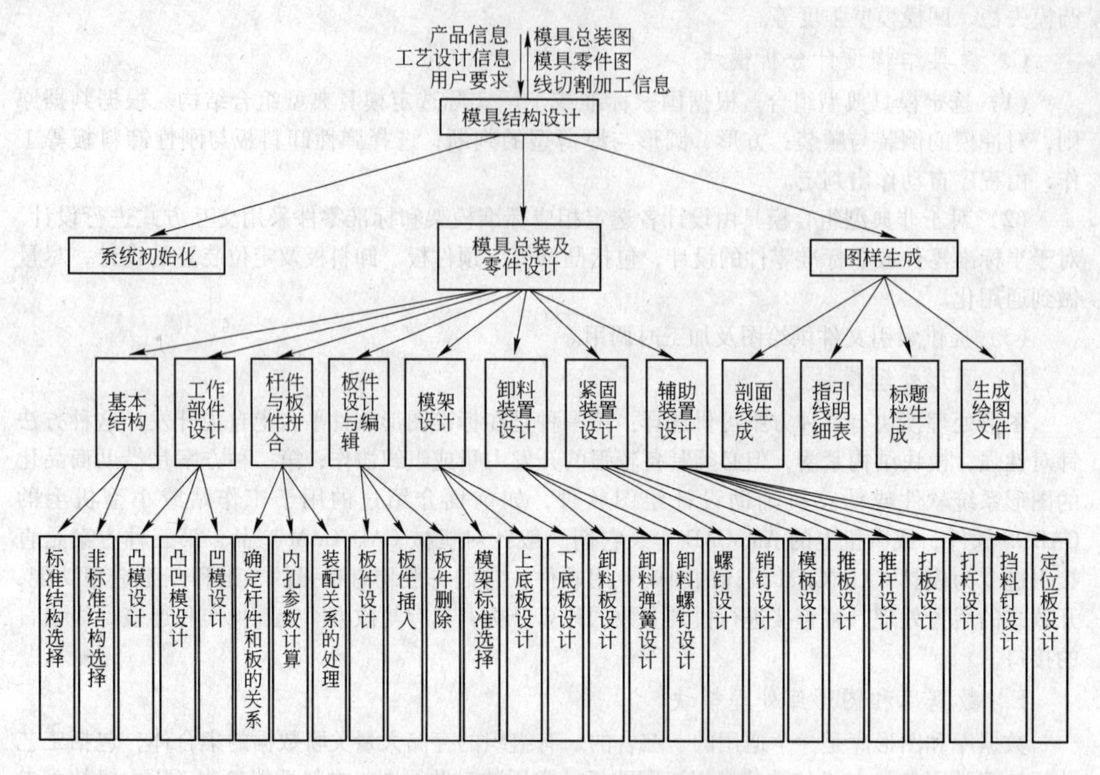

图 6.24　模具结构设计模块的结构图

（1）人机交互式二维作图法。这种方法效率低，且需配备大规模的子图形库及基本图形运算程序库，对于复杂的零件和结构更显得繁琐，影响 CAD 系统的效果。但采用这种方法对模具设计分析程序的编制要求较低，对各种模具结构的通用性强，并能充分发挥设计者主观能动性。

（2）程序自动处理法。这种方法效率高，对操作者的技术要求较低，但对模具结构设计分析程序要求很高，编程工作量大而复杂，以致 CAD 系统开发过程的周期较长。但采用这种方法，不能包罗所有可能的结构形式，存在着一定的局限性。

为了克服以上两种方法的缺点，发挥各自的长处，可以采用程序自动设计为主，人机交互二维图形处理为辅，加强系统的图形编辑功能，对自动设计的结果进行一定的人工干预和实时修改。

6.2.5　冲裁模具 CAD/CAM 集成

对于形状复杂、精度要求高的模具，采用 CAD/CAM 集成化技术（图 6.25），可以提高模具设计与制造水平，缩短生产周期，提高经济效益。在冲模 CAD/CAM 一体化系统中，不仅要进行设计计算，而且还要考虑 NC 加工编程及加工工艺性问题。冲裁模中凸凹模、固定板和卸料板等基本上都是二维半零件，一般采用数控线切割加工，所以对于冲模 CAD/CAM 系统，CAM 主要考虑工作零件的线切割自动编程及其工艺问题。

在数控线切割自动编程时，首先输入图形信息。根据凹模的刃口尺寸信息，计算出凹模的几何信息，然后对元素进行标准化和方向化处理，得到有向化处理和有向轮廓元素数据表，接着，程序自动选择合理的穿丝孔位置、孔径和起割点。根据冲裁件的板厚，程序自动从数据文

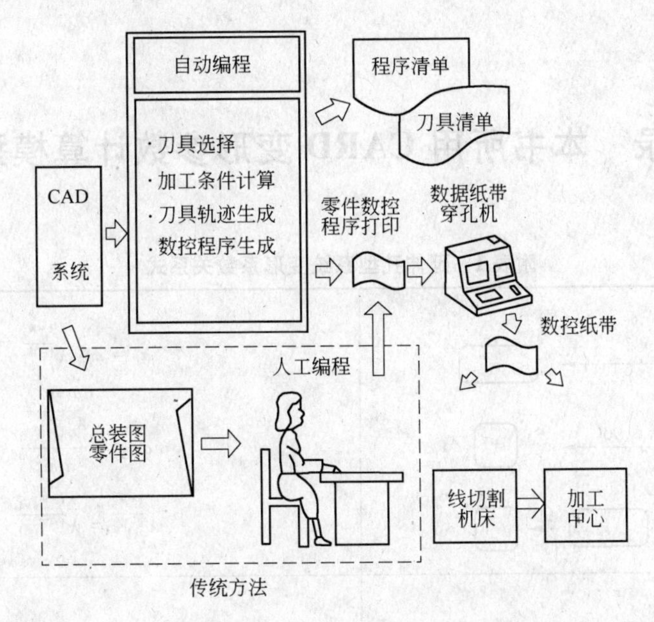

图 6.25 冲模 CAD/CAM 基本组成

件中检索合理的刃口间隙值，同时考虑不同的电蚀补偿和修模抛光量，确定图形的缩放量。将穿丝孔中心与起割段元素的起点连接起来，作为切割的第一元素，并按切割顺序将几何元素重新编排。编程是按照数控线切割机床控制程序的格式完成的。

思 考 题

6-1 简述 CARD 的设计过程与传统孔型设计的不同。

6-2 试建立一个孔型优化设计的数学模型并提出求解方法。

6-3 编写程序实现用乌萨托夫斯基公式计算宽展。

6-4 简述冲模 CAD/CAM 系统的基本流程和基本功能。

6-5 概述计算机辅助模具结构设计的基本方法。

参 考 文 献

[1] 鹿守理．计算机辅助孔型设计［M］．北京：冶金工业出版社，1993.

[2] 斯米尔诺夫 B. K.，希洛夫 B. A.，伊纳托维奇 Ю. B. 轧辊孔型设计［M］．鹿守理，黎景全，译．北京：冶金工业出版社，1991.

[3] 上海市冶金工业局孔型学习班．孔型设计［M］．上海：上海人民出版社，1977.

[4] 赵俊萍，鹿守理，曲扬．计算机辅助孔型设计（CARD）技术的应用与发展［J］．轧钢，1998 (1)：59~61.

[5] 史翔．模具 CAD/CAM 技术及应用［M］．北京：机械工业出版社，2000.

附录　本书所用 CARD 变形参数计算模型

附表 1　延伸孔型系统变形系数关系式

孔型系统	关系式
箱形孔系 i−1 → i i —90°→ i+1 i−1 → i —90°→ i+1	$a_i = a_{i-1}\lambda_i^{\frac{1+W_i}{1-W_i}}$ $a_{i+1} = \dfrac{\lambda_{i+1}^{\frac{1+W_{i+1}}{1-W_{i+1}}}}{a_i m_i^2}$ $\lambda_i^{\frac{1+W_i}{1-W_i}} = \lambda_{i+1}^{\frac{1+W_{i+1}}{1-W_{i+1}}}$
椭－方孔系 i−1 → i i —90°→ i+1 i−1 → i —90°→ i+1	$a_i = a_{i-1}\lambda_i^{\frac{1+W_i}{1-W_i}}$ $a_{i+1} = \dfrac{\lambda_{i+1}^{\frac{1+W_{i+1}}{1-W_{i+1}}}}{a_i m_i^2}$ $2m_i^2\lambda_i^{\frac{1+W_i}{1-W_i}} = \lambda_{i+1}^{\frac{1+W_{i+1}}{1-W_{i+1}}}$
椭－圆孔系 i−1 → i —90°→ i+1	$1.273m_i^2\lambda_i^{\frac{1+W_i}{1-W_i}} = \lambda_{i+1}^{\frac{1+W_{i+1}}{1-W_{i+1}}}$
方－椭－圆孔系 i−1 → i —90°→ i+1	$1.273m_i^2\lambda_i^{\frac{1+W_i}{1-W_i}} = \lambda_{i+1}^{\frac{1+W_{i+1}}{1-W_{i+1}}}$
菱－方孔系 i−1 —90°→ i —90°→ i+1	$\tan\dfrac{\varphi_i}{2}\cdot\tan\dfrac{\varphi_{i+1}}{2} = \lambda_{i+1}^{\frac{1+W_{i+1}}{1-W_{i+1}}}$
六角－方孔系 i−1 → i i —90°→ i+1 i−1 → i —90°→ i+1	$a_i = a_{i-1}\lambda_i^{\frac{1+W_i}{1-W_i}}$ $a_{i+1} = \dfrac{\lambda_{i+1}^{\frac{1+W_{i+1}}{1-W_{i+1}}}}{a_i m_i^2}$ $2m_i^2\lambda_i^{\frac{1+W_i}{1-W_i}} = \lambda_{i+1}^{\frac{1+W_{i+1}}{1-W_{i+1}}}$

附表 2　简单断面孔型的几何关系

孔　型	公式和关系式
箱形（见图 6.11a）	$b_K = (0.95 \sim 1.00)B_0$；$B_K = b_K + (H_{KT} - S)\tan\varphi$ $B_{KT} = b_K + H_{KT}\tan\varphi$；$\tan\varphi = (B_{KT} - b_K)/H_{KT} = (B_K - b_K)/(2h_K)$ $r = (0.10 \sim 0.15)H_{KT}$ $r_1 = (0.8 \sim 1.0)r$；$a_K = B_{KT}/H_{KT} = 0.5 \sim 2.5$ $\delta_1 = B_1/B_{KT} = 1 - \tan\varphi(1 - \delta_B)a_K$ $\delta_B = (B_1 - b_K)/(B_{KT} - b_K)$；$\Pi \approx 2(H_1 + B_1)$
方孔（见图 6.11b）	$H_{KT} = B_{KT} = \sqrt{2}C_1$；$H_K = \sqrt{2}C_1 - 0.83r$ $B_K = B_{KT} - S$；$r = (0.1 \sim 0.2)C_1$ $r_1 \approx (0.10 \sim 0.15)H_{KT}$；$\Pi \approx 2H_1\sqrt{2}$
菱孔（见图 6.11c）	$a_K = B_{KT}/H_{KT} = \tan\beta/2$；$C_1 = B_{KT}/(2\sin\beta/2)$ $H_K = H_{KT} - 2r(\sqrt{1 + 1/a_K^2} - 1)$ $B_K = B_{KT} - Sa_K$；$r = (0.15 \sim 0.20)H_{KT}$ $r_1 = (0.10 \sim 0.15)H_{KT}$；$\Pi = 2\sqrt{H_1^2 + B_1^2}$；$a_K = 1.2 \sim 2.5$
椭圆孔（见图 6.11d）	$R = H_{KT}(1 + a_K^2)/4$ $B_K = (H_{KT} - S)\sqrt{\dfrac{4R}{H_{KT} - S} - 1}$ $r_1 = (0.10 \sim 0.40)H_{KT}$；$a_K = B_{KT}/H_{KT}$ $\Pi \approx 2\sqrt{B_1^2 + \dfrac{4}{3}H_1^2}$；$a_K = 1.5 \sim 4.5$ $B_{KT} = H_{KT}\sqrt{\dfrac{4R}{H_{KT}} - 1}$
圆孔（见图 6.11e）	$B_{KT} = d/\cos\gamma$；$B_K = B_{KT} - S\tan\gamma$ $r_1 = (0.08 \sim 0.10)d$；γ— 圆孔型扩张角 * $\Pi = \pi d$
六角孔（见图 6.11f）	$b_K = B_{KT} - H_{KT}$；$B_K = B_{KT} - S$；$a_K = B_{KT}/H_{KT}$ $r = r_1 = (0.15 \sim 0.40)H_{KT}$；$a_K = 2.0 \sim 4.5$ $\Pi = 2(B_{KT} + 0.414H_1)$
平椭孔（见图 6.11g）	$b_K = B_{KT} - H_{KT}$；$B_K = b_K + S/\tan(\arcsin S/H_{KT})$ $r = 0.5H_{KT}$；$r_1 = (0.2 \sim 0.4)H_{KT}$；$a_K = 1.8 \sim 3.0$ $\Pi \approx \pi H_1 + 2(B_1 - H_1)$
立椭孔（见图 6.11h）	$R = \dfrac{B_{KT}}{4}(1 + 1/a_K^2)$ $B_K = B_{KT} - 2R\left(1 - \cos\arcsin\dfrac{S}{2R}\right)$ $r = r_1 = (0.10 \sim 0.15)B_{KT}$；$a_K = 0.75 \sim 0.85$ $\Pi \approx 2\sqrt{H_1^2 + \dfrac{4}{3}B_1^2}$

*　成品圆孔的 γ 角与其直径的关系

直径/mm	γ	直径/mm	γ
105~56	11°20′	45~30	21°50′
55~50	14°00′~16°40′	30~10	26°35′

注：对于粗轧圆孔，γ 应该增大 2°~4°。

附表 3　不同孔型中轧件横截面面积 ω_1 计算模型（已知孔型充满度 δ_1）

孔　型		公　式
箱形孔		$\frac{\omega_1}{H_1^2} = a_K\delta_1 - \frac{\delta_B^2 \tan\varphi}{2} - 0.55\left(\frac{r}{H_1}\right)^2$ $\delta_B = 1 - \frac{a_K}{\tan\varphi}(1-\delta_1)$
椭圆孔		$\frac{\omega_1}{H_1^2} = 0.6(2.07-\delta_1)(a_K\delta_1 + 0.66\delta_1 - 0.43)$
方孔		$\frac{\omega_1}{C_1^2} = \delta_1(2-\delta_1) - 0.43\left(\frac{r}{C_1}\right)^2$
六角孔		$\frac{\omega_1}{H_1^2} = (a_K - 0.5) - 0.5a_K^2(1-\delta_1)^2 - 0.088\left(\frac{r}{H_1}\right)^2$
菱孔		$\frac{\omega_1}{H_1^2} = 0.5a_K\delta_1(2-\delta_1) - 0.43\left(\frac{r}{H_1}\right)^2$
圆孔		$\frac{\omega_1}{H_1^2} = 0.785 - 0.667(1-\delta_1)\sqrt{1-\delta_1^2}$
立椭孔		$\frac{\omega_1}{H_1^2} = 0.15a_K^2\left[\left(1+\frac{1}{a_K^2}\right)^2(2.07-\delta_1)\times(1.66\delta_1 - 0.43) - 0.833\left(\frac{1}{a_K^2}-1\right)\left(1+\frac{1}{a_K}\right)^2\right]$
平椭孔		$\frac{\omega_1}{H_1^2} = (a_K - 0.215) - 0.667(1-\delta_1)\sqrt{1-\delta_1^2}$
平辊	矩形坯料	$\frac{\omega_1}{H_1^2} = \frac{B_1}{H_1} = a_1$
	圆形坯料	$\frac{\omega_1}{H_1^2} = a_1\left[1 - 0.333\left(1 - \sqrt{1-\frac{1}{a_1^2}}\right)\right]$

附表 4　不同孔型充满度 δ_1 计算模型（已知轧件横截面面积 ω_1）

孔　型	公　式
箱形孔	$1 - \frac{\tan\varphi}{a_K}\sqrt{1 - \frac{2}{\tan\varphi}\left[\frac{\varphi_1}{H_1^2} + 0.55\left(\frac{r}{H_1}\right)^2 - a_K + \tan\varphi\right]}$
椭圆孔	$\left(\frac{2.07a_K + 1.795}{2a_K + 1.32}\right)\times\left[1 - \sqrt{1 - \frac{0.89 + \omega_1/(0.6H_1^2)}{a_K + 0.66}\times\left(\frac{2a_K + 1.32}{2.07a_K + 1.795}\right)^2}\right]$
方孔	$1 - \sqrt{1 - \left[\frac{\omega_1}{C_1^2} + 0.43\left(\frac{r}{C_1}\right)^2\right]}$
六角孔	$1 - \frac{1}{a_K}\sqrt{2a_K - \left[2\frac{\omega_1}{H_1^2} + 1 + 0.088\left(\frac{r}{H_1}\right)^2\right]}$
菱孔	$1 - \sqrt{1 - \frac{2}{a_K}\left[\frac{\omega_1}{H_1^2} + 0.43\left(\frac{r}{H_1}\right)^2\right]}$
圆孔	$1.164 - 0.905\sqrt{1 - \omega_1/(0.816H_1^2)}$
立椭孔	$1.164\left(1 - \sqrt{1 - \left\{0.395 + \frac{0.37}{a_K^2\left(1+\frac{1}{a_K^2}\right)^2}\left[\frac{8\omega_1}{H_1^2} + (1-a_K^2)\left(1+\frac{1}{a_K}\right)^2\right]\right\}}\right)$
平椭孔	$1.164 - 0.905\sqrt{1 - 1.225\left[\frac{\omega_1}{H_1^2} - (a_K - 1)\right]}$

附表5　不同轧制方案的无量纲参数

轧制方案	参　数	轧制方案	参　数
	$A = D_* / H_{KT}$ $a_0 = H_0 / B_0$ $1/\eta = H_0 / H_1$ $\tan\varphi = (B_{KT} - b_K) / H_{KT}$		$A = D_* / H_{KT}$ $a_0 = H_0 / B_0$ $1/\eta = H_0 / H_1$ $\delta_0 = H_0 / H'_0$
	$A = D_* / H_{KT}$ $a_K = B_{KT} / H_{KT}$ $1/\eta = H_0 / H_1$		$A = D_* / H_{KT}$ $a_K = B_{KT} / H_{KT}$ $1/\eta = H_0 / H_1$ $\delta_0 = H_0 / H'_0$
	$A = D_* / H_{KT}$ $a_0 = H_0 / B_0$ $1/\eta = H_0 / H_1$ $\delta_0 = H_0 / H'_0$		$A = D_* / H_{KT}$ $a_0 = H_0 / B_0$ $1/\eta = H_0 / H_1$ $\delta_0 = H_0 / H'_0$
	$A = D_* / H_{KT}$ $a_K = B_{KT} / H_{KT}$ $1/\eta = H_0 / H_1$		$A = D_* / H_{KT}$ $a_0 = H_0 / B_0$ $1/\eta = B_0 / H_1$ $a_K = B_{KT} / H_{KT}$ $\delta_0 = H_0 / H'_0$
	$A = D_* / H_{KT}$ $a_K = B_{KT} / H_{KT}$ $1/\eta = H_0 / H_1$		$A = D_* / H_{KT}$ $a_K = B_{KT} / H_{KT}$ $1/\eta = H_0 / H_1$
	$A = D_* / H_{KT}$ $a_0 = H_0 / B_0$ $1/\eta = H_0 / H_1$ $\delta_0 = H_0 / H'_0$		$A = D_* / H_{KT}$ $a_0 = H_0 / B_0$ $1/\eta = H_0 / H_1$ $a_K = B_{KT} / H_{KT}$ $\delta_0 = H_0 / H'_0$
	$A = D_* / H_{KT}$ $a_0 = H_0 / B_0$ $1/\eta = H_0 / H_1$ $a_K = B_{KT} / H_{KT}$ $\delta_0 = H_0 / H'_0$		$A = D_* / H_{KT}$ $a_0 = H_0 / B_0$ $1/\eta = H_0 / H_1$
	$A = D_* / H_{KT}$ $a_K = B_{KT} / H_{KT}$ $1/\eta = H_0 / H_1$ $a_0 = H_0 / B_0$		$A = D_* / H_{KT}$ $1/\eta = H_0 / H_1$
	$A = D_* / H_{KT}$ $a_K = B_{KT} / H_{KT}$ $1/\eta = H_0 / H_1$ $\delta_0 = H_0 / H'_0$ $a_0 = H_0 / B_0$		$A = D_* / H_{KT}$ $a_0 = H_0 / B_0$ $1/\eta = H_0 / H_1$ $\delta_0 = H_0 / H'_0$

附表 6　在平辊上轧制碳素钢、低合金钢和中合金钢时各轧制方案的摩擦指数 ψ 值

轧制方案	轧件温度/℃				
	1200 以上	1100~1200	1000~1100	900~1000	900 以下
矩形—箱形孔，矩形—平辊，圆—平辊	0.5	0.6	0.7	0.8	1.0
方—菱，菱—方，菱—菱	0.5	0.5	0.6	0.7~0.8	1.0
方—椭圆，方—平椭，方—六角 圆—椭圆，立椭—椭圆，椭圆—方 椭圆—圆，平椭—圆，六角—方 椭圆—椭圆，椭圆—立椭	0.6	0.7	0.8	0.9	1.0

注：在轧制高合金钢时和在粗糙（滚花）的或磨损的轧辊表面情况下，上述 ψ 值应增加 0.1（只在计算变形时才进行这种修正）。

附表 7　允许咬入角的计算公式

轧制方案	$\bar{\alpha}$	K_a
连续式轧机		
矩形—箱形孔	$\dfrac{100}{5.99+0.266v_*^2-1.16\mu-1.9a_j+0.42M+0.39\times10^{-3}t}$	1.20
方—椭圆	$\dfrac{100}{19.1+0.00432v_*^2-0.128R/H_{KT}-1.03\mu+2.67M-13.7\times10^{-3}t}$	1.30
椭圆—方	$\dfrac{100}{16.0+0.00303v_*^2-7.65\delta_0-0.377\mu+2.7M-6.76\times10^{-3}t}$	1.25
方—六角	$\dfrac{100}{10.3+0.00375v_*^2-0.653\mu-1.78a_j+0.071M-2.22\times10^{-3}t}$	1.23
六角—方	$\dfrac{100}{13.7+0.0092v_*^2-0.77\mu-5.1\delta_0+0.23M-3.56\times10^{-3}t}$	1.17
菱—方， 方—菱，菱—菱	$\dfrac{100}{8.82+0.0274v_*^2-0.406\mu-1.65\delta_0+0.565M-3.23\times10^{-3}t}$	1.30 1.20
椭圆—圆， 椭圆—椭圆	$\dfrac{100}{27.74+0.0023v_*^2-3.98\delta_0-0.44\mu+2.15M-19.8\times10^{-3}t}$	1.25
椭圆—立椭	$\dfrac{100}{5.56+0.00328v_*^2-0.155\delta_0+0.0265M-0.44\mu-0.759\times10^{-3}t}$	1.12
立椭—椭圆， 圆—椭圆	$\dfrac{100}{23.54+0.00265v_*^2-5.22\delta_0+0.374M-0.44\mu-12.1\times10^{-3}t}$	1.13
方—平椭	$\dfrac{100}{7.4+0.0024v_*^2+18a_j-1.02\mu+0.49M-1.1\times10^{-3}t}$	1.26
平椭—圆	$\dfrac{100}{9.23+0.00284v_*^2-6.32\delta_0+0.644M-0.44\mu+0.429\times10^{-3}t}$	1.15
顺列式和横列式轧机		
矩形—箱形孔	$\dfrac{100}{6.87+0.117v_*^2-0.83\mu-1.47a_j+1.05M-1.62\times10^{-3}t}$	1.12
方—椭圆	$\dfrac{100}{29.1+0.0313v_*^2-8.57\mu-0.407R/H_{KT}+0.048M-12.6\times10^{-3}t}$	1.29
椭圆—方	$\dfrac{100}{15.5+0.0218v_*^2-5.7\delta_0-0.828\mu+3.98M-8.59\times10^{-3}t}$	1.25

续附表 7

轧制方案	$\bar{\alpha}$	K_a
方—六角	$\dfrac{100}{10.3+0.004v_*^2-0.653\mu-1.78a_j+0.071M-2.22\times10^{-3}t}$	1.14
六角—方	$\dfrac{100}{13.7+0.0104v_*^2-0.77\mu-5.1\delta_0+0.23M-3.56\times10^{-3}t}$	1.11
菱—方， 方—菱，菱—菱	$\dfrac{100}{19.0+0.0274v_*^2-0.0808\mu-3.61\delta_0+0.187M-10.3\times10^{-3}t}$	1.15 1.11
椭圆—圆， 椭圆—椭圆	$\dfrac{100}{18.14+0.00647v_*^2-6.2\delta_0+0.24M-0.44\mu-6.43\times10^{-3}t}$	1.25
椭圆—立椭	$\dfrac{100}{13.14+0.0124v_*^2-2.72\delta_0+0.338M-0.44\mu-5.53\times10^{-3}t}$	1.15
立椭—椭圆， 圆—椭圆	$\dfrac{100}{23.14+0.0163v_*^2-4.61\delta_0+0.183M-0.44\mu-11.8\times10^{-3}t}$	1.22
方—平椭	$\dfrac{100}{7.4+0.0024v_*^2+0.18a_j-1.02\mu+0.49M-1.1\times10^{-3}t}$	1.17
平椭—圆	$\dfrac{100}{14.94+0.0239v_*^2-6.10\delta_0+0.655M-0.44\mu-4.79\times10^{-3}t}$	1.20

附表 8　轧件最大允许轴比的计算公式

轧制方案	$\bar{a}$	K_a
	连续式轧机	
矩形—箱形孔	$2.0+\dfrac{0.022}{\delta_{B0}^2}+0.13a_j-0.01v_*-1.38\tan\varphi_0-0.21\tan\varphi$	1.18
椭圆—方	$4.23-2.071\dfrac{1}{\delta_0^2}-0.012v_*+0.0228\dfrac{R}{B_0}-2.42\dfrac{r}{H_{KT}}+4.532\eta$	1.10
六角—方	$6.179-1.619\dfrac{1}{\delta_0^2}-0.0335v_*-2.993\dfrac{r}{H_{KT}}-0.567\dfrac{B_0}{B_{KT}}+0.65\eta$	1.20
菱—方	$1.3-0.338\dfrac{1}{\delta_0^2}-0.0107v_*-0.706\dfrac{r}{H_{KT}}+1.134\dfrac{B_0}{B_{KT}}+0.496\eta$	1.20
菱—菱	$1.25-0.338\dfrac{1}{\delta_0^2}-0.0107v_*-0.706\dfrac{r}{H_{KT}}+1.134\dfrac{B_0}{B_{KT}}+0.496\eta$	1.10
椭圆—圆， 椭圆—椭圆	$1.8-0.618\dfrac{1}{\delta_0^2}-0.005v_*+0.812\dfrac{R}{B_0}+0.449\eta$	1.19
椭圆—立椭	$3.448-0.725\dfrac{1}{\delta_0^2}-0.00282v_*+0.108\dfrac{R}{B_0}+0.0588\eta$	1.15
平椭—圆	$2.38-0.972\dfrac{1}{\delta_0^2}-0.00201v_*+1.819\eta$	1.12
	顺列式和横列式轧机	
矩形—箱形孔	$1.4+0.026\dfrac{1}{\delta_{B0}^2}+0.45a_j-0.01v_*-1.38\tan\varphi_0-0.21\tan\varphi$	1.20
椭圆—方	$7.88-2.677\dfrac{1}{\delta_0^2}-0.143v_*+0.0233\dfrac{R}{B_0}-0.88\dfrac{r}{H_K}+0.151\eta$	1.07

续附表8

轧制方案	$\bar{a}$	K_a
六角—方	$6.0 - 1.600\frac{1}{\delta_0^2} - 0.0335v_* - 2.993\frac{r}{H_K} - 0.567\frac{B_0}{B_{KT}} + 0.65\eta$	1.20
菱—方	$1.2 - 0.338\frac{1}{\delta_0^2} - 0.0107v_* - 0.706\frac{r}{H_K} + 1.134\frac{B_0}{B_{KT}} + 0.496\eta$	1.15
菱—菱	$1.15 - 0.338\frac{1}{\delta_0^2} - 0.0107v_* - 0.706\frac{r}{H_K} + 1.134\frac{B_0}{B_{KT}} + 0.496\eta$	1.10
椭圆—圆，椭圆—椭圆	$2.2 - 0.916\frac{1}{\delta_0^2} - 0.01v_* + 1.085\eta + 0.362\frac{R}{B_0}$	1.20
椭圆—立椭	$1.1 - 0.616\frac{1}{\delta_0^2} - 0.00387v_* + 0.246\frac{R}{B_0} + 2.175\eta$	1.21
平椭—圆	$0.71 - 0.532\frac{1}{\delta_0^2} - 0.005v_* + 2.833\eta$	1.22

附表9 宽展系数公式（6.15）中各系数的取值

轧制方案	c_0	c_1	c_2	c_3	c_4	c_5	c_6
矩形—箱形孔	0.0714	0.862	0.746	0.763	—	—	0.160
方—椭圆	0.377	0.507	0.316		-0.405	—	1.136
椭圆—方	2.242	1.151	0.352	-2.234	—	-1.647	1.137
方—六角	2.075	1.848	0.815	—	-3.453	—	0.659
六角—方	0.948	1.203	0.368	-0.852	—	-3.450	0.629
方—菱	3.090	2.070	0.500		-4.850	-4.865	1.543
菱—方	0.972	2.010	0.665	-2.458	—	-1.300	0.700
菱—菱	0.506	1.876	0.695	-2.220	-2.220	-2.730	0.587
圆—椭圆	0.227	1.563	0.591		-0.852	—	0.587
椭圆—圆	0.386	1.163	0.402	-2.171	—	-1.324	0.616
椭圆—椭圆	0.405	1.163	0.403	-2.171	-0.789	-1.324	0.616
立椭—椭圆	1.623	2.272	0.761	-0.582	-3.064	—	0.486
平椭—立椭	0.575	1.163	0.402	-2.171	-4.265	-1.324	0.616
方—平椭	0.134	0.717	0.474	—	-0.507	—	0.357
平椭—圆	0.693	1.286	0.368	-1.052	—	-2.231	0.629
矩形—平辊	0.0714	0.862	0.555	0.763	—	—	0.455
圆—平辊	0.179	1.357	0.291	—	—	—	0.511
六角—六角	0.300	1.203	0.368	-0.852	—	-3.450	0.629

附表10　不同轧制方案时延伸系数 λ 的计算公式

轧制方案	公　式
矩形—箱形孔	$1+\left(\frac{1}{\eta}-1\right)(0.966-0.136a_0)(1.20-0.0325A)\left(0.537+\frac{0.292}{\sqrt{\tan\varphi+0.2}}\right)\times\left(0.74+\frac{0.338}{\psi+0.5}\right)$
方—椭圆	$1+\left\{\left[0.0427+\left(\frac{1}{\eta}-1\right)^{1.226}\right]\left(0.489+\frac{0.779}{\sqrt{A}}\right)\left(0.482+\frac{2.063}{a_K}\right)+\left(\frac{0.194}{a_K^2}-0.00844\right)\right\}(1.137-0.171\psi)$
椭圆—方	$1+\left[0.0597+\left(\frac{1}{\eta}-1\right)^{1.590}\right]\left(0.634+\frac{1.211}{\sqrt{A}}\right)\times\left(0.27+\frac{4.648}{a_0^2}\right)(2.023-1.137\delta_0)(1.28-0.35\psi)$
方—六角	$1+\left(\frac{1}{\eta}-1\right)^{1.140}\left[0.73+\frac{0.24a_K}{(a_K-1)^3}\right](1.08-0.016A)(1.05-0.14\psi)$
六角—方	$1+\left\{\left(\frac{1}{\eta}-1\right)^{1.140}\left(0.09+\frac{2.30}{a_0}\right)(1.22-0.1\sqrt{A})\left[1+10\left(\frac{1}{\delta_0}-1\right)^2\right]+0.8\left(\frac{1}{\delta_0}-1\right)\right\}(1.28-0.35\psi)$
方—菱	$1+\left(\frac{1}{\eta}-1\right)^{1.580}\left(0.60+\frac{1.70}{a_K^2+1}\right)\left(0.78+\frac{0.49}{\sqrt{A}}\right)(4.6-4\delta_0)(1.11-0.157\psi)$
菱—方	$1+\left(\frac{1}{\eta}-1\right)^{1.375}\left[0.39+\left(\frac{1}{a_0}-0.2\right)\left(0.74+\frac{2.60}{A}\right)\right]\left[0.77+\frac{2(1-\delta_0)}{\delta_0}\right]\left(0.80+\frac{0.12}{\psi}\right)$
菱—菱	$1+\left(\frac{1}{\eta}-1\right)^{1.580}\left(0.60+\frac{1.70}{a_K^2-1}\right)\left(0.78+\frac{0.49}{\sqrt{A}}\right)\left(\frac{0.693}{\delta_0^2}-0.443\right)(1.11-0.157\psi)$
圆—椭圆	$1+\left(\frac{1}{\eta}-1\right)^{1.580}\left(\frac{1.23}{\sqrt{a_K-1}}-0.25\right)\left(0.31+\frac{2.69}{\sqrt{A+5}}\right)(1.425-0.792\psi+0.301\psi^2)$
椭圆—圆	$1+\left(\frac{1}{\eta}-1\right)^{1.375}\frac{1}{a_0}\left(0.59+\frac{2.18}{\sqrt{A}}\right)\left(0.616+\frac{0.312}{\delta_0}\right)\left(0.772+\frac{0.128}{\psi^2}\right)$
椭圆—椭圆	$1+\left(\frac{1}{\eta}-1\right)^{1.580}\left(\frac{1.23}{\sqrt{a_K-1}}-0.25\right)\left(0.31+\frac{2.69}{\sqrt{A+5}}\right)\left(0.056+\frac{0.944}{a_0^2}\right)\left(0.616+\frac{0.312}{\delta_0}\right)\left(0.628+\frac{0.261}{\psi-0.1}\right)$
立椭—椭圆	$1+\left(\frac{1}{\eta}-1\right)^{1.580}\left(\frac{1.23}{\sqrt{a_K-1}}-0.25\right)\left(0.31+\frac{2.69}{\sqrt{A+5}}\right)\times\left(0.07+\frac{0.93}{a_0}\right)(1.425-0.792\psi+0.301\psi^2)$
椭—立椭圆	$1+\left(\frac{1}{\eta}-1\right)^{1.375}\frac{1}{a_0}\left(0.59+\frac{2.18}{\sqrt{A}}\right)\left(0.3+\frac{0.70}{a_K}\right)\left(0.616+\frac{0.312}{\delta_0}\right)\left(0.772+\frac{0.128}{\psi^2}\right)$
方—平椭	$1+\left(\frac{1}{\eta}-1\right)^{1.19}\left[0.604+\frac{0.137a_K}{(a_K-1)^2}\right](1.4-0.125\sqrt{A})\left(0.76+\frac{0.192}{\psi+0.2}\right)$
平椭—圆	$1+\left(\frac{1}{\eta}-1\right)^{1.375}\frac{1}{a_0}\left(0.59+\frac{2.18}{\sqrt{A}}\right)\left(\frac{1.40}{\delta_0}-0.1\right)\left(0.5+\frac{0.40}{\psi}\right)$
矩形—平辊	$1+0.65\left(\frac{1}{\eta}-1\right)(0.66-0.103a_0+e^{-C})\left(0.815+\frac{0.185}{\psi}\right)$ 其中 $C=Ae^{-(1.907+0.552/a_0)}$
圆—平辊	$1+\left(\frac{1}{\eta}-1\right)(0.413-0.145\lg A)\left(0.75+\frac{0.3}{\psi+0.2}\right)$

附表11　设定 δ_1、r/H_{KT}、$\tan\varphi$ 时轧件横截面面积 ω_1 计算公式

孔型	参数值	公式
箱形孔	$\delta_1=0.94$；$r/H_{KT}=0.17$ $\tan\varphi=0.2$	$\omega_1/H_1^2=a_1-0.1\delta_B^2-0.0158$ $\delta_B=1-0.319a_1$
椭圆孔	$\delta_1=0.9$（在椭圆—方和椭圆—立椭孔型系中） $\delta_1=0.8$（在椭圆—圆孔型系中）	$\omega_1/H_1^2=0.702(a_1+0.164)$ $\omega_1/H_1^2=0.762(a_1+0.098)$
方孔	$\delta_1=0.9$；$r/H_{KT}=0$	$\omega_1/C_1^2=0.99$ $\omega_1/H_1^2=0.495$ $\omega_1/B_1^2=0.611$
六角孔	$\delta_1=0.9$；$r/H_{KT}=0$	$\omega_1/H_1^2=1.1a_1-0.0061a_1^2-0.5$
菱孔	$\delta_1=0.9$；$r/H_{KT}=0$	$\omega_1/H_1^2=0.55a_1$
圆孔	$\delta_1=1.0$	$\omega_1/H_1^2=0.785$
立椭孔	$\delta_1=1.0$；$\alpha_K=0.8$	$\omega_1/H_1^2=0.602$
平椭孔	$\delta_1=0.95$	$\omega_1/H_1^2=1.0526(a_1-0.215)$

附表12　等轴断面-非等轴断面-等轴断面轧制方案的延伸系数 λ 和压下系数 $1/\eta$ 计算公式

轧制方案	道次	计算公式
箱	方—矩形	$\lambda_2=\dfrac{0.938(1.0638a-0.0102a^2-0.1157)^{-1}}{\eta_2^2}$； $\dfrac{1}{\eta_2}=1+(a-1.025)(1.05-0.0266A_1)$
	矩形—方	$\lambda_1=\dfrac{1.066}{\eta_1^2}\cdot\dfrac{1.0638a-0.0102a^2-0.1157}{a^2}$； $\dfrac{1}{\eta_1}=1+(\sqrt{a}-1.015)(1.884-0.0362A_1)$
方—椭—方	方—椭	$\lambda_2=\dfrac{1.41}{\eta_2^2(a+0.164)}$；$\dfrac{1}{\eta_2}=1+(a-1)\left(0.437+\dfrac{0.733}{A_1}\right)$
	椭—方	$\lambda_1=\dfrac{1.42}{\eta_1^2}\cdot\dfrac{a+0.164}{a^2}$；$\dfrac{1}{\eta_1}=1+(a-1.4)\left(0.391+\dfrac{0.979}{A_1-1}\right)$
立椭—椭—方	立椭—椭	$\lambda_2=\dfrac{1.340}{\eta_2^2(a+0.164)}$；$\dfrac{1}{\eta_2}=1+(\sqrt{a}-1.125)\left(1.059+\dfrac{4.415}{A_1+3}\right)$
	椭—方	$\lambda_1=\dfrac{1.42}{\eta_1^2}\cdot\dfrac{a+0.164}{a^2}$；$\dfrac{1}{\eta_1}=1+(a-1.4)\left(0.391+\dfrac{0.979}{A_1-1}\right)$
圆—椭—方	圆—椭	$\lambda_2=\dfrac{118}{\eta_2^2(a+0.164)}$；$\dfrac{1}{\eta_2}=1+(\sqrt{a}-1.0)\left(1.141+\dfrac{4.906}{A_1+3}\right)$
	椭—方	$\lambda_1=\dfrac{1.42}{\eta_1^2}\cdot\dfrac{a+0.164}{a^2}$；$\dfrac{1}{\eta_1}=1+(a-1.4)\left(0.391+\dfrac{0.979}{A_1-1}\right)$

续附表12

轧制方案	道次	计算公式
方—六角—方	方—六角	$\lambda_2=\dfrac{0.90}{\eta_2^2(a-0.45-0.00555a^2)}$；$\dfrac{1}{\eta_2}=1+(a-1.14)(0.934-0.0971\sqrt{A_1})$
	六角—方	$\lambda_1=\dfrac{2.22(a-0.45-0.00555a^2)}{\eta_1^2a^2}$；$\dfrac{1}{\eta_1}=1+(a-1.3)(0.411-0.0255\sqrt{A_1-2})$
方—菱—方	方—菱	$\lambda_2=\dfrac{1.111}{\eta_2^2a}$；$\dfrac{1}{\eta_2}=1+(a-1.13)\left(0.609+\dfrac{0.531}{A_1}\right)$
	菱—方	$\lambda_1=\dfrac{1.111}{\eta_1^2a}$；$\dfrac{1}{\eta_1}=1+[0.56(a-1)-0.06]\left(0.94+\dfrac{0.6}{A_1}\right)$
圆—椭—圆	圆—椭	$\lambda_2=\dfrac{1.03}{\eta_2^2(a+0.098)}$；$\dfrac{1}{\eta_2}=1+(\sqrt{a}-1)\left(1.314+\dfrac{2.8}{A_1}\right)$
	椭—圆	$\lambda_1=\dfrac{0.971(a+0.0098)}{\eta_1^2a^2}$；$\dfrac{1}{\eta_1}=1+[3.16(\sqrt{a}-1)-0.1]\left(0.4+\dfrac{1}{A_1}\right)$
方—椭—圆	方—椭	$\lambda_2=\dfrac{1.30}{\eta_2^2(a+0.098)}$；$\dfrac{1}{\eta_2}=1+(\sqrt[3]{a^2}-1.04)\left(0.864+\dfrac{2.254}{A_1+2}\right)$
	椭—圆	$\lambda_1=\dfrac{0.971(a+0.0098)}{\eta_1^2a^2}$；$\dfrac{1}{\eta_1}=1+[3.16(\sqrt{a}-1)-0.1]\left(0.4+\dfrac{1}{A_1}\right)$
立椭—椭—圆	立椭—椭	$\lambda_2=\dfrac{1.234}{\eta_2^2(a+0.098)}$；$\dfrac{1}{\eta_2}=1+(a-1.20)\left(0.338+\dfrac{0.66}{\sqrt{A_1}}\right)$
	椭—圆	$\lambda_1=\dfrac{0.971(a+0.0098)}{\eta_1^2a^2}$；$\dfrac{1}{\eta_1}=1+[3.16(\sqrt{a}-1)-0.1]\left(0.4+\dfrac{1}{A_1}\right)$
立椭—椭—立椭	立椭—椭	$\lambda_2=\dfrac{1.340}{\eta_2^2(a+0.164)}$；$\dfrac{1}{\eta_2}=1+(a-1.25)\left(0.397+\dfrac{1.389}{A_1+2}\right)$
	椭—立椭	$\lambda_1=\dfrac{1.166(a+0.164)}{\eta_1^2a^2}$；$\dfrac{1}{\eta_1}=1+[0.51(a-1)-0.13]\left(0.65+\dfrac{1.1}{\sqrt{A_1}}\right)$
方—椭—立椭	方—椭	$\lambda_2=\dfrac{1.410}{\eta_2^2(a+0.164)}$；$\dfrac{1}{\eta_2}=1+(\sqrt[3]{a^2}-1.03)\left(0.801+\dfrac{1.941}{A_1+1}\right)$
	椭—立椭	$\lambda_1=\dfrac{1.166(a+0.164)}{\eta_1^2a^2}$；$\dfrac{1}{\eta_1}=1+[0.51(a-1)-0.13]\left(0.65+\dfrac{1.1}{\sqrt{A_1}}\right)$
圆—椭—立椭	圆—椭	$\lambda_2=\dfrac{1.118}{\eta_2^2(a+0.164)}$；$\dfrac{1}{\eta_2}=1+\left(3.694-\dfrac{5.225}{\sqrt{a+1}}\right)\left(0.67+\dfrac{5.25}{A_1+6}\right)$
	椭—立椭	$\lambda_1=\dfrac{1.166(a+0.164)}{\eta_1^2a^2}$；$\dfrac{1}{\eta_1}=1+[0.51(a-1)-0.13]\left(0.65+\dfrac{1.1}{\sqrt{A_1}}\right)$
方—平椭—圆	方—平椭	$\lambda_2=\dfrac{0.94}{\eta_2^2(a-0.214)}$；$\dfrac{1}{\eta_2}=1+(a-1)\left(0.36+\dfrac{4.0}{A_1+5}\right)$
	平椭—圆	$\lambda_1=\dfrac{1.34(a-0.214)}{\eta_1^2a^2}$；$\dfrac{1}{\eta_1}=1+(a-1.06)\left(0.433+\dfrac{1.033}{A_1}\right)$

续附表 12

轧制方案	道次	计算公式
方—平辊—方	方—矩形	$\lambda_2=\frac{1}{\eta_2^2 a}$；$\frac{1}{\eta_2}=1+\frac{a-1}{1.103+0.0195A_1+(0.0475+0.0055A_1)(a-1)}$
	矩形—方	$\lambda_1=\frac{1}{\eta_1^2 a}$；$\frac{1}{\eta_1}=1+\frac{a-1}{1.19+0.0142A_1+\left(\frac{A_1}{50+1.1A_1}\right)(a-1)}$
方—平辊—箱方	方—矩形	$\lambda_2=\frac{1}{\eta_2^2 a}$；$\frac{1}{\eta_2}=1+(a-1)\left(0.289+\frac{1.351}{\sqrt{A_1+3}}\right)$
	矩形—箱方	$\lambda_1=\frac{1.066}{\eta_1^2 a}$；$\frac{1}{\eta_1}=1+(a-1.03)(0.759-0.0143A_1)$
圆—平辊—圆	圆—平辊	$\lambda_2=\frac{0.785}{\eta_2^2 a\left[1-0.333\left(1-\sqrt{1-1/a^2}\right)\right]}$；$\frac{1}{\eta_2}=1+(\sqrt[3]{a}-1)\left(2.432+\frac{3.08}{A_1+5}\right)$
	扁—圆	$\lambda_1=\frac{1.274\left[1-0.333\left(1-\sqrt{1-1/a^2}\right)\right]}{\eta_1^2 a}$；$\frac{1}{\eta_1}=1+(a-1.05)\left(0.372-\frac{0.93}{A_1}\right)$

双峰检